도로관리실무 업무매뉴얼

- 도로점용(연결)허가 중심 -

국토교통부
한국건설기술연구원

목 차

Ⅰ. 일반적 개념 ··· 1
1. 도로의 일반적 정의 ··· 1
2. 도로법상 정의 ·· 2
3. 도로법상 도로의 범위 ·· 7
4. 도로의 형성 ·· 9

Ⅱ. 도로의 관리(일반) ·· 11
1. 개 념 ·· 11
2. 도로관리청 ·· 11
3. 도로의 공사와 유지 ·· 16
4. 도로공사에 따른 공공시설의 귀속 ······························ 21
5. 사권의 제한 ·· 22

Ⅲ. 도로점용허가 ·· 23
1. 도로점용의 성격 ·· 23
2. 도로점용(연결)허가 대상 ·· 24

Ⅳ. 도로점용허가 민원의 신청 ·· 27
1. 도로점용(연결)허가 관련 민원 ···································· 27
2. 사전심사 신청 ·· 28
3. 도로점용(연결)허가 신청 ·· 29
4. 도로점용공사(원상회복공사) 준공확인 신청 ············· 38

5. 권리·의무의 승계신고 ·· 39
6. 도로점용(연결)허가 기간연장 신청 ·································· 41
7. 도로점용(연결)허가 변경 신청 ·· 42
8. 도로점용허가 취소 신청 ·· 43
9. 도로점용(연결)허가 이의 신청 ·· 44
10. 도로점용(연결)허가 관련 민원 취하원 ·························· 45

Ⅴ. 도로점용허가 민원의 처리 ·· 47
1. 민원접수 ·· 47
2. 민원서류의 보완 ·· 49
3. 도로연결허가 기준 ·· 52
4. 도로점용허가 기준 ·· 58
5. 도로굴착을 수반한 점용허가 ·· 63
6. 도로점용공사의 방법 및 시기 ·· 67
7. 외부기관 협의 ·· 70
8. 도로점용허가의 기간 ·· 70
9. 허가조건 표준(안) ·· 72
10. 허가증 교부 ·· 83
11. 허가여부 공고 및 허가대장 작성 ·································· 84
12. 도로점용허가 기관통보 ·· 85
13. 민원종결 ·· 86

Ⅵ. 도로점용료 부과징수 ·· 89
1. 점용료의 구성 ·· 89
2. 점용료의 산정 기준 ·· 93
3. 점용료의 감면 ·· 97
4. 점용료의 조정 ·· 104

    5. 점용료의 부과·징수 및 납부 ·· 106

    6. 점용료 이의신청 (법 제71조) ··· 110

    7. 점용료 반환 ·· 110

    8. 점용료 징수 유의사항 ··· 112

    9. 부가가치세 신고 ·· 113

    10. 도로점용료 (중)가산결의 일괄처리(디브레인) ····················· 115

Ⅶ. 도로점용물의 관리 ·· 117

    1. 도로점용허가대장 관리 ··· 117

    2. 도로점용허가 취소 ·· 117

    3. 점용허가기간 만료 등에 따른 원상회복 ······························· 120

    4. 법령위반자에 대한 처벌 ·· 121

    5. 불법점용물에 대한 처벌 ·· 125

Ⅷ. 비관리청 공사시행허가 ··· 129

    1. 허가시 적용기준 ·· 129

    2. 처리 절차 ·· 130

Ⅸ. 위임국도의 도로점용허가 관리 ··· 133

    1. 일반국도의 지자체 위임 ·· 133

    2. 위임의 범위 ·· 134

    3. 위임 대상노선 ·· 136

    4. 일반국도 위임구간 관리 시 유의사항 ··································· 136

    5. 지자체용 위임국도 도로점용허가대장 관리기능 ··················· 137

Ⅹ. 참고자료 ·· 141

① 도로점용시스템 세부 운영규정 ·················· 141
② 도로와 다른 시설의 연결에 관한 규칙 ·················· 145
③ 「도로법」 전면개정에 따른 도로법령 부칙 ·················· 168
④ 도로법 시행령 별표1 (일반국도 위임대상구간) ·················· 175
⑤ 도로법 시행령 별표2 (도로점용기준) ·················· 179
⑥ 「사설안내표지 설치 및 관리 지침」 ·················· 181
⑦ 진출입로 공동사용 처리지침 ·················· 194
⑧ 무주부동산 도로연결허가 처리지침 ·················· 198
⑨ 건축법 시행령 별표1 (용도별 건축물의 종류) ·················· 200
⑩ 주차장법 시행령 별표1 (부설주차장) ·················· 209
⑪ 소상공인 확인요령 ·················· 213
⑫ 장애인 편의시설의 종류 및 설치기준 ·················· 230
⑬ 도로점용 관련 민원 (비)법정 서식 ·················· 241

XI. 사용자매뉴얼 ·················· 263

1. 인터넷을 이용한 도로점용(연결)허가 민원신청

2. 도로점용허가 민원업무 처리

3. 도로점용허가대장 관리

4. 도로점용료 산정 관리

5. 도로점용료관리시스템 사용자매뉴얼

6. 도면뷰어 사용자 매뉴얼

7. 지자체용 위임국도 도로점용허가대장 및 도로점용료 관리

Ⅰ. 도로의 정의 및 범위

1. 도로의 일반적 정의

- 도로의 사전적 정의는 사람, 차 따위가 잘 다닐 수 있도록 만들어 놓은 비교적 넓은 길[1]을 말함

  > **도로의 재산상 구분[2]**
  > 도로는 학문적 의미의 공물 중에서 공공용물 및 인공공물에 해당한다. 도로나 그 부속물은 직접적으로 일반 공중의 사용에 제공된 물건으로서 공공용물에 해당하며, 관리를 위한 공물관리법이 제정되어 있다는 점에서 법정 공물에 해당한다. 또한 도로는 성립과정에 있어서 행정주체에 의하여 인공이 가해지고, 그것이 공적 목적에 제공됨으로써 공물이 되는 물건이므로 인공공물에 해당한다.

- 도로의 시원(始原)에 관한 명확한 기록은 없으나, 인류(人類)의 시원과 그 맥(脈)을 같이 한 것으로 보여짐

- 일반적인 도로가 점차 교역의 증대 생활환경의 변화, 과학문명의 발전 등으로 자연적으로 형성된 도로만으로는 그 목적을 달성할 수 없으므로 인간은 인위적으로 도로를 관리하게 되면서부터 제도적인 도로체계가 형성되었다고 볼 수 있음

- 현행법상 도로에 대한 일반적인 정의는 존재하지 않으나[3], 도로법, 유료도로법, 사도법, 건축법, 도로교통법, 농어촌도로 정비법 등 여러 단행 법률이 다양한 도로의 종류를 규율하고 있음

  > **현황도로(실제상 도로)[4]**
  > 골목길 등 소규모 도로(노폭 20m미만)의 관리를 강화하기 위해서는 자치구청장이 준용도로 공고만하면 점용허가 등 도로관리가 가능함. 다만, 노점, 하치장 등 일반 교통에 공용되지 않는 토지에 대해서는 준용도로 규정을 적용할 수 없으며, 준용도로 공고를 하려는 토지소유가 개인에게 있다 하더라도 적용은 가능하다고 볼 것임.

---

[1] 국립어학원, 표준국어대사전, http://www.korean.go.kr/
[2] 국토교통부, 도로법 해설, 한국컴퓨터인쇄(2015), p4
[3] 박신, 도로법 해설, 기문당(2009), p43
[4] 국토교통부, 도로법 해설, 한국컴퓨터인쇄(2015), p57, p59

2. 도로법상 정의(도로법 제2조)

○ "도로"란 차도, 보도(步道), 자전거도로, 측도(側道), 터널, 교량, 육교 등 대통령령으로 정하는 시설로 구성된 것으로서 도로법 제10조에 열거된 것을 말하며, 도로의 부속물을 포함함

> **도로의 종류와 등급 (도로법 제10조)**
> 제10조(도로의 종류와 등급) 도로의 종류는 다음 각 호와 같고, 그 등급은 다음에 열거한 순위에 따른다.
> 1. 고속국도(고속국도의 지선 포함)
> 2. 일반국도(일반국도의 지선 포함)
> 3. 특별시도(特別市道)·광역시도(廣域市道)
> 4. 지방도
> 5. 시도
> 6. 군도
> 7. 구도

① 고속국도(도로법 제11조)

도로교통망의 중요한 축(軸)을 이루며 주요 도시를 연결하는 도로로서 국토교통부장관이 자동차 전용의 고속교통에 사용되는 도로 노선을 정하여 고속국도를 지정·고시한 도로를 말함

> **고속도로 (도로의 구조·시설 기준에 관한 규칙 제2조)**
> "고속도로"란 「도로법」 제10조제1호 및 제11조에 따른 고속국도로서 중앙분리대에 의하여 양 방향이 분리되고 입체교차를 원칙으로 하는 도로를 말한다.

② 일반국도(도로법 제12조)

주요 도시, 지정항만[1], 주요 공항, 국가산업단지 또는 관광지 등을 연결하며 고속국도와 함께 국가 기간도로망을 이루는 도로로서 국토교통부장관이 그 노선을 정하여 일반국도를 지정·고시한 도로를 말함

---

[1] 「항만법」 제3조에 따라 해양수산부장관이 지정한 항만을 말함

우회국도, 지정국도 (도로법 제12조)

제12조(일반국도의 지정·고시) ① 국토교통부장관은 주요 도시, 지정항만(「항만법」 제3조에 따라 해양수산부장관이 지정한 항만을 말한다), 주요 공항, 국가산업단지 또는 관광지 등을 연결하여 고속국도와 함께 국가간선도로망을 이루는 도로노선을 정하여 일반국도를 지정·고시한다.
② 국토교통부장관은 제1항에 따라 일반국도의 노선을 지정·고시하는 경우에 특별자치시·특별자치도 또는 시(市)의 관할구역을 통과하는 기존의 일반국도를 대체하기 위하여 필요한 경우에는 기존의 일반국도를 우회하는 구간을 일반국도로서 일반국도대체우회도로(이하 "우회국도"라 한다)로 지정·고시할 수 있다.
③ 국토교통부장관은 일반국도의 국가간선도로망으로서의 기능을 유지하기 위하여 필요한 경우에는 특별시·광역시·특별자치시·특별자치도 또는 시 지역(읍·면 지역을 제외한다)의 일반국도 중 일부 구간을 정하여 일반국도지정도로(이하 "지정국도"라 한다)로 지정·고시할 수 있다. 이 경우 지정국도의 지정 기준·절차 및 관리 기준 등은 대통령령으로 정한다.
④ 국토교통부장관은 제3항에 따라 지정국도를 지정(변경 및 해제를 포함한다)하려면 지정국도의 대상이 되는 구간을 관할하는 특별시장·광역시장·특별자치시장·특별자치도지사 또는 시장의 의견을 들어야 한다.

시행령 제17조(지정국도의 지정 기준 등) ① 법 제12조제3항에 따라 국토교통부장관이 지정하는 일반국도지정도로(이하 "지정국도"라 한다)는 다음 각 호의 구분에 따른 요건을 갖추어야 한다.
 1. 일반국도(제2호에 해당하는 경우는 제외한다): 다음 각 목의 요건을 모두 갖출 것
   가. 간선 기능을 수행하는 일반국도로서 교통량 증가 등에 따른 교통혼잡으로 간선 기능 수행에 어려움이 있을 것
   나. 도로 주변 지역 여건상 우회도로 개설이 곤란할 것
 2. 일반국도로서 법 제48조제1항 각 호 외의 부분 후단에 따라 둘 이상의 도로관리청이 공동으로 지정한 자동차전용도로: 간선 기능을 수행할 것
② 지정국도의 구간은 통행흐름의 형태 및 국가간선도로망 체계 등을 고려하여 특별시·광역시·특별자치시·특별자치도 또는 시 지역(읍·면 지역은 제외한다)의 경계부터 주요 간선도로와의 교차점까지로 정한다.
③ 국토교통부장관은 지정국도를 지정한 이후 다음 각 호의 어느 하나에 해당하는 사유가 발생한 경우에는 지정국도의 지정을 해제할 수 있다.
 1. 다수의 인접지역 개발 등에 따라 간선 기능을 유지하기가 곤란한 경우
 2. 별도의 도로가 인접하여 신설·확장 또는 개량되어 간선 기능을 대체할 수 있는 경우
④ 지정국도의 관리 기준은 일반국도의 관리 기준에 따른다.

지선 (도로법 제13조)

제13조(고속국도 또는 일반국도의 지선) ① 국토교통부장관은 다음 각 호의 어느 하나에 해당하는 도로를 고속국도 또는 일반국도의 지선(이하 "지선"이라 한다)으로 지정·고시할 수 있다.
 1. 고속국도 또는 일반국도와 인근의 도시·항만·공항·산업단지·물류시설 등을 연결하는 도로
 2. 고속국도 또는 일반국도의 기능을 보완하기 위하여 해당 고속국도 또는 일반국도를 우회하거나 고속국도 또는 일반국도를 서로 연결하는 도로
② 제1항에서 정한 것 외에 지선의 지정 기준에 관하여 필요한 사항은 대통령령으로 정한다.
③ 지선은 연결되는 주된 도로의 종류에 따라 각각 고속국도 또는 일반국도로 본다. 이 경우 지선이 연결되는 주된 도로의 범위는 국토교통부장관이 정한다.

시행령 제18조(지선의 지정기준) ① 법 제13조제1항제1호에 따른 고속국도 또는 일반국도의 지선(이하 "지선"이라 한다)은 다음 각 호의 요건을 모두 갖추어야 한다.
1. 고속국도 또는 일반국도의 본선(이하 이 조에서 "본선"이라 한다)과 그 인근의 도시·항만·공항·산업단지·물류시설 등(이하 이 조에서 "도시등"이라 한다)을 직접 연결하여 도시등의 접근성을 향상시키거나 교통물류를 개선하는 효과가 있을 것
2. 도시등은 「국가통합교통체계효율화법」 제37조제1항에 따라 지정된 제1종 및 제2종 교통물류거점에 해당하거나 이를 포함하는 도시등에 해당할 것
3. 다른 법령에 따라 본선과 그 인근의 도시등을 연결하는 도로의 건설비를 지원하고 있거나 지원할 수 있는 경우 등 중복투자 가능성이 없을 것
4. 도로의 기능 향상 및 체계적인 도로망 형성 등을 위하여 지선의 지정이 필요할 것

② 법 제13조제1항제2호에 따른 지선은 다음 각 호의 요건을 모두 갖추어야 한다.
1. 해당 도로를 통하여 통행시간 및 거리를 단축시키는 효과가 있을 것
2. 도로의 기능 향상 및 체계적인 도로망 형성 등을 위하여 지선의 지정이 필요할 것

③ 특별시도·광역시도(도로법 제14조)

특별시도·광역시도 (도로법 제14조)

제14조(특별시도·광역시도의 지정·고시) 특별시장 또는 광역시장은 해당 특별시 또는 광역시의 관할구역에 있는 도로 중 다음 각 호의 어느 하나에 해당하는 도로 노선을 정하여 특별시도·광역시도를 지정·고시한다.
1. 해당 특별시·광역시의 주요 도로망을 형성하는 도로
2. 특별시·광역시의 주요 지역과 인근 도시·항만·산업단지·물류시설 등을 연결하는 도로
3. 제1호 및 제2호에 따른 도로 외에 특별시 또는 광역시의 기능을 유지하기 위하여 특히 중요한 도로

④ 지방도(도로법 제15조)

지방도 (도로법 제15조)

제15조(지방도의 지정·고시) ① 도지사 또는 특별자치도지사는 도(道) 또는 특별자치도의 관할구역에 있는 도로 중 해당 지역의 간선도로망을 이루는 다음 각 호의 어느 하나에 해당하는 도로 노선을 정하여 지방도를 지정·고시한다.
1. 도청 소재지에서 시청 또는 군청 소재지에 이르는 도로
2. 시청 또는 군청 소재지를 연결하는 도로
3. 도 또는 특별자치도에 있거나 해당 도 또는 특별자치도와 밀접한 관계에 있는 공항·항만·역을 연결하는 도로
4. 도 또는 특별자치도에 있는 공항·항만 또는 역에서 해당 도 또는 특별자치도와 밀접한 관계가 있는 고속국도·일반국도 또는 지방도를 연결하는 도로
5. 제1호부터 제4호까지의 규정에 따른 도로 외의 도로로서 도 또는 특별자치도의 개발을 위하여 특히 중요한 도로

② 국토교통부장관은 주요 도시, 공항, 항만, 산업단지, 주요 도서(島嶼), 관광지 등 주요 교통유발시설을 연결하고 국가간선도로망을 보조하기 위하여 필요한 경우에는 지방도 중에서 도로 노선을 정하여 국가지원지방도를 지정·고시할 수 있다. 이

경우 국토교통부장관은 교통 연결의 일관성을 유지하기 위하여 필요한 경우에는 특별시도·광역시도, 시도, 군도 또는 노선이 지정되지 아니한 신설 도로의 구간을 포함하여 국가지원지방도를 지정·고시할 수 있다.

⑤ 시도(도로법 제16조)

특별자치시, 시 또는 행정시에 있는 도로로서 관할 특별자치시장 또는 시장(행정시의 경우 **특별자치도지사**)이 노선을 정하여 지정·고시한 도로

⑥ 군도(도로법 제17조)

군도 (도로법 제17조)

제17조(군도의 지정·고시) 군수는 해당 군(광역시의 관할 구역에 있는 군을 포함한다. 이하 이 조에서 같다)의 관할구역에 있는 도로 중 다음 각 호의 어느 하나에 해당하는 도로 노선을 정하여 군도를 지정·고시한다.
 1. 군청 소재지에서 읍사무소 또는 면사무소 소재지에 이르는 도로
 2. 읍사무소 또는 면사무소 소재지를 연결하는 도로
 3. 제1호 및 제2호에 따른 도로 외의 도로로서 군의 개발을 위하여 특히 중요한 도로

⑦ 구도(도로법 제18조)

구도 (도로법 제18조)

제18조(구도의 지정·고시) 구청장은 관할구역에 있는 특별시도 또는 광역시도가 아닌 도로 중 동(洞) 사이를 연결하는 도로 노선을 정하여 구도를 지정·고시한다.

⑧ 준용도로(도로법 제108조)

준용조항 (도로법 제108조)

제108조(도시·군계획시설 도로 등에 대한 준용) 제10조 각 호에 열거된 도로 외에 「국토의 계획 및 이용에 관한 법률」 제2조제10호에 따른 도시·군계획시설사업으로 설치된 도로 등 대통령령으로 정하는 도로는 제2조제2호·제9호, 제4조, 제31조제1항, 제32조부터 제37조까지, 제54조, 제55조, 제61조부터 제66조까지, 제67조(제72조제4항에 따라 준용되는 경우를 포함한다), 제68조, 제69조(제72조제4항, 제94조에 따라 준용되는 경우를 포함한다), 제70조(제72조제4항, 제94조에 따라 준용되는 경우를 포함한다), 제72조, 제73조, 제75조부터 제77조까지, 제81조, 제83조부터 제85조까지, 제89조, 제90조부터 제93조까지, 제95조부터 제99조까지, 제101조부터 제103조까지, 제106조, 제107조, 제111조, 제113조제2항, 제114조부터 제116조까지의 규정을 준용한다.

시행령 제99조(도시·군계획시설 도로 등) ① 법 제108조에서 "「국토의 계획 및 이용에 관한 법률」 제2조제10호에 따른 도시·군계획시설사업으로 설치된 도로 등 대통령령으로 정하는 도로"란 다음 각 호의 어느 하나에 해당하는 도로를 말한다.
 1. 「국토의 계획 및 이용에 관한 법률」 제2조제10호에 따른 도시·군계획시설사업으로 설치된 도로
 2. 제1호 및 법 제10조 각 호의 도로 외의 도로 중 해당 도로의 소재지를 관할하는 시·도지사나 시장·군수 또는 자치구의 구청장이 국토교통부령으로 정하는 바에 따라 공고한 도로
② 제1항 각 호의 구분에 따른 도로의 도로관리청은 다음 각 호의 구분에 따른다.
 1. 제1항제1호에 따른 도로: 해당 도로의 소재지를 관할하는 특별시장·광역시장·특별자치시장·특별자치도지사·시장·군수 또는 자치구의 구청장
 2. 제1항제2호에 따른 도로: 공고를 한 시·도지사나 시장·군수 또는 자치구의 구청장

3. 도로법상 도로의 범위(도로법 제2조)

○ 도로는 차도, 보도 등의 시설로 구성되며, 도로의 부속물을 포함함

도로의 시설 및 부속물 (도로법 제2조)

제2조(정의) 이 법에서 사용하는 용어의 뜻은 다음과 같다.
1. "도로"란 차도, 보도(步道), 자전거도로, 측도(側道), 터널, 교량, 육교 등 대통령령으로 정하는 시설로 구성된 것으로서 제10조에 열거된 것을 말하며, 도로의 부속물을 포함한다.
2. "도로의 부속물"이란 도로관리청이 도로의 편리한 이용과 안전 및 원활한 도로교통의 확보, 그 밖에 도로의 관리를 위하여 설치하는 다음 각 목의 어느 하나에 해당하는 시설 또는 공작물을 말한다.
  가. 주차장, 버스정류시설, 휴게시설 등 도로이용 지원시설
  나. 시선유도표지, 중앙분리대, 과속방지시설 등 도로안전시설
  다. 통행료 징수시설, 도로관제시설, 도로관리사업소 등 도로관리시설
  라. 도로표지 및 교통량 측정시설 등 교통관리시설
  마. 낙석방지시설, 제설시설, 식수대 등 도로에서의 재해 예방 및 구조 활동, 도로환경의 개선·유지 등을 위한 도로부대시설
  바. 그 밖에 도로의 기능 유지 등을 위한 시설로서 대통령령으로 정하는 시설

시행령 제2조(도로) 「도로법」(이하 "법"이라 한다) 제2조제1호에서 "차도, 보도(步道), 자전거도로, 측도(側道), 터널, 교량, 육교 등 대통령령으로 정하는 시설"이란 다음 각 호의 시설이나 공작물을 말한다.
 1. 차도·보도·자전거도로 및 측도
 2. 터널·교량·지하도 및 육교(해당 시설에 설치된 엘리베이터를 포함한다)
 3. 궤도
 4. 옹벽·배수로·길도랑·지하통로 및 무넘기시설
 5. 도선장 및 도선의 교통을 위하여 수면에 설치하는 시설

시행령 제3조(도로의 부속물) 법 제2조제2호바목에서 "대통령령으로 정하는 시설"이란 법 제23조에 따른 도로관리청(이하 "도로관리청"이라 한다)이 설치한 다음 각 호의 시설을 말한다.
 1. 주유소, 충전소, 교통·관광안내소, 졸음쉼터 및 대기소
 2. 환승시설 및 환승센터
 3. 장애물 표적표지, 시선유도봉 등 운전자의 시선을 유도하기 위한 시설
 4. 방호울타리, 충격흡수시설, 가로등, 교통섬, 도로반사경, 미끄럼방지시설, 긴급제동시설 및 도로의 유지·관리용 재료적치장
 5. 화물 적재량 측정을 위한 과적차량 검문소 등의 차량단속시설
 6. 도로에 관한 정보 수집 및 제공 장치, 기상 관측 장치, 긴급 연락 및 도로의 유지·관리를 위한 통신시설
 7. 도로 상의 방파시설(防波施設), 방설시설(防雪施設), 방풍시설(防風施設) 또는 방음시설(방음림을 포함한다)
 8. 도로에의 토사유출을 방지하기 위한 시설 및 비점오염저감시설(「수질 및 수생태계 보전에 관한 법률」 제2조제13호에 따른 비점오염저감시설을 말한다)
 9. 도로원표(道路元標), 수선 담당 구역표 및 도로경계표
 10. 공동구
 11. 도로 관련 기술개발 및 품질 향상을 위하여 도로에 연접(連接)하여 설치한 연구시설

○ 도로구역[1])의 결정

> 도로구역의 결정 (도로법 제25조)
>
> 제25조(도로구역의 결정) ① 도로관리청은 도로 노선의 지정·변경 또는 폐지의 고시가 있으면 지체 없이 해당 도로의 도로구역을 결정·변경 또는 폐지하여야 한다.
> ② 상급도로의 도로관리청(이하 "상급도로관리청"이라 한다)은 제1항에도 불구하고 해당 상급도로에 접속되거나 연결되는 하급도로(제10조 각 호에 따른 도로의 순위를 기준으로 해당 도로보다 낮은 순위의 도로를 말한다. 이하 같다)의 접속구간 또는 연결구간의 도로구역을 결정·변경 또는 폐지할 수 있다. 이 경우 상급도로관리청은 미리 하급도로의 도로관리청(이하 "하급도로관리청"이라 한다)의 동의를 받아야 한다.
> ③ 도로관리청은 제1항이나 제2항에 따라 도로구역을 결정·변경 또는 폐지하면 그 사유, 위치, 면적 등 대통령령으로 정하는 사항을 구체적으로 밝혀 국토교통부령으로 정하는 바에 따라 고시하고, 그 도면을 일반인이 열람할 수 있도록 하여야 한다.
>
> 제28조(입체적 도로구역) ① 도로관리청은 제25조에 따라 도로구역을 결정하거나 변경하는 경우 그 도로가 있는 지역의 토지를 적절하고 합리적으로 이용하기 위하여 필요하다고 인정하면 지상이나 지하 공간 등 도로의 상하의 범위를 정하여 도로구역으로 지정할 수 있다.
> ② 도로관리청은 제1항에 따른 도로구역(이하 "입체적 도로구역"이라 한다)을 지정할 때에는 토지·건물 또는 토지에 정착한 물건의 소유권이나 그 밖의 권리를 가진 자와 구분지상권(區分地上權)의 설정이나 이전을 위한 협의를 하여야 하며, 지상의 공간에 대한 협의가 이루어지지 아니하면 입체적 도로구역으로 지정할 수 없다. 이 경우 협의의 목적이 되는 소유권이나 그 밖의 권리, 구분지상권의 범위 등 협의의 내용에 포함되어야 할 사항은 대통령령으로 정한다.
> ③ 도로관리청은 제2항에 따라 토지의 지상 부분이나 지하 부분의 사용에 대하여 협의가 성립하면 구분지상권을 설정하거나 이전한다. 이 경우 구분지상권의 존속기간은 「민법」 제280조 및 제281조에도 불구하고 도로가 존속하는 때까지로 한다.
> ④ 도로관리청은 입체적 도로구역의 지하 부분에 대하여 「공익사업을 위한 토지 등의 취득 및 보상에 관한 법률」에 따라 구분지상권의 설정이나 이전을 내용으로 하는 관할 토지수용위원회(「공익사업을 위한 토지 등의 취득 및 보상에 관한 법률」 제51조에 따른 관할 토지수용위원회를 말한다. 이하 같다)의 수용재결이나 사용재결을 받으면 「부동산등기법」 제99조에 따라 단독으로 그 구분지상권의 설정등기나 이전등기를 신청할 수 있다.
> ⑤ 토지의 사용에 관한 구분지상권의 등기절차에 관하여 필요한 사항은 대법원규칙으로 정한다.

---

[1] 국토교통부, 도로법 해설, 한국컴퓨터인쇄(2015), p71. 도로 상공에 대해서는 도로에 대한 장애물의 낙하 등을 고려하면 그 범위를 한정하기 곤란하고, 기본적으로는 일응 무한이라고 볼 수밖에 없을 것임. 지하에 있어서는 어느 심도까지 사권의 제한을 받는 범위로 볼 것인가(한계심도)는 기술적 판단에 속하는 문제라고 생각되지만, 이는 개별적으로 판단되어지는 것이라고 볼 수 있기 때문에 지하 또한 일률적으로 한정할 수는 없을 것임.

4. 도로의 형성

행정청이 교통수요 등을 감안하여 도로를 개설하고자 할 경우는 ①노선의 지정·인정, ②도로구역의 결정고시, ③도로구역안의 토지소유권 취득, ④도로축조공사, ⑤공용개시의 과정을 거침으로서 하나의 도로가 성립

1) 노선의 지정·인정

노선은 도로의 시작과 끝을 연결하는 하나의 선으로서 기점, 종점, 중요경과지점 등의 지명이 표기되며, 고속국도, 일반국도, 지선 및 국가지원지방도의 경우는 국토교통부장관이 그 노선을 지정하여 고시하고, 그 외 도로의 경우는 각각 **해당 도로관리청**이 그 노선을 지정하여 고시하는 것이며 그 폐지·변경 시에도 또한 같음

2) 도로구역의 결정

도로를 이루는 부지의 범위를 정하는 것으로서 그 노선의 지정·인정 또는 변경의 공고가 있을 때에는 도로관리청은 지체없이 이를 고시하는 행위로써 **도로예정지**가 되어 토지 형질변경, 공작물 신축 등 일정행위가 제한을 받게 됨

3) 권원의 취득

도로구역이 결정고시 되면 도로관리청은 당해 토지에 대한 소유권 등을 취득한 후 도로공사를 개시하여 도로로서의 형태를 갖추게 되는 과정으로 모든 토지·물건 등에 대한 권리를 얻게 됨

4) 도로공사의 시행

   도로가 일반의 교통에 제공되기 위한 형체적인 요건을 갖추는 과정임

5) 공용개시(폐지)

   관리청은 도로를 일반의 공용에 사용하거나 폐지하기 위해서 이를 널리 공고하는 과정임

Ⅱ 도로의 관리(일반)

1. 개 념

도로의 관리라 함은 일반의 교통에 공용되거나 공용될 도로에 대하여 그 기능을 다하도록 유지·보수 등 관리청이 행하는 일체의 작용을 뜻하는 것으로 도로의 수선에 관한 공사와 도로의 점용에 관한 허가제, 재해의 복구, 위험요소의 제거 및 부담금 등의 부과 등이 그 주요내용임

2. 도로관리청

1) 원칙적인 도로관리청 (도로법 제23조)

- 고속·일반국도(지선을 포함)는 국토교통부장관
- 국가지원지방도는 도지사·특별자치도지사(특별시, 광역시 또는 특별자치시 관할구역에 있는 구간은 해당 시장)
- 기타의 도로는 그 노선을 지정한 행정청

2) 예외적인 도로관리청

- 고속국도는 한국도로공사가 대행 (도로법 제112조)
- 일반국도 및 지방도

> **일반국도·지방도의 예외적인 도로관리청 (도로법 제23조)**
>
> 제23조(도로관리청) ② 제1항에도 불구하고 특별시·광역시·특별자치시·특별자치도 또는 시의 관할구역에 있는 일반국도(우회국도 및 지정국도는 제외한다. 이하 이 조에서 같다)와 지방도는 각각 다음 각 호의 구분에 따라 해당 시·도지사 또는 시장이 도로관리청이 된다.
> 1. 특별시·광역시·특별자치시·특별자치도 관할구역의 동(洞) 지역에 있는 일반국도: 해당 특별시장·광역시장·특별자치시장·특별자치도지사
> 2. 특별자치시 관할구역의 동 지역에 있는 지방도: 해당 특별자치시장
> 3. 시 관할구역의 동 지역에 있는 일반국도 및 지방도: 해당 시장

○ 도시·군계획시설 도로 등 준용도로

> **도시·군계획시설 도로의 도로관리청 (도로법 시행령 제99조)**
>
> 제99조(도시·군계획시설 도로 등) ① 법 제108조에서 "「국토의 계획 및 이용에 관한 법률」 제2조제10호에 따른 도시·군계획시설사업으로 설치된 도로 등 대통령령으로 정하는 도로"란 다음 각 호의 어느 하나에 해당하는 도로를 말한다.
> 1. 「국토의 계획 및 이용에 관한 법률」 제2조제10호에 따른 도시·군계획시설사업으로 설치된 도로
> 2. 제1호 및 법 제10조 각 호의 도로 외의 도로 중 해당 도로의 소재지를 관할하는 시·도지사나 시장·군수 또는 자치구의 구청장이 국토교통부령으로 정하는 바에 따라 공고한 도로
> ② 제1항 각 호의 구분에 따른 도로의 도로관리청은 다음 각 호의 구분에 따른다.
> 1. 제1항제1호에 따른 도로: 해당 도로의 소재지를 관할하는 특별시장·광역시장·특별자치시장·특별자치도지사·시장·군수 또는 자치구의 구청장
> 2. 제1항제2호에 따른 도로: 공고를 한 시·도지사나 시장·군수 또는 자치구의 구청장

○ 우회국도 및 지정국도는 국토교통부장관 (도로법 제12조)

○ 행정구역의 경계에 있는 도로는 관계 행정청 간에 협의하여 관리청과 관리방법을 따로 정함 (도로법 제24조)

○ 상급도로와 하급도로의 노선이 중복되면 중복된 부분의 도로에 대하여는 상급도로의 규정 적용 (도로법 제22조)

3) 도로관리청의 권한

○ 도로건설·관리계획의 수립 (도로법 제6조)

○ 도로의 공사와 유지관리 (도로법 제31조)

○ 노선의 인정·폐지·변경 및 공고

○ 도로구역의 결정 및 도로관리에 관한 협의

○ 도로의 사용과 폐지

○ 점용료·통행료의 징수

○ 각종 위반 행위의 처리

4) 권한의 대행

O 고속국도에 관한 관리청의 권한을 한국도로공사로 하여금 대행 (도로법 제112조)

O 상급도로관리청의 도로공사 대행 (도로법 제32조)

> **권한의 대행 (도로법 제32조 등)**
>
> 제32조(상급도로관리청의 도로공사 대행) ① 국토교통부장관은 필요하다고 인정하면 대통령령으로 정하는 바에 따라 관계 행정청이 하여야 하는 도로공사를 스스로 시행할 수 있다. 다만, 시도·군도 및 구도에 대한 도로공사는 제외한다.
> ② 특별시장·광역시장 또는 도지사는 필요하다고 인정하면 대통령령으로 정하는 바에 따라 관할구역의 시장·군수 또는 구청장이 하여야 하는 도로공사를 스스로 시행할 수 있다.
> ③ 국토교통부장관, 특별시장·광역시장 또는 도지사는 제1항 및 제2항에 따라 도로공사를 시행하는 경우 대통령령으로 정하는 바에 따라 해당 도로관리청의 권한을 대행할 수 있다.
>
> 제118조(권한의 대행) 제32조제3항에 따라 도로관리청의 권한을 대행하는 자는 이 장(章)[1])의 규정을 적용할 때 도로관리청으로 본다.
>
> 시행령 제30조(상급도로관리청의 도로공사 대행) ① 국토교통부장관, 특별시장·광역시장 또는 도지사가 법 제32조제1항 및 제2항에 따라 도로공사를 시행하려는 경우에는 국토교통부령으로 정하는 바에 따라 미리 해당 도로관리청에 통지하고 공고하여야 한다.
> ② 국토교통부장관, 특별시장·광역시장 또는 도지사가 제1항에 따른 도로공사를 준공하였을 때에는 국토교통부령으로 정하는 바에 따라 지체 없이 해당 도로관리청에 통지하고 공고하여야 한다.
>
> 시행령 제31조(상급도로관리청의 권한대행) 법 제32조제3항에 따라 국토교통부장관, 특별시장·광역시장 또는 도지사가 대행할 수 있는 권한은 다음 각 호와 같다.
> 1. 법 제25조에 따른 도로구역의 결정
> 2. 법 제33조부터 제36조까지, 제81조제1항, 제82조 및 제83조에 따른 처분 또는 조치
> 3. 법 제89조제2항, 제89조제3항 단서 및 제91조제1항·제2항(법 제90조제3항에서 준용하는 경우를 포함한다)에 따른 비용 부담에 관한 처분
>
> 시행규칙 제10조(상급도로관리청의 도로공사 대행 공고 등) ① 영 제30조제1항에 따른 도로공사의 대행 공고는 다음 각 호의 사항을 포함하여야 한다.
> 1. 도로의 종류
> 2. 노선명
> 3. 도로공사의 구간·개요 및 기간
> 4. 공사대행이유 5. 공사착수예정일 및 준공예정일
> 6. 그 밖에 필요한 사항
> ② 영 제30조제2항에 따른 도로공사의 준공 공고는 다음 각 호의 사항을 포함하여야 한다.
> 1. 도로의 종류
> 2. 노선번호 및 노선명
> 3. 주요 통과지
> 4. 착수연월일 및 준공연월일
> 5. 그 밖에 필요한 사항

---

1) 「도로법」 제10장 벌칙

5) 권한의 위임

○ 국토교통부장관 권한의 일부를 위임(도로법 제110조)

> **권한의 위임 (도로법 제110조)**
>
> 제110조(권한의 위임·위탁) ① 이 법에 따른 국토교통부장관의 권한은 대통령령으로 정하는 바에 따라 그 일부를 시·도지사 또는 국토교통부 소속기관의 장에게 위임할 수 있다.
> ② 특별시장·광역시장·도지사·특별자치도지사 또는 국토교통부 소속기관의 장은 제1항에 따라 국토교통부장관으로부터 위임받은 권한의 일부를 시장(행정시의 시장을 포함한다. 이하 이 항에서 같다)·군수·구청장 또는 일반국도의 건설과 관리에 관한 업무를 수행하는 행정기관의 장에게 재위임할 수 있다. 이 경우 특별시장·광역시장·도지사 또는 특별자치도지사가 시장·군수·구청장에게 재위임하는 경우에는 국토교통부장관의 승인을 받아야 한다.
> ③ (업무위탁 관련 조문 생략)
> ④ 국토교통부장관은 제1항부터 제3항까지의 규정에 따라 권한을 위임(제31조제2항에 따라 국토교통부장관이 도지사 또는 특별자치도지사에게 업무를 수행하게 하는 경우를 포함한다. 이하 이 항에서 같다) 또는 재위임 받거나 업무를 위탁받은 자에 대하여 그 권한 또는 업무 수행의 적절성 여부 등을 확인하기 위해서 필요하면 국토교통부령으로 정하는 바에 따라 자료 요구, 현장조사 또는 시정명령 등 필요한 조치를 할 수 있다. 이 경우 권한을 위임 또는 재위임 받거나 업무를 위탁받은 자는 특별한 사유가 없으면 이에 따라야 한다.
>
> 시행규칙 제53조(자료제출의 요구 등) ① 법 제110조제4항에 따른 자료 요구는 문서로 하여야 한다.
> ② 법 제110조제4항에 따라 현장조사를 하려는 경우에는 미리 현장조사의 목적, 시기 등을 문서로 해당 기관에 통보하여야 한다.
> ③ 국토교통부장관은 권한을 위임(법 제31조제2항에 따라 국토교통부장관이 도지사 또는 특별자치도지사에게 업무를 수행하게 하는 경우를 포함한다) 또는 재위임받거나 업무를 위탁받은 자의 권한 또는 업무의 수행이 위법 또는 부당하다고 인정되는 경우에는 법 제110조제4항에 따라 위반내용·시정사항 및 시정기한 등을 서면에 명시하여 시정명령을 할 수 있다. 이 경우 천재지변 그 밖에 기술적인 곤란 등 부득이한 사유로 시정기한에 필요한 조치를 취하는 것이 곤란한 경우에는 한차례만 시정기한을 연장할 수 있다.

① 일반국도에 관한 권한의 시·도지사 위임

> **권한의 위임 (시행령 제100조제1항)**
>
> 제100조(권한의 위임) ① 국토교통부장관은 법 제110조제1항에 따라 일반국도에 관한 권한을 다음 각 호의 구분에 따라 시·도지사에게 위임한다.
> 1. 일반국도(제2호에 따른 위임국도는 제외한다)에 대해서는 다음 각 목의 권한
>   가. 법 제40조제2항에 따른 접도구역의 관리에 관한 사항
>   나. 법 제40조제3항을 위반한 자에 대한 법 제96조에 따른 처분 또는 조치
> 2. 위임국도에 대해서는 제1호 각 목 및 제2항 각 호(제3호는 제외한다)에 따른 권한

② 일반국도에 관한 권한의 지방국토관리청장 위임

권한의 위임 (시행령 제100조제2항)

제100조(권한의 위임) ② 국토교통부장관은 법 제110조제1항에 따라 제1항제2호의 구간을 제외한 일반국도에 관한 다음 각 호의 권한을 지방국토관리청장에게 위임한다.
1. 법 제25조에 따른 도로구역의 결정·변경·폐지 및 고시
2. 법 제30조에 따른 도로구역 내 시설의 설치·운영
3. 법 제31조제1항에 따른 도로공사와 도로의 유지·관리
4. 법 제32조제1항 및 제3항에 따른 도로공사 및 권한의 대행에 관한 사항
5. 법 제33조제1항 및 제3항에 따른 타공작물의 관리자에 대한 도로공사의 시행명령, 도로의 유지·관리 명령 및 준공검사
6. 법 제33조제1항 및 제4항에 따른 타공작물에 관한 공사의 직접 시행과 공사시행 및 준공 사실의 통지
7. 법 제34조에 따른 부대공사의 시행
8. 법 제35조에 따른 공사 원인자 등에 대한 공사시행 명령 등
9. 법 제36조에 따른 도로관리청이 아닌 자의 도로공사 등
10. 법 제37조에 따른 공공단체 또는 사인에 대한 경미한 도로공사나 도로의 유지·관리 명령
11. 법 제38조에 따른 공공시설의 귀속 및 등기
12. 법 제39조제1항에 따른 도로의 사용 개시 및 폐지
13. 법 제40조제1항·제2항 및 제4항에 따른 접도구역의 지정·고시 및 시설 등의 소유자나 점유자에 대한 조치명령
14. 법 제48조에 따른 자동차전용도로의 지정
15. 법 제52조제1항에 따른 자동차전용도로 등에 대한 다른 시설의 연결허가
16. 법 제53조제5항에 따른 진출입로 연결허가
17. 법 제54조에 따른 보도의 설치 및 관리
18. 법 제55조에 따른 도로표지의 설치·관리
19. 법 제56조에 따른 도로대장의 작성·보관
20. 법 제57조에 따른 도로관리원의 임명
21. 법 제60조에 따른 도로교통정보체계의 구축·운영 및 도로정보의 수집·가공·제공
22. 법 제61조 및 제62조에 따른 도로의 점용 허가 및 안전관리
23. 법 제65조에 따른 도로 점용공사의 대행
24. 법 제66조에 따른 점용료의 부과·징수
25. 법 제69조에 따른 점용료의 강제징수 및 법 제70조에 따른 과오납 점용료의 반환
26. 법 제71조에 따른 이의신청에 대한 심사 및 통보
27. 법 제72조에 따른 변상금의 징수
28. 법 제73조에 따른 원상회복의 명령
29. 법 제76조에 따른 도로의 통행 금지·제한 명령
30. 법 제77조에 따른 차량의 운행 제한과 차량운행의 허가
31. 법 제80조에 따른 운행제한 위반 차량 운전자에 대한 명령
32. 법 제82조에 따른 도로공사의 시행을 위한 토지 등의 수용 또는 사용
33. 법 제83조에 따른 재해 발생 시 토지 등의 일시 사용 또는 수용 등
34. 법 제89조제2항에 따른 타공작물의 관리자에 대한 도로공사 및 도로의 유지·관리 비용의 부과·징수, 같은 조 제3항에 따른 타공작물에 관한 공사 및 관리에 필요한 비용의 부과·징수
35. 법 제90조에 따른 부대공사 비용의 부과·징수
36. 법 제91조제1항·제3항 및 제4항에 따른 원인자 및 공공단체 또는 사인 등에 대한 비용의 부과·징수
37. 법 제96조에 따른 법령 위반자 등에 대한 처분 또는 조치(제1항제1호나목에 따라 시·도지사에게 위임되는 권한은 제외한다)
38. 법 제97조에 따른 공익을 위한 처분
39. 법 제100조에 따른 이행강제금의 부과·징수

40. 법 제103조에 따른 수수료의 징수
41. 법 제106조에 따른 권리·의무 승계신고의 접수
42. 법 제117조에 따른 과태료의 부과·징수

③ 국가지원지방도 및 대도시권 교통혼잡도로에 관한 권한의 지방국토관리청장 위임

> **권한의 위임 (시행령 제100조제3항)**
>
> 제100조(권한의 위임) ③ 국토교통부장관은 법 제110조제1항에 따라 국가지원지방도 및 대도시권 교통혼잡도로에 관한 다음 각 호의 권한을 지방국토관리청장에게 위임한다.
> 1. 제87조제1항에 따른 공사착공보고 및 분기별 공정보고의 접수
> 2. 제87조제2항에 따른 사업실적보고의 접수
> ④ 지방국토관리청장은 제3항 각 호에 따른 공사착공보고 및 분기별 공정보고와 사업실적보고를 받은 경우에는 국토교통부령으로 정하는 바에 따라 국토교통부장관에게 보고하여야 한다.
>
> 시행규칙 제52조(위임사무의 보고기간) 영 제100조제3항에 따라 도로관리청으로부터 공사착공 상황 등을 보고받은 지방국토관리청장은 영 제100조제4항에 따라 보고받은 날부터 10일 이내에 국토교통부장관에게 보고하여야 한다.

④ 고속국도 과태료 부과·징수에 관한 권한의 지방국토관리청장 위임

> **권한의 위임 (시행령 제100조제5항)**
>
> 제100조(권한의 위임) ⑤ 국토교통부장관은 법 제110조제1항에 따라 고속국도에 관한 법 제117조에 따른 과태료의 부과·징수 권한을 지방국토관리청장에게 위임한다.

3. 도로의 공사와 유지

1) 원칙적인 도로공사[1]의 시행과 유지 (도로법 제31조)

  ○ 도로공사와 도로의 유지·관리는 해당 도로의 관리청이 이를 행함

2) 예외적인 도로공사의 시행과 유지

  ○ 일반국도 일부 구간의 도로공사와 도로의 유지·관리에 대

---

[1] 도로법 제2조제7호. "도로공사"란 도로의 신설, 확장, 개량 및 보수(補修) 등을 하는 공사를 말함

한 도지사 또는 특별자치도지사 수행

위임국도 도로공사 수행 (도로법 제31조)

제31조(도로공사와 도로의 유지·관리 등) ① 도로공사와 도로의 유지·관리는 이 법이나 다른 법률에 특별한 규정이 있는 경우를 제외하고는 해당 도로의 도로관리청이 수행한다.
② 제1항에도 불구하고 국토교통부장관은 일반국도의 일부 구간에 대한 도로공사와 도로의 유지·관리에 관한 업무를 대통령령으로 정하는 바에 따라 도지사 또는 특별자치도지사가 수행하도록 할 수 있다. 이 경우 국토교통부장관은 미리 도지사 또는 특별자치도지사와 협의하여야 한다.

시행령 제29조(도로공사와 도로의 유지·관리에 관한 업무의 수행 등) ① 법 제31조제2항 전단에 따라 도지사 또는 특별자치도지사가 도로공사와 도로의 유지·관리에 관한 업무를 수행하는 일반국도(이하 "위임국도"라 한다)는 간선 기능이 약한 별표 1에 따른 일반국도 구간으로 한다. 다만, 자동차전용도로 또는 「시설물의 안전관리에 관한 특별법」 제2조제2호에 따른 1종시설물이나 이에 준하는 주요 교량, 터널 등으로서 국토교통부령으로 정하는 시설이 있는 구간은 제외한다.
② 제1항에 따라 위임국도에 관한 업무를 수행하는 도지사 또는 특별자치도지사는 해당 위임국도의 도로공사와 도로의 유지·관리에 관한 업무 수행 결과를 국토교통부령으로 정하는 바에 따라 국토교통부장관에게 보고하여야 한다.
③ 국토교통부장관은 천재지변이나 이에 준하는 재해 발생 등 비상 시에 위임국도 외의 일반국도 구간에 대하여 도로의 보수(補修) 및 유지·관리에 관한 업무를 도지사 또는 특별자치도지사가 수행하도록 할 수 있다. 이 경우 국토교통부장관은 다음 각 호의 사항을 관보에 공고하여야 한다.
  1. 도로의 노선명
  2. 도로 구간
  3. 도로의 보수 및 유지·관리 업무의 내용
  4. 업무 수행 기간
  5. 비용의 부담방법
  6. 그 밖에 도로의 보수 및 유지·관리에 필요한 사항

○ 국토교통부장관은 특히 필요한 경우 지방도로 이상의 도로(즉 시도, 군도, 구도는 제외)에 관한 공사를 시행할 수 있으며, 특별시장·광역시장·도지사는 시장·군수·구청장이 관리하는 도로에 관한 공사를 시행할 수 있음

상급도로관리청의 도로공사 대행 (도로법 제32조)

제32조(상급도로관리청의 도로공사 대행) ① 국토교통부장관은 필요하다고 인정하면 대통령령으로 정하는 바에 따라 관계 행정청이 하여야 하는 도로공사를 스스로 시행할 수 있다. 다만, 시도·군도 및 구도에 대한 도로공사는 제외한다.
② 특별시장·광역시장 또는 도지사는 필요하다고 인정하면 대통령령으로 정하는 바에 따라 관할구역의 시장·군수 또는 구청장이 하여야 하는 도로공사를 스스로 시행할 수 있다.
③ 국토교통부장관, 특별시장·광역시장 또는 도지사는 제1항 및 제2항에 따라 도로공사를 시행하는 경우 대통령령으로 정하는 바에 따라 해당 도로관리청의 권한을 대행할 수 있다.

시행령 제30조(상급도로관리청의 도로공사 대행) ① 국토교통부장관, 특별시장·광역시장 또는 도지사가 법 제32조제1항 및 제2항에 따라 도로공사를 시행하려는 경우에는 국토교통부령으로 정하는 바에 따라 미리 해당 도로관리청에 통지하고 공고하여야

한다.
② 국토교통부장관, 특별시장·광역시장 또는 도지사가 제1항에 따른 도로공사를 준공하였을 때에는 국토교통부령으로 정하는 바에 따라 지체 없이 해당 도로관리청에 통지하고 공고하여야 한다.

> 시행규칙 제10조(상급도로관리청의 도로공사 대행 공고 등) ① 영 제30조제1항에 따른 도로공사의 대행 공고는 다음 각 호의 사항을 포함하여야 한다.
> 1. 도로의 종류
> 2. 노선명
> 3. 도로공사의 구간·개요 및 기간
> 4. 공사대행이유
> 5. 공사착수예정일 및 준공예정일
> 6. 그 밖에 필요한 사항
> ② 영 제30조제2항에 따른 도로공사의 준공 공고는 다음 각 호의 사항을 포함하여야 한다.
> 1. 도로의 종류
> 2. 노선번호 및 노선명
> 3. 주요 통과지
> 4. 착수연월일 및 준공연월일
> 5. 그 밖에 필요한 사항

○ 국가지원지방도에 대한 도로공사의 시행

국가지원지방도의 도로공사 시행 (도로법 제31조)

제31조(도로공사와 도로의 유지·관리 등) ③ 국가지원지방도에 대한 도로공사에 필요한 조사·설계는 국토교통부장관이 실시한다. 다만, 특별시 또는 광역시 안의 국가지원지방도 구간에 대한 조사·설계는 특별시장 또는 광역시장이 실시하되, 국가지원지방도의 설계에 관하여는 국토교통부장관의 승인을 받아야 한다.
④ 국가지원지방도의 도로관리청은 제6조제1항 단서에 따라 국토교통부장관이 수립한 건설·관리계획과 제3항에 따른 조사·설계에 따라 국가지원지방도의 도로공사를 시행하여야 한다.
⑤ 제4항에도 불구하고 국가지원지방도의 도로관리청이 스스로 국가지원지방도의 건설비용을 부담하는 경우에는 국토교통부장관이 수립한 도로건설·관리계획에 따르지 아니하고 도로공사를 할 수 있다.

○ 행정구역의 경계지의 도로에 대하여도 도로관리청의 경우와 마찬가지로 상호 협의에 의하여 관리할 수 있음

관리의 협의 및 재정 (도로법 제24조)

제24조(도로 관리의 협의 및 재정) ① 제23조에도 불구하고 행정구역의 경계에 있는 도로는 관계 행정청이 협의하여 도로관리청과 관리방법을 따로 정할 수 있다.
② 제1항에 따른 협의가 성립되지 아니하면 관계 행정청은 특별시·광역시·특별자치시·도 또는 특별자치도(이하 "시·도"라 한다)의 경계에 있는 도로에 관하여는 국토교통부장관에게 재정을 신청하고, 그 밖의 도로에 관하여는 특별시장·광역시장 또는 도지사에게 각각 재정을 신청할 수 있다.
③ 제2항에 따른 재정이 있으면 제1항에 따른 협의가 있은 것으로 본다.
④ 관계 행정청은 제1항에 따른 협의나 제2항에 따른 재정이 있으면 그 내용을 고시하여야 한다.

○ 기타의 경우
- 도로가 제방 등 타 공작물과 효용을 겸하고 있는 경우, 타 공작물의 관리자로 하여금 도로공사·유지를 하게 할 수 있음

타공작물 관리자 공사 시행 (도로법 제33조)

제33조(타공작물의 공사시행) ① 도로관리청은 도로가 타공작물의 효용을 함께 갖추고 있거나 타공작물이 도로의 효용을 함께 갖추고 있는 경우 대통령령으로 정하는 바에 따라 타공작물의 관리자에게 도로공사를 시행하게 하거나 도로의 유지·관리를 하게 할 수 있으며, 도로관리청이 직접 타공작물에 관한 공사를 시행하거나 타공작물에 대한 유지·관리를 할 수 있다.
② 도로관리청이 제1항에 따라 타공작물에 관한 공사를 시행하거나 타공작물에 대한 관리를 할 경우 이를 도로공사 또는 도로의 유지·관리로 본다.
③ 도로관리청이 제1항에 따라 타공작물의 관리자에게 도로공사를 시행하게 하는 경우 해당 타공작물의 관리자는 도로공사를 마친 후 대통령령으로 정하는 바에 따라 도로관리청의 준공검사를 받아야 한다.
④ 도로관리청이 제1항에 따라 직접 타공작물에 관한 공사(타공작물의 관리는 제외한다. 이하 이 조에서 같다)를 시행하는 경우에는 타공작물의 관리자에게 대통령령으로 정하는 바에 따라 공사를 시행하기 전에 미리 통지하여야 하며, 공사를 준공하였을 때에는 해당 공사의 준공 사실을 통지하여야 한다. 다만, 타공작물의 관리자가 중앙 행정기관의 장, 시·도지사 또는 시장·군수·구청장인 경우에는 미리 협의하여야 한다.

시행령 제32조(타공작물의 관리자 등에 대한 도로공사의 시행명령 등) ① 도로관리청은 법 제33조제1항, 제35조제1항 또는 제37조에 따라 도로공사를 시행하게 하는 경우에는 국토교통부령으로 정하는 도로공사 시행 명령서에 설계도서를 첨부하여야 한다.
② 제1항에 따른 도로공사가 준공되었을 때에는 타공작물의 관리자, 도로공사 외의 공사(이하 "타공사"라 한다)의 시행자나 도로공사 외의 행위(이하 "타행위"라 한다)를 한 자 또는 공공단체나 사인(私人)은 국토교통부령으로 정하는 바에 따라 지체 없이 준공조서·설계도서와 비용정산서를 갖추어 도로관리청의 준공검사를 받아야 한다. 다만, 타공작물의 관리자, 타공사의 시행자나 타행위를 한 자가 행정청인 경우에는 미리 도로관리청과 협의하여야 한다.
③ 도로관리청은 법 제33조제1항 또는 제37조에 따라 타공작물의 관리자, 공공단체 또는 사인에게 도로의 유지·관리를 하게 하는 경우에는 국토교통부령으로 정하는 도로의 유지·관리 명령서에 유지·관리 방법에 관한 설명서와 비용예산서를 첨부하여야 한다.

시행령 제33조(타공작물에 관한 공사의 시행 등) ① 도로관리청은 법 제33조제1항(법 제34조제2항에서 준용하는 경우를 포함한다)에 따라 타공작물에 관한 공사를 시행하는 경우와 법 제35조제1항에 따라 타공사의 시행자나 타행위를 한 자의 부담으로 직접 도로공사를 시행하는 경우에는 공사를 시행하기 전에 국토교통부령으로 정하는 바에 따라 설계도서와 비용예산서를 첨부하여 타공작물의 관리자 또는 타공사의 시행자나 타행위를 한 자에게 미리 통지하여야 한다.
② 도로관리청은 제1항에 따른 공사를 준공하였을 때에는 국토교통부령으로 정하는 바에 따라 지체 없이 준공조서·설계도서와 비용정산서를 첨부하여 타공작물의 관리자 또는 타공사의 시행자나 타행위를 한 자에게 통지하여야 한다.
③ 도로관리청은 법 제33조제1항에 따라 타공작물의 유지·관리를 하려는 경우에는 국토교통부령으로 정하는 바에 따라 유지·관리 방법에 관한 설명서와 비용예산서를 첨부하여 타공작물의 관리자에게 통지하여야 한다.

- 부대공사의 시행

부대공사 시행 (도로법 제34조)

제34조(부대공사의 시행) ① 도로관리청은 도로공사 외의 공사로서 다음 각 호의 어느 하나에 해당하는 공사(이하 "부대공사"라 한다)를 도로공사와 함께 시행할 수 있다. 이 경우 부대공사는 도로공사로 본다.
 1. 도로공사를 시행하기 위하여 필요하게 된 공사
 2. 도로공사로 인하여 필요하게 된 공사
② 도로관리청이 부대공사를 시행하는 경우에는 제33조제4항을 준용한다. 이 경우 "타공작물에 관한 공사"는 "부대공사"로, "타공작물"은 "관련 시설"로 본다.

- 다른 공사로 인하여 도로공사가 필요하게 된 경우 공사 원인자로 하여금 공사를 하게 할 수 있음

공사원인자의 공사 시행 (도로법 제35조)

제35조(공사 원인자 등에 대한 공사시행 명령 등) ① 도로관리청은 도로공사 외의 공사(이하 "타공사"라 한다) 또는 도로공사 외의 행위(이하 "타행위"라 한다)로 인하여 도로공사가 필요하게 되면 그 타공사의 시행자나 타행위를 한 자에게 그 도로공사를 시행하게 하거나 그 타공사의 시행자나 타행위를 한 자의 부담으로 직접 도로공사를 시행할 수 있다.
② 제1항에 따라 도로관리청이 타공사의 시행자나 타행위를 한 자에게 도로공사를 시행하게 한 경우에는 제33조제3항을 준용한다. 이 경우 "타공작물의 관리자"는 "타공사의 시행자나 타행위를 한 자"로 본다.
③ 제1항에 따라 도로관리청이 타공사의 시행자나 타행위를 한 자의 부담으로 직접 도로공사를 시행하는 경우에는 해당 타공사의 시행자나 타행위를 한 자에게 대통령령으로 정하는 바에 따라 공사를 시행하기 전에 미리 통지하여야 하고, 공사를 준공하였을 때에는 준공 사실을 통지하여야 한다.

- 비관리청의 도로공사

비관리청 도로공사 (도로법 제36조)

제36조(도로관리청이 아닌 자의 도로공사 등) ① 도로관리청이 아닌 자는 도로공사를 시행하거나 도로의 유지·관리를 할 때에는 미리 대통령령으로 정하는 바에 따라 도로관리청의 허가를 받아야 한다. 다만, 다음 각 호의 어느 하나에 해당하는 경우 도로관리청이 아닌 자는 도로관리청의 허가를 받지 아니하고 도로공사를 시행하거나 도로의 유지·관리를 할 수 있다.
 1. 제33조제1항에 따라 타공작물의 관리자가 도로공사를 시행하는 경우 또는 제35조제1항에 따라 타공사의 시행자나 타행위를 한 자가 도로공사를 시행하는 경우
 2. 상급도로관리청이 상급도로의 공사를 시행할 때 상급도로와 접속되거나 연결되는 하급도로의 접속구간 또는 연결구간의 도로공사를 시행하는 경우. 이 경우 상급도로관리청은 대통령령으로 정하는 바에 따라 미리 해당 하급도로관리청과 협의하여야 한다.
 3. 대통령령으로 정하는 경미한 도로의 유지·관리인 경우
② 제1항에 따라 도로관리청의 허가를 받은 자는 대통령령으로 정하는 바에 따라 공사착수 사실을 도로관리청에 신고하여야 하고, 공사를 준공하였을 때에는 도로관리청의 준공검사를 받아야 한다.
③ 제1항제2호에 따라 상급도로관리청이 하급도로의 도로공사를 시행하는 경우에는 공사를 준공하였을 때 대통령령으로 정하는 바에 따라 해당 하급도로관리청에 통지하여야 한다.

시행령 제37조(경미한 도로의 유지·관리) 법 제36조제1항제3호에서 "대통령령으로 정하는 경미한 도로의 유지·관리"란 도로의 손상을 방지하기 위하여 필요한 자갈·모래 또는 흙의 부분적인 보충이나 그 밖에 도로의 구조에 영향을 주지 아니하는 도로의 유지·관리를 말한다.

- 이해관계자로 하여금 경미한 도로수선·유지를 하게 할 수 있음

> **경미한 도로수선 등 (도로법 제37조)**
>
> 제37조(공공단체 또는 사인의 도로공사 등) 도로관리청은 도로에 관하여 직접적인 이해관계가 있는 공공단체 또는 사인(私人)에게 대통령령으로 정하는 경미한 도로공사나 도로의 유지·관리를 하게 할 수 있다.
>
> 　시행령 제38조(공공단체 등의 도로공사 시행 등) 법 제37조에서 "대통령령으로 정하는 경미한 도로공사나 도로의 유지·관리"란 기존 도로의 구조·시설 및 교통소통·안전에 영향을 주지 아니하는 범위에서 도로관리청이 공공단체 또는 사인의 도로이용의 편의 및 도로상의 안전 확보를 위하여 필요하다고 인정하는 도로공사 또는 도로의 유지·관리를 말한다.

- 도로 점용공사의 대행

> **도로 점용공사의 대행 (도로법 제65조)**
>
> 제65조(도로 점용공사의 대행) ① 도로관리청은 도로구조의 보전을 위하여 필요하다고 인정하면 도로점용허가의 목적이 된 공사를 대행할 수 있다. 이 경우 해당 공사는 도로공사로 본다.
> ② 제1항의 경우에 도로관리청은 해당 공사의 내용과 시기를 도로점용허가를 받은 자에게 미리 알려야 한다.

4. 도로공사에 따른 공공시설의 귀속

○ 도로공사에 따라 새로 설치한 공공시설은 그 시설을 관리할 관리청에 무상귀속되고, 종래의 공공시설은 도로관리청에 무상귀속되며, 점용료는 면제된 것으로 봄

> **공공시설의 귀속 (도로법 제38조)**
>
> 제38조(공공시설의 귀속) ① 도로관리청이 도로공사로 새로 공공시설(「국토의 계획 및 이용에 관한 법률」 제2조제13호에 따른 공공시설을 말한다. 이하 같다)을 설치하거나 기존의 공공시설에 대체되는 시설을 설치한 경우에는 「국유재산법」 과 「공유재산 및 물품 관리법」 에도 불구하고 새로 설치된 공공시설은 그 시설을 관리할 관리청에 무상으로 귀속되고, 종래의 공공시설은 도로관리청에게 무상으로 귀속된다.
> ② 도로관리청은 제1항에 따른 공공시설의 귀속에 관한 사항이 포함된 도로공사를 하려면 미리 해당 공공시설이 속한 관리청의 의견을 들어야 한다. 다만, 관리청이 지정되지 아니한 경우에는 관리청이 지정된 후 준공되기 전에 관리청의 의견을 들어야 하며, 관리청이 불분명한 경우에는 도로·하천 등에 대하여는 국토교통부장관을 관리청으로 보고, 그 외의 재산에 대하여는 기획재정부장관을 관리청으로 본다.
> ③ 도로관리청이 제2항에 따라 관리청의 의견을 듣고 도로공사를 한 경우 도로관리청은 그 허가에 포함된 공공시설의 점용 및 사용에 관하여 관계 법률에 따른 승인·허가를 받은 것으로 보아 도로공사를 할 수 있다. 이 경우 해당 공공시설의 점용 또는 사용에 따른 점용료 또는 사용료는 면제된 것으로 본다.
> ④ 도로관리청은 도로공사가 끝나 제39조제1항에 따라 사용을 개시한 때에는 해당 시설의 관리청에 공공시설의 종류와 토지의 세목(細目)을 통지하여야 한다. 이 경우 공공시설은

그 통지한 날에 해당 시설을 관리할 관리청과 도로관리청에게 각각 귀속된 것으로 본다.
⑤ 제1항, 제2항 및 제4항에 따른 공공시설을 등기할 때에 「부동산등기법」에 따른 등기원인을 증명하는 서면은 제39조제1항에 따른 사용을 개시함을 증명하는 서면으로 갈음한다.

5. 사권의 제한

○ 도로를 구성하는 부지, 옹벽 기타의 물건에 대해서는 사권을 행사할 수 없음. 다만, 소유권을 이전하거나 저당권 설정하는 것 이외 사유부분에 담장을 설치하거나 건축 등 사권을 행사할 수 없음[1](도로법 제4조)

> **사권의 제한 (도로법 제4조)**
> 제4조(사권의 제한) 도로를 구성하는 부지, 옹벽, 그 밖의 물건에 대하여는 사권(私權)을 행사할 수 없다. 다만, 소유권을 이전하거나 저당권을 설정하는 경우에는 사권을 행사할 수 있다.

○ 사권의 제한을 받는 범위는 평면적으로는 도로관리청에 의한 "도로구역의 결정"에 의하여 정해지고, 입체적으로는 옹벽 기타의 물건이 존재하는 부분은 처음부터 도로구역 전반의 상하에 걸쳐 도로구조보전, 교통위험방지 기타 도로관리상 필요한 범위로 이해 됨[2]

※ 도로구역내 사유지, 국·공유지에 대한 도로점용허가 신청
  - 도로구역내에 포함된 경우에는 소유자의 동의 불필요
    (사유지에 대한 토지보상은 별개로 추진 필요)
  - 사유지 등이 도로구역외에 있는 경우에는 해당 소유자의 동의 (국·공유지의 경우 사용수익허가 등) 필요

---

1) 국토교통부, 도로법 해설, 한국컴퓨터인쇄(2015), p70. 도로를 개발한 목적을 달성하기 위하여 도로부지 소유자와 사용협의를 마쳤는지를 불문하고, 사권행사를 제한하는 것은 입법목적의 정당성이 인정됨.
2) 국토교통부, 도로법 해설, 한국컴퓨터인쇄(2015), p71. 도로 상공에 대해서는 도로에 대한 장애물의 낙하 등을 고려하면 그 범위를 한정하기 곤란하고, 기본적으로는 일응 무한이라고 볼 수 밖에 없을 것임. 지하에 있어서는 어느 심도까지 사권의 제한을 받는 범위로 볼 것인가(한계심도)는 기술적 판단에 속하는 문제라고 생각되지만, 이는 개별적으로 판단되어지는 것이라고 볼 수 있기 때문에 지하 또한 일률적으로 한정할 수는 없을 것임.

Ⅲ 도로점용허가

1. 도로점용의 성격

1) 도로점용의 의의

○ 도로는 일반공중의 교통에 공용(이른바 일반사용)되는 공공시설이므로 공공이 아닌 특정목적으로 도로구역을 사용(이른바 특별사용)하는 것은 극히 제한을 하여야 하는 것이나,

> **도로의 사용형태[1]**
> 1. 보통사용(일반사용, 자유사용) : 일반공중이 도로를 특별한 허락을 받지 아니하고 그 공용목적에 따라 자유로이 사용하는 것
> 2. 특별사용 : 보통사용 범위를 넘어서는 사용 (일시점용 : 1년미만, 계속점용 : 1년이상)

도시의 발달, 생활환경의 변혁 등 도로점용에 대한 수요가 날로 증가하여 도로의 본래기능이외에 전기·가스·통신시설의 매설 등 각종 공익사업의 추진 또는 지하시설의 설치 등으로 도로의 점용이 불가피한 실정임

> **국유재산법과의 관계[2]**
> 국유재산법은 국유의 공물에 대해 일반적 규율을 행하는 것이고, 도로법은 국유이건 공유이건 사유이건 불문하고 도로라고 하는 특정한 종류의 공물을 규율하는 것이므로 경우에 따라서는 하나의 공물에 대해 양 법률이 중첩적으로 적용될 수 있음. 즉 사유의 도로에 대해서는 도로법의 규율만이 적용되지만, 국유의 도로에 대해서는 도로법과 국유재산법이 동시에 적용.

2) 도로점용허가의 성질

○ 도로의 점용허가는 도로를 일정기간 계속하여 점용하는 권리를 설정하는 **설권적 행정행위**로서 일정요건을 갖춘 신청에 대해 점용을 허가할 것인지 여부는 원칙적으로 도로관리청의 재량에 속함[3]

---

[1] 국토교통부, 도로법 해설, 한국컴퓨터인쇄(2015), p14
[2] 국토교통부, 도로법 해설, 한국컴퓨터인쇄(2015), p17
[3] 대법원 2007.5.31. 선고 2005두1329

다만, 신청인의 적격성, 사용목적 및 공익상의 영향 등을 참작하여 불가피한 경우가 아니면 도로점용을 허가하도록 하고 있어 일정한 한계가 있음

3) 도로점용허가의 효과

○ 도로의 점용허가를 받은 자는 그 허가의 내용에 따라 도로를 점용 할 권리를 얻게 되나 타인의 일반사용을 방해하는 배타적·지배적 권리를 부여하는 것은 아니며, 점용허가에 수반하는 일정한 의무(안전관리, 점용물 관리, 점용료 납부, 원상회복 등)를 부담함

2. 도로점용(연결)허가 대상

1) 점용(연결)허가를 받아야 하는 경우

○ 점용허가
공작물·물건, 그 밖의 시설을 신설·개축·변경 또는 제거하거나 그 밖의 사유로 도로(도로구역 포함)를 점용하려는 자와 허가기간을 연장하거나 허가받은 사항을 변경(새로운 물건 설치 포함)하려는 자는 도로관리청의 허가를 받아야 함.

> **도로점용허가 (도로법 제61조)**
>
> 제61조(도로의 점용 허가) ① 공작물·물건, 그 밖의 시설을 신설·개축·변경 또는 제거하거나 그 밖의 사유로 도로(도로구역을 포함한다. 이하 이 장에서 같다)를 점용하려는 자는 도로관리청의 허가를 받아야 한다. 허가받은 기간을 연장하거나 허가받은 사항을 변경(허가받은 사항 외에 도로 구조나 교통안전에 위험이 되는 물건을 새로 설치하는 행위를 포함한다)하려는 때에도 같다.
> ② 제1항에 따라 허가를 받아 도로를 점용할 수 있는 공작물·물건, 그 밖의 시설의 종류와 허가의 기준 등에 관하여 필요한 사항은 대통령령으로 정한다.
> ③ 도로관리청은 같은 도로(토지를 점용하는 경우로 한정하며, 입체적 도로구역을 포함한다)에 제1항에 따른 허가를 신청한 자가 둘 이상인 경우에는 일반경쟁에 부치는 방식으로 도로의 점용 허가를 받을 자를 선정할 수 있다.
> ④ 제3항에 따라 일반경쟁에 부치는 방식으로 도로점용허가를 받을 자를 선정할 수 있는 경우의 기준, 도로의 점용 허가를 받을 자의 선정 절차 등에 관하여 필요한 사항은 대통령령으로 정한다.

○ 연결허가1)

고속국도, 자동차전용도로, 일반국도 및 지방도, 4차로 이상으로 도로구역이 결정된 도로에 다른 시설을 연결하고자 하거나, 허가받은 사항을 변경하려 할 때는 도로관리청의 허가를 받아야 함

> **도로연결허가 (도로법 제52조)**
>
> 제52조(도로와 다른 시설의 연결) ① 도로관리청이 아닌 자는 고속국도, 자동차전용도로, 그 밖에 대통령령으로 정하는 도로에 다른 도로나 통로, 그 밖의 시설을 연결시키려는 경우에는 미리 도로관리청의 허가를 받아야 하며, 허가받은 사항을 변경하려는 경우에도 또한 같다. 이 경우 고속국도나 자동차전용도로에는 도로, 「국토의 계획 및 이용에 관한 법률」 제60조제1항 각 호에 따른 개발행위로 설치하는 시설 또는 해당 시설을 연결하는 통로 외에는 연결시키지 못한다.
> ② 제1항에 따라 도로에 다른 도로, 통로나 그 밖의 시설을 연결시키려는 자는 도로에 연결시키려는 해당 시설을 소유하거나 임대하는 등의 방법으로 해당 시설을 사용할 수 있는 권원을 확보하여야 한다.
> ③ 제1항에 따른 허가(이하 "연결허가"라 한다)의 기준·절차 등 필요한 사항은 고속국도 및 일반국도(제23조제2항에 따라 시·도지사 또는 시장·군수·구청장이 도로관리청이 되는 일반국도는 제외한다)에 관하여는 국토교통부령으로 정하고, 그 밖의 도로에 관하여는 해당 도로관리청이 속해 있는 지방자치단체의 조례로 정한다.
> ④ 도로관리청은 연결허가를 할 때 도로와 다른 도로, 통로나 그 밖의 시설을 연결하면 대량의 교통수요가 발생할 우려가 있거나 교통체계상 다른 시설의 설치가 필요하다고 인정하는 경우에는 그 연결허가를 받는 자에게 원활한 교통 소통을 위한 시설의 설치·관리 등 필요한 조치를 하도록 할 수 있다.
> ⑤ 연결허가를 받아 도로에 연결하는 시설에 대하여는 제61조에 따른 도로점용허가를 받은 것으로 본다.
>
> 　시행령 제49조(도로와 다른 시설의 연결) 법 제52조제1항 전단에서 "대통령령으로 정하는 도로"란 다음 각 호의 도로를 말한다.
> 　1. 일반국도
> 　2. 지방도
> 　3. 4차로 이상으로 도로구역이 결정된 도로

2) 점용허가의 대상(공작물·물건, 시설의 종류)

> **도로점용허가 대상 (도로법 제61조제2항)**
>
> 제61조(도로의 점용허가) ② 제1항에 따라 허가를 받아 도로를 점용할 수 있는 공작물·물건, 그 밖의 시설의 종류와 허가의 기준 등에 관하여 필요한 사항은 대통령령으로 정한다.
>
> 　시행령 제55조(점용허가를 받을 수 있는 공작물 등) 법 제61조제2항에 따라 도로점용허가(법 제107조에 따라 국가 또는 지방자치단체가 시행하는 사업에 관계되는 점용인 경우에는 협의 또는 승인을 말한다)를 받아 도로를 점용할 수 있는 공작물·물건, 그 밖의 시설의 종류는 다음 각 호와 같다.

---

1) "도로 등의 연결허가"를 말하며, 여기서는 "도로연결허가"로 함

1. 전주·전선, 공중선, 가로등, 변압탑, 지중배전용기기함, 무선전화기지국, 종합유선방송용단자함, 발신전용휴대전화기지국, 교통량검지기, 주차측정기, 전기자동차 충전시설, 태양광발전시설, 태양열발전시설, 풍력발전시설, 우체통, 소화전, 모래함, 제설용구함, 공중전화, 송전탑, 그 밖에 이와 유사한 것
2. 수도관·하수도관·가스관·송유관·전기관·전기통신관·송열관·농업용수관·작업구(맨홀)·전력구·통신구·공동구·배수시설·수질자동측정시설·지중정착장치(어스앵커)·암거, 그 밖에 이와 유사한 것
3. 주유소·주차장·여객자동차터미널·화물터미널·자동차수리소·승강대·화물적치장·휴게소, 그 밖에 이와 유사한 것과 이를 위한 진입로 및 출입로
4. 철도·궤도, 그 밖에 이와 유사한 것
5. 지하상가·지하실1)(「건축법」 제2조제1항제2호에 따른 건축물로서 「국토의 계획 및 이용에 관한 법률 시행령」 제61조제1호에 따라 설치하는 경우만 해당한다)·통로·육교, 그 밖에 이와 유사한 것
6. 간판(돌출간판을 포함한다), 표지, 깃대, 현수막, 현수막 게시시설 및 아치. 다만, 현수막 게시시설은 국가 또는 지방자치단체가 설치·관리하는 경우만 해당한다.
7. 버스표판매대·구두수선대·노점·자동판매기·상품진열대, 그 밖에 이와 유사한 것
8. 공사용 판자벽·발판·대기소 등의 공사용 시설 및 자재
9. 고가도로의 노면 밑에 설치하는 사무소·점포·창고·자동차주차장·광장·공원, 체육시설, 그 밖에 이와 유사한 시설(유류·가스 등 인화성 물질을 취급하는 사무소·점포·창고 등은 제외한다)
10. 「장애인·노인·임산부 등의 편의증진보장에 관한 법률」 제2조제2호에 따른 편의시설 중 높이차이 제거시설 또는 주출입구 접근로, 그 밖에 이와 유사한 것
11. 제1호부터 제10호까지의 규정에 따른 공작물·물건 및 시설의 설치를 위하여 일시적으로 설치하는 공사장, 그 밖에 이와 유사한 것과 이를 위한 진입로 및 출입로
12. 제1호부터 제11호까지에서 규정한 것 외에 도로관리청이 도로구조의 안전과 교통에 지장이 없다고 인정한 공작물·물건(식물을 포함한다) 및 시설로서 국토교통부령 또는 해당 도로관리청이 속해 있는 지방자치단체의 조례로 정한 것

시행규칙 제28조(점용허가를 받을 수 있는 공작물 등) 영 제55조제12호에서 "국토교통부령으로 정하는 것"이란 농작물, 수목, 그 밖에 이와 유사한 것을 말한다.

장애인·노인·임산부 등의 편의증진보장에 관한 법률 제2조(정의) 이 법에서 사용하는 용어의 정의는 다음과 같다. <개정 2015.1.28>
  2. "편의시설"이란 장애인등이 일상생활에서 이동하거나 시설을 이용할 때 편리하게 하고, 정보에 쉽게 접근할 수 있도록 하기 위한 시설과 설비를 말한다.

※ 지방자치단체의 점용허가 대상 추가
 - 도로법 시행령 제55조제12호에 따라 도로구조의 안전과 교통에 지장이 없다고 인정되는 경우 지방자치단체의 조례로 점용허가 대상을 추가할 수 있음

---

1) 부칙 <대통령령 제25456호, 2014.7.14.>
제4조(지하실의 점용허가에 관한 경과조치) 대통령령 제24205호(시행 2012.12.2) 도로법 시행령 일부개정령 시행 당시 점용허가를 받은 지하실에 대해서는 제55조제5호 및 별표 3 제5호의 개정규정에도 불구하고 종전의 규정(대통령령 제24205호 도로법 시행령 일부개정령으로 개정되기 전의 규정을 말한다)에 따른다.

Ⅳ 도로점용허가 민원의 신청

1. 도로점용(연결)허가 관련 민원

구분	민원업무	근거	서식
사전 심사	점용허가	민원사무처리에 관한 법률 제30조	-
	연결허가	연결규칙1) 제4조제5항	-
점용 (연결) 허가	허가신청 — 점용허가	법 제61조	시행규칙 서식 24
	허가신청 — 연결허가	법 제52조	연결규칙 서식 1
	(필요시) 점용공사 — 착수신고	-	-
	(필요시) 점용공사 — 공사기간연장	-	-
	점용공사 준공확인	법 제62조	시행규칙 서식 32
허가 후 관리	계속도로점용료 부과	법 제66조	-
	허가기간 연장신청 — 점용허가	법 제61조	시행규칙 서식25
	허가기간 연장신청 — 연결허가	연결규칙 제4조	연결규칙 서식 2
	권리의무 승계신고	법 제106조	시행규칙 서식 46
	허가 변경신청 — 점용허가	법 제61조	시행규칙 서식26
	허가 변경신청 — 연결허가	법 제52조	연결규칙 서식 3
	행정처분 등 기타	-	-
허가 취소	(필요시) 취소신청 — 점용허가	법 제63조	시행규칙 서식48
	(필요시) 취소신청 — 연결허가	-	-
	원상회복 준공확인	법 제73조	시행규칙 서식 32
	도로점용 취소통보	법 제63조	-

1) "도로와 다른 도로 등과의 연결에 관한 규칙(국토교통부령)"을 말함

2. 사전심사 신청

○ 민원인이 원할 경우 경제적으로 많은 비용이 소요되는 법정민원[1] 등에 대해 사전에 약식으로 가능여부를 알아 볼 수 있도록 함으로써 본 민원에 대한 불가처분시 민원인에게 발생할 수 있는 경제적 손실을 예방[2]

> **사전심사 (민원 처리에 관한 법률 제19조)**
>
> 제30조(사전심사의 청구) ① 민원인은 법정민원 중 신청에 경제적으로 많은 비용이 수반되는 민원 등 대통령령으로 정하는 민원에 대하여는 행정기관의 장에게 정식으로 민원을 신청하기 전에 미리 약식의 사전심사를 청구할 수 있다.
> ② 행정기관의 장은 제1항에 따라 사전심사가 청구된 법정민원이 다른 행정기관의 장과의 협의를 거쳐야 하는 사항인 경우에는 미리 그 행정기관의 장과 협의하여야 한다.
> ③ 행정기관의 장은 사전심사 결과를 민원인에게 문서로 통지하여야 하며, 가능한 것으로 통지한 민원의 내용에 대하여는 민원인이 나중에 정식으로 민원을 신청한 경우에도 동일하게 결정을 내릴 수 있도록 노력하여야 한다. 다만, 민원인의 귀책사유 또는 불가항력이나 그 밖의 정당한 사유로 이를 이행할 수 없는 경우에는 그러하지 아니하다.
> ④ 행정기관의 장은 제1항에 따른 사전심사 제도를 효율적으로 운영하기 위하여 필요한 법적·제도적 장치를 마련하여 시행하여야 한다.
>
> 　시행령 제33조(사전심사청구 대상 민원의 안내) ① 법 제30조제1항에서 "법정민원 중 신청에 경제적으로 많은 비용이 수반되는 민원 등 대통령령으로 정하는 민원"이란 다음 각 호의 어느 하나에 해당하는 민원(이하 "사전심사청구 대상 민원"이라 한다)을 말한다.
> 　1. 법정민원 중 정식으로 신청할 경우 토지매입 등이 필요하여 민원인에게 경제적으로 많은 비용이 수반되는 민원
> 　2. 행정기관의 장이 거부처분을 할 경우 민원인에게 상당한 경제적 손실이 발생하는 민원
> ② 행정기관의 장은 사전심사청구 대상 민원의 종류 및 민원별 처리기간·구비서류 등을 미리 정하여 민원인이 이를 열람할 수 있도록 게시하고 민원편람에 수록하여야 한다.
>
> 　시행령 제34조(사전심사청구 대상 민원의 처리절차) ① 사전심사청구 대상 민원의 접수 및 처리절차에 관하여는 법 제20조, 이 영 제6조, 제24조 및 제25조를 준용한다.
> ② 사전심사청구 대상 민원의 처리기간은 다음 각 호의 범위에서 행정기관의 장이 정한다. 다만, 불가피한 사유로 처리기간 내에 처리하기 어려운 경우에는 제21조에 따라 처리기간을 연장할 수 있다.
> 　1. 처리기간이 30일 미만인 민원: 처리기간
> 　2. 처리기간이 30일 이상인 민원: 30일 이내
> ③ 행정기관의 장은 사전심사청구 대상 민원의 구비서류를 최소화하여야 하며, 사전심사의 청구 후 정식으로 민원이 접수되었을 때에는 이미 제출된 구비서류를 추가로 요구해서는 아니 된다.
> ④ 행정기관의 장은 사전심사를 거친 민원의 경우 특별한 사유가 없으면 처리기간을 단축하여 신속히 처리하여야 한다.

---

[1] 「민원 처리에 관한 법률」 제2조(정의) 제1호가목에 따른 "법정민원"을 말함
[2] 국토해양부 감사관실, 민원사무편람V, 2009.12, p116

○ 도로점용(연결)허가 사전심사 검토항목
  - 허가 대상(공작물·물건, 시설의 종류) 여부
  - 도로연결허가 금지구간 해당 여부

> **도로연결허가 사전심사 요청 (연결규칙 제4조제5항)**
> 제4조(연결허가의 신청 등) ⑤ 일반국도에 다른 시설을 연결시키려는 자는 제1항에 따른 연결허가를 신청하기 전에 관리청에 연결을 신청하려는 도로의 구간이 제6조에 따른 연결허가 금지구간에 해당하는지에 대한 확인을 요청할 수 있다. 이 경우 요청을 받은 관리청은 특별한 사유가 없으면 이에 따라야 한다.

  - 신청서류에서 확인할 수 있는 기타 사항

○ 신청서류
  - 도로점용(연결)허가 사전심사 신청서
  - 점용(연결)허가 신청지 위치도
  - 점용장소 확인이 가능한 사진

○ 처리기간 : 7일

○ 신청수수료 : 없음

3. 도로점용(연결)허가 신청

1) 도로점용(연결)허가 신청시기 및 구분

○ 도로에 다른 시설을 연결하려는 경우 도로에 연결시키려는 해당 시설을 소유하거나 임대하는 등의 방법으로 해당 시설을 사용할 수 있는 권원을 확보하여야 함 (도로법 제52조제2항)

○ 도로점용(연결)허가 신청시기
  - 도로점용(연결)허가를 받은 후 1년 이내에 공사를 착수할 수 있도록 신청[1] (도로법 제63조)

---
[1] 도로점용허가를 받은 날부터 1년 이내에 공사를 착수하지 않은 경우는 허가취소. 다만, 정당한 사유가 있는 경우에는 1년의 범위에서 공사의 착수기간을 연장할 수 있다.

○ 도로점용(연결)허가 구분 및 신청서식

- 도로점용허가 : 시행규칙 별지 제24호 서식
- 도로연결허가 : 연결규칙 별지 제1호 서식
- 도로점용(연결)허가[1]) : 연결규칙 별지 제1호 서식

> 도로점용(연결)허가 신청 (도로법 제52조)
>
> 제52조(도로와 다른 시설의 연결) ① ~ ④ (생략)
> ⑤ 연결허가를 받아 도로에 연결하는 시설에 대하여는 제61조에 따른 도로점용허가를 받은 것으로 본다.

2) 무주부동산 도로연결허가 처리지침[2])

○ 지침마련 배경

- 도로법 제52조제2항에 따라 도로에 다른 시설을 연결시키려는 자는 해당 시설을 사용할 수 있는 권원을 직접 확보하여야 하나, 소유자 확인이 되지 않아 권원확보가 어려운 무주부동산의 연결허가 처리를 위한 지침 제정임

○ 적용범위 및 처리방향

- (적용범위) 미등기·주소불명 등 소유자 확인이 되지 않아 권원확보가 어려운 무주부동산*에 대한 도로연결허가 처리

   * (무주부동산) 소유자가 없는 부동산을 말하며, 등기부등본·지적공부에 등기·등록된 사실이 없거나, 그 밖에 소유자를 확인할 수 없는 재산으로서 국가가 그 사실을 인지하지 못하고 있는 재산 (「국유재산법 시행령」 제75조제2항)

---

[1] 도로점용허가와 도로연결허가를 동시에 신청하는 경우
[2] ("「무주부동산 도로연결허가 처리지침」 통보", 국토교통부 도로운영과-4340, 2015.11.12) 국무조정실 제346회 「규제개혁위원회(2015.5.8)」 규제신문고 개선권고에 따라, 「도로법」 제52조제2항과 관련하여 소유자 확인이 불가한 토지의 권원 확보에 대한 제도적 방안 마련.

* 무주부동산은 크게 무주재산과 불명재산으로 구분

무주재산(유형)	불명재산(유형)
① 상속인이 없는 재산 ② 부재자의 재산으로 권리를 승계할 자가 없는 재산 ③ 그 밖에 소유자를 확인할 수 없는 재산	① 등기부, 기타 공부에 등기·등록된 사실이 없는 재산 ② 공유수면 매립토지로서 이해관계인이 없어 소유권 취득절차를 밟지 않은 재산 ③ 공부에 등기·등록되지 않은 공공용재산으로 공공목적에 사용되지 아니한 재산인 누락재산 ④ 공부의 멸실·망실 등으로 등기 혹은 등록사실을 확인할 수 없는 재산 ⑤ 공부상 소유자란에 '미상', '불명'으로 적혀있거나 곤란으로 되어 있는 등 소유자를 확인할 수 없는 재산

- (처리방향) 진출입로 설치를 위한 무주부동산 권원확보의 다양한 관련정보를 민원인에게 충실히 안내함으로서 국민만족도 제고

○ 처리요령

- (1단계) 무주부동산 여부 확인 (민원인이 관련 공부 확인)
- (2단계) 국유취득 가능여부 확인 (민원인이 조달청에 요청토록 안내)
- (3단계) 국유취득 불허 시 대체할 진출입로 노선 권고

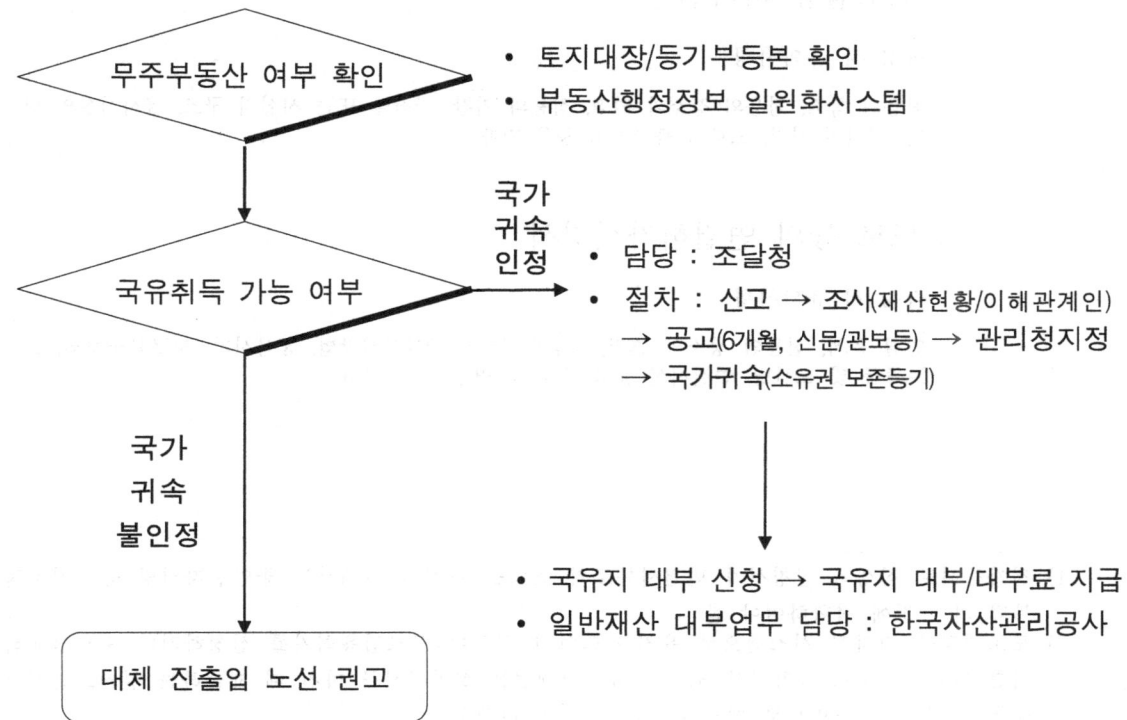

3) 도로점용(연결)허가 신청

○ 도로점용(연결)허가를 받고자 하는 자는 **시행규칙 별지 제24호** 또는 **연결규칙 별지 제1호** 서식에 따라 관리청에 신청서를 제출하여 허가를 받아야 하며, 점용장소, 점용기간, 공작물 또는 시설의 구조 등 점용(연결)기준에 적합하여야 함

○ 신청서류
 - 신청서는 전자문서로 제출[1]할 수 있으며, 설계도면은 전자도면으로 제출[2]하여야 함

> **전자문서의 제출 (시행령 제54조)**
>
> 제54조(도로의 점용 허가 신청 등) ① 법 제61조제1항에 따른 도로(도로구역을 포함한다. 이하 이 장에서 같다)의 점용 허가(이하 "도로점용허가"라 한다)를 받으려는 자는 국토교통부령으로 정하는 바에 따라 다음의 각 호의 사항을 적은 신청서를 도로관리청에 제출(「정보통신망 이용촉진 및 정보보호 등에 관한 법률」 제2조제1항제1호에 따른 정보통신망을 통한 제출을 포함한다)하여야 한다. 이 경우 신청서에는 설계도면(전자도면으로 한정한다)을 첨부하여야 한다.

 - 도로점용 허가신청서

> **작성 시 유의사항**
>
> 점용의 목적, 점용의 장소와 면적, 점용의 기간, 공작물 또는 시설의 구조, 공사시설의 방법, 공사의 시기, 도로의 복구방법 등을 기재

 - 도로 등의 연결허가신청서

> **작성 시 유의사항**
>
> 연결 목적, 점용의 장소와 면적, 점용의 기간, 공사실시방법, 공사시기, 도로복구방법, 도로종류 및 노선명, 연결시설 등의 종류 및 명칭 등을 기재

---

1) 전자문서로 작성된 신청서가 민원서류로의 효력을 가지기 위해서는 공인전자서명 등 「전자정부법」의 규정에 적합하여야 함
2) 도로대장을 전자적 시스템으로 유지·관리하기 위하여 도로점용허가를 신청하거나 도로점용허가를 받은 후 도로 굴착공사 또는 주요지하매설물 설치공사를 마친 때 제출하는 설계도면이나 준공도면은 전자도면으로 제출하도록 함 (2012.11.30)

- 현장사진

   작성 시 유의사항

   1. 현장사진은 신청위치를 표시하여 원거리 사진과 근거리 사진을 제출
   2. 현장사진은 도로점용(연결)허가 신청, 점용·연결공사 완료확인 등 주요 단계마다 제출

- 사업계획서

   작성 시 유의사항

   1. 구성 : 사업계획서, 교통소통대책, 먼지발생방지대책, 안전사고방지대책, 도로시설유지대책, 주요지하시설물 안전대책
   2. 사업계획서
      - 사업부지위치, 소유자 등 사업부지정보를 기재
      - 연결허가의 경우 목적, 규모, 기간 및 투자계획과 필요한 경우 교통수요 분석 등을 포함할 것
      - 연결허가의 경우 변속차로등의 설치계획, 부대시설의 설치계획을 포함
      - 연결허가인 경우 시설물의 대지/건축/연면적을 기재하고, 주상복합 건축물의 경우 건축물의 연면적 중 주택면적과 그 비율을 기재
      - 시설물이 건축물인 경우 주차장법에 의한 주차대수를 기재
   3. 안전사고방지대책 : 도로관리심의회의 심의·조정의 결과 반영

- 도로굴착을 수반하는 점용의 경우 첨부서류

   작성 시 유의사항

   1. 주요지하매설물관리자의 의견서
   2. 주요지하매설물의 사후관리계획 (신청인이 주요매설물의 관리자인 경우)

   주요지하매설물 (시행령 제59조)

   제59조(주요지하매설물) 법 제62조제2항 후단에서 "대통령령으로 정하는 주요 지하 매설물"이란 다음 각 호의 시설을 말한다.
   1. 「도시가스사업법」 제2조제5호에 따른 가스공급시설
   2. 「송유관 안전관리법」 제2조제2호에 따른 송유관
   3. 「수도법」 제3조제7호에 따른 광역상수도와 같은 조 제8호 및 제10호에 따른 지방상수도 및 공업용수도 중 관로시설
   4. 「전기사업법」 제2조제16호에 따른 전기설비 중 발전소 상호 간, 변전소 상호 간 또는 변전소와 발전소 간의 154,000볼트 이상의 송전시설
   5. 「전기통신기본법」 제2조제3호에 따른 전기통신회선설비 중 외접관경이 3미터 이상인 전기통신관에 수용되는 전송·선로설비
   6. 「고압가스 안전관리법」 제2조에 따른 고압가스를 수송하는 배관
   7. 「위험물안전관리법」 제2조제1항제1호에 따른 위험물을 수송하는 배관
   8. 「유해물질관리법」 제2조제2호에 따른 유독물질을 수송하는 배관
   9. 「도시철도법」 제2조제2호에 따른 도시철도 중 지하에 설치한 시설
   10. 「집단에너지사업법」 제2조제6호에 따른 공급시설 중 열수송관(열원시설 및 같은 법 제2조제7호에 따른 사용시설 안의 배관은 제외한다)

> **일반매설물 (시행규칙 제31조)**

제31조(일반매설물) 영 제61조제2항에 따른 일반매설물(이하 "일반매설물"이라 한다)은 다음 각 호의 시설 중 주요지하매설물(법 제62조제2항 후단에 따른 주요 지하 매설물을 말한다. 이하 같다)에 해당하지 아니하는 시설을 말한다.
1. 「전기사업법」 제2조제16호의 전기설비 중 송전시설
2. 「전기통신기본법」 제2조제3호의 전기통신회선설비 중 전송·선로설비

- 설계도면

> **작성 시 유의사항**

1. 도면의 종류 : 위치도, 구적도, (현황)평면도, 종/횡단면도, 구조물도, 부대공사도
2. 도면의 축척
   - 위치도 : 1/50,000(또는 1/25,000)
   - 평면도 : 1/1,200 이상
   - 종단면도 : 세로 방향 1/1,200 이상, 가로 방향 1/100 이상
   - 횡단면도 : 측점마다 1/100 이상
3. 평면도
   - 접속되는 도로의 중앙선, 포장 끝선, 길어깨선, 도로부지 경계선, 접도구역선, 「도로의 구조·시설 기준에 관한 규칙」 제32조제3항에 따른 도류화시설, 배수시설, 분리대, 그 밖의 시설물의 위치 등을 표시.
   - 다만, 도로대장 또는 국가지리정보체계구축 기본계획에 따라 제작된 기본도가 있는 경우에는 이와 연계하여 작성
4. 종단면도
   - 측점(測點)은 20미터 간격으로 하되, 땅의 표면 높이가 급격히 변하는 지점을 추가 측점으로 설치
5. 횡단면도
   - 배수시설, 분리대, 도로의 중심선, 도로부지 및 접도구역의 경계선 등을 표시.
   - 횡단면의 범위는 시공계획 폭 양쪽으로 연결 시설물의 영향이 미치는 부분까지 포함
6. 도면의 크기 및 양식
   - 도면은 도면을 작도하는 제도영역, 표제란, 윤곽선 및 여백으로 구분
   - 도면의 크기는 축소되지 않은 일반도면은 A3를, 축소도면은 A4를, 연장도면은 A1을 기본규격으로 함
   - 임의 크기로 도면의 연장이 필요할 경우 도로관리청과 협의하여 사용할 수 있음
7. 도면의 배치 및 방향
   - 도면의 배치는 설계대상의 긴 방향(장변방향)을 수평으로 배치하는 것을 원칙으로 함
   - 도면의 방향은 좌표계를 갖는 현황도, 배치도 또는 계획평면도 등은 정북(도북)방향을 도면의 위쪽으로 함을 원칙으로 함. 단, 시설물이나 시설물 주변현황을 고려하여 임의 방향으로 배치할 수 있음
   - 입면도나 단면도 등은 중력방향을 도면의 아래 방향으로 함
8. 도면의 표제란
   - 도로관리청과 민원인 정보, 공사 정보(도로점용·연결 신청위치), 개정관리 정보, 도면 정보 등을 기재
9. 전자설계도면 작성 시 유의사항
   - 모든 도면은 도면작성용 CAD 소프트웨어를 사용하여 작성하는 것을 원칙으로 함
   - CAD 소프트웨어를 사용하여 작성하기 곤란한 도면은 도로관리청과 협의하여 이미지 포맷 등으로 작성할 수 있음
   - 선의 색상 : 선의 색상은 출력색상과 화면색상이 동일하여야 함. 단, 노란색 등 흰색 바탕의 종이에 출력 시 가독성이 떨어지는 색상의 사용은 최대한 배제
   - 선의 굵기 : 선의 굵기는 출력굵기와 화면굵기가 동일하여야 한다. 단, 기존 현황선(지반선 등)은 얇게 표시하고 계획선(점용구역, 포장 및 절·성토 등)은 굵게 표시

- 문자 : 문자는 명백히 알아볼 수 있도록 쓰며, 출력 시 최소크기가 3 mm 이상
- 폰트 : "견고딕"과 "굴림"을 기본으로 적용함. 도면에 임의 폰트를 사용할 사유가 있을 경우에는 도로관리청과 협의하여 정함

- 구조계산서 : 옹벽 및 암거 등 주요구조물에 표준도를 사용하지 않을 경우 구조계산서 첨부

- 동의서 및 사전협의서[1)]

> 동의서 및 사전협의서
> 1. 전주 등 도로관리청 이외의 기관 소유 시설물 이전 등이 필요한 경우 관계기관의 이설에 대한 사전협의서
> 2. 점용·연결 지역에 사유부지 포함 등 신청 시 토지소유자의 동의서
> 3. 기존 도로점용허가 구간과 중복 시 기존허가자와의 면적조정 내용이 기재된 동의서

o 처리기간
- 도로점용허가

점용의 구분	특별시			광역시 및 도			국토교통부		
	접수	처리	기간	접수	처리	기간	접수	처리	기간
도로의 일반점용	동	구	5일 (3일)	구·읍·면	시·군	5일 (3일)	지방국토관리청 국토관리사무소	지방국토관리청 국토관리사무소	7일 (5일)
도로의 일시점용	동	시	2일	구·시·읍·면	구·시·읍·면	2일			7일 (5일)
아치·육교사용	시	시	4일 (3일)	시·군	시·군	4일 (3일)			7일 (3일)
공작물의 설치	구	구	10일 (5일)	구·시·군	시·도	8일 (5일)			7일 (5일)
도로의 굴착	구	구	10일 (5일)	구·시·군	구·시·군	5일 (3일)			7일 (5일)

주: ( )안의 일수는 전체 처리기간 중 경찰청(경찰서)과의 협의처리기간

- 도로연결허가 : 21일

o 신청수수료 : 1,000원 (수입인지 또는 전자지불)
- 신청수수료는 수입인지 또는 전자지불(건설인허가시스템을 이용한 인터넷 민원신청 시)로 지불
- 접수된 민원은 신청수수료를 반환하지 않음

[1)] 국토해양부 감사관실, 민원사무편람V, 2009.12, p64. 토지소유자 등이 기 동의하여도 행정기관에서 처분 전에 동의사실 해지를 통보한 경우, 민원인에게 동의서 등을 보완요청.

신청수수료 (도로법 제103조)

제103조(수수료의 징수) ① 다음 각 호의 어느 하나에 해당하는 자는 국토교통부령 또는 해당 행정청이 속해 있는 지방자치단체의 조례로 정하는 수수료를 내야 한다.
1. 제36조에 따른 도로공사의 허가를 신청하는 자
2. 제61조에 따른 도로점용허가의 신청, 도로점용허가의 기간 연장 허가 또는 변경 허가를 신청하는 자
3. 제77조제1항 단서에 따라 도로 운행의 허가를 신청하는 자

② 제1항에 따른 수수료의 감면에 관하여는 제68조를 준용한다. 이 경우 "점용료"는 "수수료"로 본다.
③ 제1항에도 불구하고 제110조제3항에 따라 국토교통부장관의 업무를 위탁받은 기관 또는 단체는 위탁받은 업무에 대한 수수료의 기준을 따로 정할 수 있다.
④ 제110조제3항에 따라 국토교통부장관의 업무를 위탁받은 기관 또는 단체가 제3항에 따라 수수료 기준을 정하려는 경우에는 미리 국토교통부장관의 승인을 받아야 한다. 승인받은 사항을 변경하려는 경우에도 같다.

제68조(점용료 징수의 제한) 도로관리청은 도로점용허가의 목적이 다음 각 호의 어느 하나에 해당하면 대통령령으로 정하는 바에 따라 점용료를 감면할 수 있다. <개정 2014.5.21., 2015.1.28., 2015.8.11.>
1. 공용 또는 공익을 목적으로 하는 비영리사업을 위한 경우
2. 재해, 그 밖의 특별한 사정으로 본래의 도로 점용 목적을 달성할 수 없는 경우
3. 국민경제에 중대한 영향을 미치는 공익사업으로서 대통령령으로 정하는 사업을 위한 경우
4. 「주택법」 제2조제1호에 따른 주택에 출입하기 위하여 통행로로 사용하는 경우
4의2. 「주택법」 제2조제1호의2에 따른 준주택(주거의 형태에 한정한다)에 출입하기 위하여 통행로로 사용하는 경우
5. 「소상공인 보호 및 지원에 관한 법률」 제2조에 따른 소상공인의 영업소에 출입하기 위하여 통행로로 사용하는 경우
6. 통행자 안전과 가로환경 개선 등을 위하여 지상에 설치된 시설물을 지하로 이동 설치하는 경우
7. 「장애인·노인·임산부등의편의증진보장에관한법률」 제8조제1항에 따른 편의시설 중 주출입구 접근로와 주출입구 높이차이 제거시설의 경우
8. 사유지의 전부 또는 일부를 국가 또는 지방자치단체에 기부채납한 자가 그 부지를 제61조제1항에 따라 점용허가받은 경우
[시행일 : 2016.2.12.] 제68조

시행규칙 제49조(허가수수료의 징수) ① 법 제103조제1항에 따른 수수료의 금액은 다음과 같다.
1. 법 제36조에 따라 도로공사의 허가를 신청하는 경우: 허가 시의 공사비(용지비 및 보상비는 제외한다)의 1천분의 1에 해당하는 금액
2. 법 제61조에 따라 도로점용허가의 신청, 도로점용허가의 기간 연장 허가 또는 변경 허가를 신청하는 경우: 1천원
3. 법 제77조제1항 단서에 따라 도로 운행의 허가를 신청하는 경우: 5천원
② 도로관리청이 국토교통부장관인 경우 제1항에 따른 수수료는 수입인지 또는 정보통신망을 이용한 전자화폐·전자결제 등의 방법으로 낼 수 있다.

○ 신청수수료의 반환

- 도로관리청에서 해당 민원을 접수한 경우 반환하지 않음
- 전자지불한 신청수수료의 반환

> **전자지불 신청수수료의 반환[1]**
> 1. 도로관리청이 해당 민원을 접수하기 전에 민원인이 전자납부를 취소할 경우 자동으로 반환됨
> 2. 도로관리청이 민원을 접수하지 않아도, 다음의 경우에는 반환되지 않음
>   · ARS, 모바일 결제 : 전자납부를 한 해당월이 지난 경우
>   · 기타 결제 (신용카드, 계좌이체, 전자화폐) : 전자납부 후 28일이 경과한 경우

4) 일반경쟁을 통한 도로점용[2]

○ 고가도로·교량하부 등 점용수요가 많은 장소로서 점용허가를 신청한 자가 둘 이상인 경우에는 일반경쟁에 부치는 방식으로 도로점용허가를 받을 자를 선정할 수 있음

- 다만, 도로점용 목적이 도로법 제68조(점용료 징수의 제한) 각 호의 어느 하나에 해당하는 경우에는 일반경쟁에 부치지 않음
- 일반경쟁을 통해 점용자를 선정하려는 경우 신청자에게 통보하여야 함

> **일반경쟁을 통한 도로점용 (도로법 제61조)**
>
> 제61조(도로의 점용 허가) ① ~ ④ (생략)
> ③ 도로관리청은 같은 도로(토지를 점용하는 경우로 한정하며, 입체적 도로구역을 포함한다)에 제1항에 따른 허가를 신청한 자가 둘 이상인 경우에는 일반경쟁에 부치는 방식으로 도로의 점용 허가를 받을 자를 선정할 수 있다.
> ④ 제3항에 따라 일반경쟁에 부치는 방식으로 도로점용허가를 받을 자를 선정할 수 있는 경우의 기준, 도로의 점용 허가를 받을 자의 선정 절차 등에 관하여 필요한 사항은 대통령령으로 정한다.
>
> 시행령 제57조(일반경쟁에 부치는 도로점용) ① 법 제61조제3항에 따라 일반경쟁에 부치는 방식으로 도로의 점용 허가를 받을 자를 선정할 수 있는 경우는 고가도로 또는 교량의 하부에 대한 도로점용 등 점용수요가 많은 장소로서 도로관리청이 일반경쟁에 부치는 것이 타당하다고 판단하는 경우로 한다. 다만, 신청자의 도로점용 목적이 법 제68조 각 호의 어느 하나에 해당하는 경우에는 제외한다.
> ② 법 제61조제3항에 따라 도로관리청이 일반경쟁에 부쳐 도로의 점용 허가를 받을 자를 선정하려는 경우 일반경쟁에 부친다는 뜻을 도로점용허가 신청자에게 통보하고, 「전자조달의 이용 및 촉진에 관한 법률」 제2조제4호에 따른 국가종합전자조달시스템을 이용하여 입찰공고 및 개찰·낙찰 선언을 하여야 한다. 이 경우 도로관리청은 필요할 때에는 입찰공고를 일간신문 등에 게재하는 방법을 병행할 수 있다.

---

[1] 신청수수료 전자결제는 안전자치부 민원24의 전자결제기능을 이용하고 있으며, 민원24의 전자결제 대행사(결제방법에 따라 다름)에 따라 전자결제 금액을 반환할 수 있는 기간이 다름
[2] 일반경쟁을 통한 허가의 유사사례는 「국유재산법」 제31조(사용허가의 방법) 참조

4. 도로점용공사(원상회복공사) 준공확인 신청

○ 제출시기

> **준공확인 (도로법 제62조제2항)**
>
> 제62조(도로점용에 따른 안전관리 등) ① (생략)
> ② 도로의 굴착이나 그 밖에 토지의 형질변경이 수반되는 공사를 목적으로 도로점용허가를 받은 자는 해당 공사를 마치면 국토교통부령으로 정하는 바에 따라 도로관리청의 준공확인을 받아야 한다. 이 경우 대통령령으로 정하는 주요 지하 매설물(이하 "주요지하매설물"이라 한다)을 설치하는 공사를 마친 경우에는 그 준공도면을 도로관리청에 제출하여야 하며, 도로관리청은 국토교통부령으로 정하는 바에 따라 이를 보관·관리하여야 한다.
> ③ ~ ⑥ (생략)
>
> 제73조(원상회복) ① 도로점용허가를 받아 도로를 점용한 자는 도로점용허가 기간이 끝났거나 제63조 또는 제96조에 따라 도로점용허가가 취소되면 도로를 원상회복하여야 한다. 다만, <u>원상회복할 수 없거나 원상회복하는 것이 부적당한 경우에는 그러하지 아니하다.</u>
> ② 도로관리청은 도로점용허가를 받지 아니하고 도로를 점용한 자에게 상당한 기간을 정하여 도로의 원상회복을 명할 수 있다.
> ③ 제1항 및 제2항에 따른 도로의 원상회복에 관하여는 제62조제2항을 준용한다. 이 경우 "도로점용허가를 받은 자"는 "원상회복을 하여야 하는 자"로 본다.
> ④ 도로관리청은 도로를 점용한 자가 제1항 본문 및 제2항에 따른 원상회복 의무를 이행하지 아니하면 「행정대집행법」에 따른 대집행을 통하여 원상회복할 수 있다.
>
> 시행규칙 제30조(점용공사완료 및 원상회복의 확인신청) 도로의 점용 허가를 받은 자가 법 제62조제2항(법 제73조제3항에 따라 준용되는 경우를 포함한다)에 따라 준공확인을 받으려는 경우에는 별지 제32호서식의 준공확인 신청서에 설계도면 및 「측량·수로조사 및 지적에 관한 법률 시행령」 제4조에 따른 지하시설물도(이하 "지하시설물도"라 한다)를 첨부하여 도로관리청에 제출하여야 한다.

○ 신청서류
  - 도로점용공사(원상회복공사) 준공확인 신청서 (시행규칙 별지 제27호 서식)
  - 현장사진
  - 설계도면, 지하시설물도

> **준공도면 (시행령 제61조)**
>
> 제61조(준공도면의 제출) ① 법 제62조제2항 후단에 따른 준공도면에는 주요지하매설물의 위치·종류·규격·재질 등 도로의 유지·관리에 필요한 사항을 명시하여야 한다.
> ② 도로관리청은 도로의 유지·관리 및 주요지하매설물의 안전관리를 위하여 주요지하매설물 외의 송전시설 등 국토교통부령으로 정하는 시설(실수요자용 공급시설은 제외한다. 이하 "일반매설물"이라 한다)에 대해서도 준공도면을 제출하게 하여야

한다.

> 시행규칙 제32조(준공도면의 제출 및 관리 등) ① 주요지하매설물 및 일반매설물의 설치공사를 시행한 자가 법 제62조제2항 및 영 제61조제2항에 따라 제출하는 준공도면(전자도면으로 한정한다. 이하 이 조에서 같다)에는 다음 각 호의 사항이 포함되어야 한다.
> 1. 축척 1천200분의 1 이상의 평면도. 다만, 영 제54조제1항 후단에 따라 첨부된 설계도면 중 평면도와 같은 경우에는 제외한다.
> 2. 축척이 종방향은 1천200분의 1 이상, 횡방향은 100분의 1 이상인 종단면도
> 3. 축척 100분의 1 이상의 횡단면도
> 4. 축척 1천200분의 1 이상인 지하매설물의 매설위치를 표시한 표지 등의 설치위치도
> 5. 지하시설물도
> 6. 그 밖에 축척 10분의 1 이상 30분의 1 이하의 주요부분에 대한 상세도
>
> ② 제1항에 따른 주요지하매설물 및 일반매설물의 설치공사를 시행한 자는 책자로 제본된 축소 준공도면[A3(297㎜×420㎜) 크기] 5부를 영구보관이 가능하도록 훼손을 방지할 수 있는 처리를 하여 함께 제출하여야 한다.
> ③ 제1항 및 제2항에 따른 준공도면을 제출받은 도로관리청은 법 제62조제2항 후단에 따라 다음 각 호에서 정하는 방법으로 이를 영구보관·관리하여야 한다.
> 1. 제1항에 따른 준공도면: 도로 노선별로 관리번호를 부여할 것
> 2. 제2항에 따른 준공도면
>   가. 도로 노선별로 관리번호를 부여할 것
>   나. 준공도면의 표지 우측상단에 점용허가번호 등을 적을 것

○ 처리기간 : 7일

○ 신청수수료 : 없음

5. 권리·의무의 승계신고

○ 제출시기
  - 신고사유 발생일로부터 30일[1] 이내 신고

> **권리·의무승계 (도로법 제106조)**
> 제106조(권리·의무의 승계 등) ① 이 법에 따른 허가 또는 승인을 받은 자의 사망, 그 지위의 양도, 합병이나 분할 등의 사유가 있으면 이 법에 따른 허가 또는 승인으로 인하여 발생한 권리·의무는 다음 각 호의 구분에 따른 자가 승계한다.
> 1. 이 법에 따른 허가 또는 승인으로 발생한 권리나 의무를 가진 사람이 사망한 경우: 상속인
> 2. 이 법에 따른 허가 또는 승인으로 발생한 권리나 의무를 가진 자가 그 지위를 양도한 경우: 양수인
> 3. 이 법에 따른 허가 또는 승인으로 발생한 권리나 의무를 가진 법인이 분할·합병한 경

---

[1] 「도로법」 제106조제2항에서 신고시기를 1개월 내로 정하고 있으며, 같은 법 시행규칙 제50조제1항에서는 신고시기를 30일 이내로 정하고 있음. 법에서 정한 범위내에서 시행규칙에서 정하므로, 여기에서는 제출시기를 시행규칙에 따라 30일 이내로 함.

> 우: 분할·합병 후 존속하는 법인이나 합병에 따라 새로 설립되는 법인
> ② 제1항에 따라 권리나 의무를 승계한 자는 1개월 내에 국토교통부령으로 정하는 바에 따라 도로관리청에 신고하여야 한다.
> ③ 도로점용허가를 받은 자가 점용의 목적이 되는 토지나 건물의 소유권을 타인에게 양도하는 경우에는 해당 도로점용허가에 따른 권리·의무도 함께 양도한 것으로 본다.
>
> 시행규칙 제50조(권리·의무의 승계신고) ① 법 제106조제2항에 따라 권리·의무의 승계신고를 하려는 자는 상속일·양수일 또는 분할·합병일부터 30일 이내에 별지 제46호서식의 권리·의무의 승계신고서(전자문서로 된 신고서를 포함한다)에 다음 각 호의 서류(전자문서를 포함한다)를 첨부하여 도로관리청에 제출하여야 한다.
> 1. 권리·의무의 취득에 관한 허가 관련 내역서
> 2. 권리·의무의 양도에 관한 계약서(양도의 경우에만 해당한다)
> 3. 삭제 <2015.7.9.>
> ② 제1항에 따른 신고서를 제출받은 도로관리청은 「전자정부법」 제36조제1항에 따른 행정정보 공동이용을 통하여 다음 각 호의 구분에 따른 정보를 확인하여야 한다. 다만, 신청인이 제2호의 정보 확인에 동의하지 아니하는 경우에는 상속인의 가족관계기록사항에 관한 증명서를 첨부하도록 하여야 한다. <개정 2015.7.9.>
> 1. 법인의 분할·합병의 경우: 분할·합병 후 존속하는 법인이나 분할·합병으로 설립되는 법인의 법인등기사항 증명서
> 2. 상속의 경우: 상속인의 가족관계등록전산정보

○ 신청서류
 - 권리・의무의 승계신고서 (시행규칙 별지 제46호 서식)
 - 권리・의무의 취득에 관한 허가관련 내역서
 - 권리・의무의 양도에 관한 계약서 (양도인 경우)
 - 상속인의 가족관계기록사항에 관한 증명서(상속인 경우. 행정정보 공동이용을 동의하지 않는 경우에만 제출)

○ 담당 공무원 확인사항
 - 법인의 분할·합병인 경우 분할·합병 후 존속하는 법인이나 분할·합병에 의하여 설립되는 법인의 법인 등기사항증명서
 - 상속의 경우: 상속인의 가족관계등록전산정보

○ 처리기간 : 7일

○ 신청수수료 : 없음

○ 도로점용허가를 받은 자가 점용의 목적이 되는 토지·건물의 소유권을 타인에게 양도하는 경우 해당 도로점용허가의 권리·의무도 함께 양도한 것으로 봄[1] (도로법 제106조제3항)

---

[1] 「도로법」 제106조제3항에 따른 권리·의무 양도의 경우 점용물·점용료·피허가자 등의 관리를

6. 도로점용(연결)허가 기간연장 신청

○ 제출시기[1]
- 허가기간이 끝나기 전까지 연장허가를 받아야 함[2]

> **도로점용허가 기간연장 (도로법 제61조)**
>
> 제61조(도로의 점용 허가) ① 공작물·물건, 그 밖의 시설을 신설·개축·변경 또는 제거하거나 그 밖의 사유로 도로(도로구역을 포함한다. 이하 이 장에서 같다)를 점용하려는 자는 도로관리청의 허가를 받아야 한다. 허가받은 기간을 연장하거나 허가받은 사항을 변경(허가받은 사항 외에 도로 구조나 교통안전에 위험이 되는 물건을 새로 설치하는 행위를 포함한다)하려는 때에도 같다.
>
> 시행규칙 제26조(도로점용허가 신청 등) ② 법 제61조제1항 후단에 따라 도로점용허가를 받은 기간을 연장하려는 경우에는 별지 제25호서식에 따르고, 도로점용허가를 받은 사항을 변경하려는 경우에는 별지 제26호서식에 따르되, 도로점용허가 변경내용과 관련된 서류·도면 등을 첨부하여야 한다.
>
> 연결규칙 제4조(연결허가의 신청 등) ⑥ 제1항에 따른 연결허가를 신청한 자가 연결허가를 받은 후 연결허가기간을 연장하거나 허가내용을 변경하려면 별지 제2호서식의 연결허가기간 연장신청서 또는 별지 제3호서식의 연결허가 변경신청서(변경내용 관계도서를 첨부하여야 한다)를 관리청에 제출하여야 한다.

○ 도로점용(연결)허가 기간영장 구분 및 신청서식
- 도로점용허가 : 시행규칙 별지 제25호 서식
- 도로연결허가 : 연결규칙 별지 제2호 서식
- 도로점용(연결)허가 : 연결규칙 별지 제2호 서식

○ 신청서류
- 신청서
- 현장사진

○ 처리기간 : 7일

○ 신청수수료 : 1,000원

위해 토지나 건물의 소유권을 양도받은 자 또는 소유권을 양도받은 자의 동의를 받은 자가 권리·의무의 승계신고를 해야 하며, 권리·의무의 승계시점은 소유권 양도일로 봄
[1] 건설인허가시스템의 도로점용허가대장에 피허가자 휴대전화번호가 입력된 경우, 허가기간 만료 60일 전과 30일 전에 안내문자 자동 발송. 문자내용은 "귀하의 도로점용허가만기일이 30(또는 60일)일 남았습니다. (문의:○○○국도(123-4567-8901))".
[2] 시행규칙 별지 제25호 서식의 유의사항 제4호

7. 도로점용(연결)허가 변경 신청

○ 제출시기
- 피허가자가 도로점용(연결)허가를 변경하고자 할 경우

> **도로점용허가 기간연장 (도로법 제61조 등)**
>
> 제61조(도로의 점용 허가) ① 공작물·물건, 그 밖의 시설을 신설·개축·변경 또는 제거하거나 그 밖의 사유로 도로(도로구역을 포함한다. 이하 이 장에서 같다)를 점용하려는 자는 도로관리청의 허가를 받아야 한다. 허가받은 기간을 연장하거나 허가받은 사항을 변경(허가받은 사항 외에 도로 구조나 교통안전에 위험이 되는 물건을 새로 설치하는 행위를 포함한다)하려는 때에도 같다.
>
> 제52조(도로와 다른 시설의 연결) ① 도로관리청이 아닌 자는 고속국도, 자동차전용도로, 그 밖에 대통령령으로 정하는 도로에 다른 도로나 통로, 그 밖의 시설을 연결시키려는 경우에는 미리 도로관리청의 허가를 받아야 하며, 허가받은 사항을 변경하려는 경우에도 또한 같다. 이 경우 고속국도나 자동차전용도로에는 도로, 「국토의 계획 및 이용에 관한 법률」 제60조제1항 각 호에 따른 개발행위로 설치하는 시설 또는 해당 시설을 연결하는 통로 외에는 연결시키지 못한다.
>
> 시행규칙 제26조(도로점용허가 신청 등) ② 법 제61조제1항 후단에 따라 도로점용허가를 받은 기간을 연장하려는 경우에는 별지 제25호서식에 따르고, 도로점용허가를 받은 사항을 변경하려는 경우에는 별지 제26호서식에 따르되, 도로점용허가 변경내용과 관련된 서류·도면 등을 첨부하여야 한다.
>
> 연결규칙 제4조(연결허가의 신청 등) ⑥ 제1항에 따른 연결허가를 신청한 자가 연결허가를 받은 후 연결허가기간을 연장하거나 허가내용을 변경하려면 별지 제2호서식의 연결허가기간 연장신청서 또는 별지 제3호서식의 연결허가 변경신청서(변경내용 관계 도서를 첨부하여야 한다)를 관리청에 제출하여야 한다.

○ 도로점용(연결)허가 변경 구분 및 신청서식

- 도로점용허가 : 시행규칙 별지 제26호 서식
- 도로연결허가 : 연결규칙 별지 제3호 서식
- 도로점용(연결)허가 : 연결규칙 별지 제3호 서식

○ 신청서류
- 신청서
- 변경내용 관계 도서

○ 처리기간
- 도로점용허가 변경 신청

점용의 구분	특별시			광역시 및 도			국토해양부		
	접수	처리	기간	접수	처리	기간	접수	처리	기간
도로의 일반점용	동	구	5일 (3일)	구·읍·면	시·군	5일 (3일)	지방국토관리청 국도관리사무소	지방국토관리청 국도관리사무소	7일 (5일)
도로의 일시점용	동	시	2일	구·시·읍·면	구·시·읍·면	2일			7일 (5일)
아취·육교사용	시	시	4일 (3일)	시·군	시·군	4일 (3일)			7일 (3일)
공작물의 설치	구	구	10일 (5일)	구·시·군	시·도	8일 (5일)			7일 (5일)
도로의 굴착	구	구	10일 (5일)	구·시·군	구·시·군	5일 (3일)			7일 (5일)

주: ( )안의 일수는 전체 처리기간 중 경찰청(경찰서)과의 협의처리기간

- 도로연결허가 변경 신청 : 10일

○ 신청수수료 : 1,000원

8. 도로점용허가 취소[1] 신청

○ 법 제73조에 따라 원상회복이 필요하면 도로점용허가의 취소 통지와 함께 원상회복 조치를 통보할 수 있음 (시행규칙 제33조제3항)

○ 제출시기 (도로법 제63조제1항제4호)
  - 피허가자가 도로점용(연결)허가 취소를 원하는 경우

○ 신청서류
  - 시행규칙 별지 제48호 서식
  - 도로점용허가증

○ 처리기간 : 5일

○ 신청수수료 : 없음

---

[1] 국토해양부 감사관실, 민원사무편람V, 2009.12, p67. 취소는 민원인이 할 수 있는 것이 아니라, 정당한 권한을 갖고 있는 행정관청의 직원이나, 사법기관의 판결로 행정관청이 기 처분한 사항을 소급하여 소멸케 하는 행정행위를 말하는 것임

9. 도로점용(연결)허가 이의 신청

○ 제출시기
- 민원인이 도로관리청의 거부처분에 대하여 불복할 경우

이의신청 (민원처리에 관한 법률 제35조)

제35조(거부처분에 대한 이의신청) ① 법정민원에 대한 행정기관의 장의 거부처분에 불복하는 민원인은 그 거부처분을 받은 날부터 60일 이내에 그 행정기관의 장에게 문서로 이의신청을 할 수 있다.
② 행정기관의 장은 이의신청을 받은 날부터 10일 이내에 그 이의신청에 대하여 인용 여부를 결정하고 그 결과를 민원인에게 지체 없이 문서로 통지하여야 한다. 다만, 부득이한 사유로 정하여진 기간 이내에 인용 여부를 결정할 수 없을 때에는 그 기간의 만료일 다음 날부터 기산(起算)하여 10일 이내의 범위에서 연장할 수 있으며, 연장 사유를 민원인에게 통지하여야 한다.
③ 민원인은 제1항에 따른 이의신청 여부와 관계없이 「행정심판법」에 따른 행정심판 또는 「행정소송법」에 따른 행정소송을 제기할 수 있다.
④ 제1항에 따른 이의신청의 절차 및 방법 등에 필요한 사항은 대통령령으로 정한다.

시행령 제40조(이의신청의 방법 및 처리절차 등) ① 법 제35조에 따른 이의신청은 다음 각 호의 사항을 적은 문서로 하여야 한다.
1. 신청인의 성명 및 주소(법인 또는 단체의 경우에는 그 명칭, 사무소 또는 사업소의 소재지와 대표자의 성명)와 연락처
2. 이의신청의 대상이 되는 민원
3. 이의신청의 취지 및 이유
4. 거부처분을 받은 날 및 거부처분의 내용
② 행정기관의 장은 법 제35조제2항 본문에 따라 이의신청에 대한 결과를 통지할 때에는 결정 이유, 원래의 거부처분에 대한 불복방법 및 불복절차를 구체적으로 분명하게 밝혀야 한다.
③ 행정기관의 장은 법 제35조제2항 단서에 따라 이의신청 결정기간의 연장을 통지할 때에는 통지서에 연장 사유 및 기간 등을 구체적으로 적어야 한다.
④ 행정기관의 장은 이의신청에 대한 처리상황을 이의신청처리대장에 기록·유지하여야 한다.

○ 신청서류 : 신청서

○ 처리기간 : 5일

○ 신청수수료 : 없음

10. 도로점용(연결)허가 관련 민원 취하원[1]

○ 제출시기
- 민원인이 민원신청을 취소할 경우

> **민원취하 (민원처리에 관한 법률 제22조)**
>
> 제22조(민원문서의 보완·취하 등) ① 행정기관의 장은 접수한 민원문서에 보완이 필요한 경우에는 상당한 기간을 정하여 지체 없이 민원인에게 보완을 요구하여야 한다.
> ② 민원인은 해당 민원의 처리가 종결되기 전에는 그 신청의 내용을 보완하거나 변경 또는 취하할 수 있다. 다만, 다른 법률에 특별한 규정이 있거나 그 민원의 성질상 보완·변경 또는 취하할 수 없는 경우에는 그러하지 아니하다.
> ③ 제1항에 따른 민원문서의 보완 절차 및 방법 등 필요한 사항은 대통령령으로 정한다.
>
> > 시행령 제25조(민원문서의 반려 등) ① 행정기관의 장은 민원인이 제24조에 따른 기간 내에 민원문서를 보완하지 아니한 경우에는 그 이유를 분명히 밝혀 접수된 민원문서를 되돌려 보낼 수 있다.
> > ② 행정기관의 장은 민원인의 소재지가 분명하지 아니하여 제24조제1항에 따른 보완요구가 2회에 걸쳐 반송된 경우에는 민원인이 민원을 취하(取下)한 것으로 보아 이를 종결처리할 수 있다.
> > ③ 행정기관의 장은 민원인이 민원을 취하하여 민원문서의 반환을 요청한 경우에는 다른 법령에 특별한 규정이 있는 경우를 제외하고는 그 민원문서를 민원인에게 돌려주어야 한다.
> > ④ 행정기관의 장은 법 제27조제3항에 따라 민원인에게 직접 교부할 필요가 있는 허가서·신고필증·증명서 등의 문서(「전자정부법」 제2조제7호에 따른 전자문서 및 같은 조 제8호에 따른 전자화문서는 제외한다)를 정당한 사유 없이 처리완료 예정일(제21조제1항에 따라 처리기간을 연장한 경우에는 같은 조 제2항에 따라 민원인에게 문서로 통지된 처리완료 예정일을 말한다)부터 15일이 지날 때까지 민원인 또는 그 위임을 받은 자가 수령하지 아니한 경우에는 이를 폐기하고 해당 민원을 종결처리할 수 있다.

○ 신청서류 : 민원취하원

○ 처리기간 : 즉시

○ 신청수수료 : 없음

---

[1] 국토해양부 감사관실, 민원사무편람V, 2009.12, p67. 취하란 민원인이 신청한 민원사항에 대하여 민원인이 스스로 하지 않겠다는 것을 의미함. 따라서 취하원의 경우 접수와 동시에 그 효력이 발생하는 것임.

Ⅴ 도로점용허가 민원의 처리

1. 민원접수

1) 민원의 접수

- ○ 민원사항은 민원실(전자민원창구를 포함)에서 접수하되, 민원실이 설치되어 있지 아니한 경우에는 문서의 접수·발송을 주관하는 부서 또는 민원사항을 처리하는 주무부서에서 접수
- ○ 민원사항을 접수한 때에는 그 순서에 따라 민원사무처리부에 기록하고 신청인에게 접수증을 교부하여야 함

> **민원접수 (민원처리에 관한 법률 시행령 제6조)**
>
> 제6조(민원의 접수) ① 민원은 민원실(전자민원창구를 포함한다. 이하 같다)에서 접수한다. 다만, 민원실이 설치되어 있지 아니한 경우에는 문서의 접수·발송을 주관하는 부서(이하 "문서담당부서"라 한다) 또는 민원을 처리하는 주무부서(이하 "처리주무부서"라 한다)에서 민원을 접수한다.
> ② 행정기관의 장은 제1항에 따라 민원을 접수하였을 때에는 그 순서에 따라 민원처리부에 기록하고 해당 민원인에게 접수증을 발급하여야 한다.
> ③ 법 제9조제2항 단서에서 "기타민원과 민원인이 직접 방문하지 아니하고 신청한 민원 및 처리기간이 '즉시'인 민원 등 대통령령으로 정하는 경우"란 다음 각 호의 어느 하나에 해당하는 민원인 경우를 말한다.
>   1. 기타민원
>   2. 제5조에 따라 민원인이 직접 방문하지 아니하고 신청한 민원
>   3. 처리기간이 '즉시'인 민원
>   4. 접수증을 갈음하는 문서를 주는 민원
> ④ 행정기관의 장은 제1항에 따라 민원을 접수하였을 때에는 구비서류의 완비 여부, 처리 기준과 절차, 예상 처리소요기간, 필요한 현장확인 또는 조사 예정시기 등을 해당 민원인에게 안내하여야 한다.
> ⑤ 행정기관의 장은 민원을 접수할 때 필요하다고 인정되는 경우에는 해당 민원인 본인 또는 그 위임을 받은 사람이 맞는지 확인할 수 있다.

- ○ 접수증을 교부하지 않는 경우 (행정절차법 시행령 제9조)
  - 구술·우편 또는 정보통신망에 의한 신청
  - 처리기간이 "즉시"로 되어 있는 사항
  - 신청/접수증에 갈음하는 문서를 주는 신청

○ 민원인 중 대표자의 선정
- 3인 이상의 민원인 등이 동일한 민원서류를 연명으로 제출한 경우에는 대표자를 선정하여 통보할 것을 요청할 수 있음
- 소정의 기간 내에 대표자를 선정하여 통보하지 아니한 때에는 민원인 중 3인 이내를 대표자로 선정

> **대표자 선정 (민원처리에 관한 법률 시행령 제8조)**
> 제8조(다수 민원인 중 대표자의 선정) ① 행정기관의 장은 3명 이상의 민원인이 대표자를 정하지 아니하고 같은 민원문서를 연명(連名)으로 제출한 경우에는 일정한 기간을 정하여 민원인 중에서 3명 이내의 대표자를 선정하여 통보할 것을 요청할 수 있다. 이 경우 행정기관의 장은 해당 민원의 성격, 처리절차 및 방법 등을 고려하여 3명 이내의 범위에서 적절한 대표자 수를 민원인에게 제시할 수 있다.
> ② 행정기관의 장은 제1항에 따라 대표자로 선정하여 통보할 것을 요청 받은 3명 이상의 민원인이 정해진 기간 내에 대표자를 선정하여 통보하지 아니한 경우에는 3명 이상의 민원인 중 3명 이내를 대표자로 직접 선정할 수 있다.
> ③ 제1항의 요청에 따라 선정된 대표자와 제2항에 따라 선정된 대표자는 해당 민원의 민원인으로 본다.

2) 도로점용(연결)허가 민원의 접수[1]

○ 민원접수 전 확인사항[2][3]
- 구비서류의 누락여부
- 구비서류의 가독성
- 민원신청 수수료 납부여부

○ 서면으로 신청한 민원은 업무담당자가 접수 즉시 시스템에

---

[1] 건설인허가시스템은 민원접수 및 담당자 지정 시 민원인의 휴대전화로 안내문자를 자동발송하고, 민원인이 공공기관이 아닌 경우 접수 내용을 국토부 민원마당으로 송부.
민원접수 시 안내문자 : (○○청, ○○○국도) 귀하가 신청한 민원은 금일 접수되었습니다. 홈페이지에서 확인가능함. 본 민원은 법정신청수수료 1,000원외에는 어떠한 비용도 받지않습니다. 이와 관련하여 불친절/부당행위가 있을시에는 우리사무소로 신고하여 주시기바랍니다 (123-4567-8901)
담당자 지정 시 안내문자 : 귀하의 점용신청 담당자는 ○○○(123-4567-8901)이며, 처리예정일은 12월12일입니다
[2] 국토해양부 감사관실, 민원사무편람V, 2009.12, p60, p61. 인터넷으로 신청한 민원의 구비서류 등이 미비하여 민원처리를 할 수 없을 경우에는 민원접수 후 보완요청 시행. 민원인은 행정기관의 보완요청이 없어도 민원이 종결되기 전에는 추가로 보완할 수 있음.
[3] 국토해양부 감사관실, 민원사무편람V, 2009.12, p315. "통합전자민원창구 운영지침"(민원24)에는 신청서 입력오류 등 민원인의 과실로 민원처리를 할 수 없을 경우에는 [취소]로 처리.

입력해야 함

○ 대규모 굴착 등 전자설계도서의 출력이 어려운 경우 전자설계도서는 시스템에 등록하고, 별도의 서면자료 요청

> **민원접수 (도로점용시스템 세부 운영규정 제9조)**
>
> 제9조(도로점용·연결허가 신청 및 접수) ①민원인이 시스템을 통하여 도로점용·연결허가를 신청하면 시스템사용자는 다음 각 호를 확인한 후 접수한다
> 　1. 구비서류의 누락여부
> 　2. 구비서류의 가독성
> ②민원인이 제1항의 시스템 신청 외에 서면으로 신청한 경우 시스템사용자는 접수 즉시 시스템에 입력하여야 한다.
> ③대규모 굴착공사 등과 관련한 도로점용·연결허가 신청서를 접수할 때 전자설계도서의 출력이 어려운 경우 시스템사용자는 해당 민원인에게 서면자료를 요청할 수 있다.

2. 민원서류의 보완

○ 민원서류의 보완[1]

　- 접수한 민원서류에 흠이 있는 경우에는 보완에 필요한 상당한 기간을 정하여 지체 없이 민원인에게 보완을 요구
　- 보완 요구는 접수 후 8근무시간 이내. 다만, 현지조사 등 정당한 사유가 있는 경우 **보완사항 발견 시 즉시 요구**
　- 보완 요구는 문서·구술·전화 등의 방법으로도 가능하나, 민원인 요구 시에는 문서로 하여야 함

> **민원서류 보완 (민원처리에 관한 법률 제22조)**
>
> 제22조(민원문서의 보완·취하 등) ① 행정기관의 장은 접수한 민원문서에 보완이 필요한 경우에는 상당한 기간을 정하여 지체 없이 민원인에게 보완을 요구하여야 한다.
> ② 민원인은 해당 민원의 처리가 종결되기 전에는 그 신청의 내용을 보완하거나 변경 또는 취하할 수 있다. 다만, 다른 법률에 특별한 규정이 있거나 그 민원의 성질상 보완·변경 또는 취하할 수 없는 경우에는 그러하지 아니하다.
> ③ 제1항에 따른 민원문서의 보완 절차 및 방법 등에 필요한 사항은 대통령령으로 정한다.
>
> 시행령 제24조(민원문서의 보완 절차 및 방법 등) ① 행정기관의 장은 법 제22조제1항에 따라 민원인에게 민원문서의 보완을 요구하는 경우에는 문서 또는 구술 등으로 하되, 민원인이 특별히 요청한 경우에는 문서로 하여야 한다.
> ② 행정기관의 장은 제1항에 따라 보완 요구를 받은 민원인이 보완 요구를 받은 기간

---

[1] 보완요청 시 시스템에서 안내문자를 민원인의 휴대전화로 자동발송. "귀하의 점용신청은 금일 보완 요청하였으며, 보완기한은 00월00일입니다."

내에 보완을 할 수 없음을 이유로 보완에 필요한 기간을 분명하게 밝혀 기간 연장을 요청하는 경우에는 이를 고려하여 다시 보완기간을 정하여야 한다. 이 경우 민원인의 기간 연장 요청은 2회로 한정한다.
③ 행정기관의 장은 민원인이 법 제22조제1항에 따라 정한 보완기간 또는 이 조 제2항 전단에 따라 다시 정한 보완기간 내에 민원문서를 보완하지 아니한 경우에는 10일 이내의 기간을 정하여 다시 보완을 요구할 수 있다.
④ 제2항 및 제3항에 따른 민원문서의 보완에 필요한 기간의 계산방법에 관하여는 「민법」 제156조, 제157조 및 제159조부터 제161조까지의 규정을 준용한다.

시행령 제25조(민원문서의 반려 등) ① 행정기관의 장은 민원인이 제24조에 따른 기간 내에 민원문서를 보완하지 아니한 경우에는 그 이유를 분명히 밝혀 접수된 민원문서를 되돌려 보낼 수 있다.
② 행정기관의 장은 민원인의 소재지가 분명하지 아니하여 제24조제1항에 따른 보완요구가 2회에 걸쳐 반송된 경우에는 민원인이 민원을 취하(取下)한 것으로 보아 이를 종결처리할 수 있다.
③ 행정기관의 장은 민원인이 민원을 취하하여 민원문서의 반환을 요청한 경우에는 다른 법령에 특별한 규정이 있는 경우를 제외하고는 그 민원문서를 민원인에게 돌려주어야 한다.
④ 행정기관의 장은 법 제27조제3항에 따라 민원인에게 직접 교부할 필요가 있는 허가서·신고필증·증명서 등의 문서(「전자정부법」 제2조제7호에 따른 전자문서 및 같은 조 제8호에 따른 전자화문서는 제외한다)를 정당한 사유 없이 처리완료 예정일(제21조제1항에 따라 처리기간을 연장한 경우에는 같은 조 제2항에 따라 민원인에게 문서로 통지된 처리완료 예정일을 말한다)부터 15일이 지날 때까지 민원인 또는 그 위임을 받은 자가 수령하지 아니한 경우에는 이를 폐기하고 해당 민원을 종결처리할 수 있다.

시행규칙 제9조(민원서류의 보완 요구) ① 영 제24조에 따른 보완요구는 민원문서를 접수한 때부터 8근무시간 이내에 하여야 한다. 다만, 현지조사 등 정당한 사유로 8근무시간이 지난 후 보완하여야 할 사항이 발견된 경우에는 즉시 보완을 요구하여야 한다.
② 행정기관의 장은 다른 기관을 거쳐 접수된 민원문서 중 보완이 필요한 경우에는 해당 기관을 거치지 아니하고 민원인에게 직접 보완을 요구할 수 있다.

○ 민원서류의 흠결 범위[1]

- 기재내용의 오기 또는 누락
- 구비서류의 미제출
- 법령에서 정한 기준(시설 및 장비)이나 요건의 미비 등

○ 민원서류의 보완기간

- 1차 보완
  · 보완에 필요한 상당한 기간
  · 일반적으로 민원의 처리기간 이내 기간
  · 도로점용(연결)허가의 1차 보완기간은 14일 이내

---

[1] 국토해양부 감사관실, 민원사무편람V, 2009.12, p58

- 2차 보완 : 10일 이내

> **보완기간 계산 (민원 처리에 관한 법률 시행령 제24조)**
>
> 시행령 제24조(민원문서의 보완 절차 및 방법 등) ③ 행정기관의 장은 민원인이 법 제22조제1항에 따라 정한 보완기간 또는 이 조 제2항 전단에 따라 다시 정한 보완기간 내에 민원문서를 보완하지 아니한 경우에는 10일 이내의 기간을 정하여 다시 보완을 요구할 수 있다.
> ④ 제2항 및 제3항에 따른 민원서류의 보완에 필요한 기간의 계산방법에 관하여는 「민법」 제156조, 제157조 및 제159조부터 제161조까지의 규정을 준용한다.
>
> **기간의 기산점 등 (민법 제156조, 제157조 및 제159조부터 제161조)**
>
> 민법 제156조(기간의 기산점) 기간을 시, 분, 초로 정한 때에는 즉시로부터 기산한다.
> 제157조(기간의 기산점) 기간을 일, 주, 월 또는 연으로 정한 때에는 기간의 초일은 산입하지 아니한다. 그러나 그 기간이 오전영시로부터 시작하는 때에는 그러하지 아니하다.
> 제159조(기간의 만료점) 기간을 일, 주, 월 또는 연으로 정한 때에는 기간말일의 종료로 기간이 만료한다.
> 민법 제160조(역에 의한 계산) ① 기간을 주, 월 또는 연으로 정한 때에는 역에 의하여 계산한다.
> ② 주, 월 또는 연의 처음으로부터 기간을 기산하지 아니하는 때에는 최후의 주, 월 또는 연에서 그 기산일에 해당한 날의 전일로 기간이 만료한다.
> ③ 월 또는 연으로 정한 경우에 최종의 월에 해당일이 없는 때에는 그 월의 말일로 기간이 만료한다.
> 민법 제161조(공휴일 등과 기간의 만료점) 기간의 말일이 토요일 또는 공휴일에 해당한 때에는 기간은 그 익일로 만료한다.

○ 민원서류 보완기간은 민원처리기간에 산입하지 않음

> **민원서류 보완 (민원처리에 관한 법률 시행령 제20조)**
>
> 제20조(처리기간에 산입하지 아니하는 기간) 민원의 처리기간에 산입하지 아니하는 기간에 관하여는 「행정절차법 시행령」 제11조를 준용한다.
>
>> 행정절차법 시행령 제11조(처리기간에 산입하지 아니하는 기간) 법 제19조제5항의 규정에 의하여 처리기간에 산입하지 아니하는 기간은 다음 각호의 1에 해당하는 기간을 말한다. <개정 2003.6.23., 2008.2.29., 2013.3.23.>
>> 1. 신청서의 보완에 소요되는 기간(보완을 위하여 신청서를 신청인에게 발송한 날과 보완되어 행정청에 도달한 날을 포함한다)
>> 2. 접수·경유·협의 및 처리하는 기관이 각각 상당히 떨어져 있는 경우 문서의 이송에 소요되는 기간
>> 3. 법 제11조제2항의 규정에 의하여 대표자를 선정하는 데 소요되는 기간
>> 4. 당해처분과 관련하여 의견청취가 실시되는 경우 그에 소요되는 기간
>> 5. 실험·검사·감정, 전문적인 기술검토 등 특별한 추가절차를 거치기 위하여 부득이하게 소요되는 기간
>> 6. 행정자치부령이 정하는 선행사무의 완결을 조건으로 하는 경우 그에 소요되는 기간

3. 도로연결허가 기준

1) 관련법령

○ 도로와 다른 시설의 연결에 관한 규칙(국토교통부령 제159호, 2015. 12. 29, 일부개정)

○ 도로에 다른 시설을 연결하려는 경우 도로에 연결시키려는 해당 시설을 소유하거나 임대하는 등의 방법으로 해당 시설을 사용할 수 있는 권원을 확보하여야 함 (도로법 제52조제2항)

- 무주부동산의 권원확보는 「무주부동산 도로연결허가 처리지침(국토교통부 지침, 2015.11.12)」 참조

○ 도로의 차량 진행 방향의 우측에 연결(교차에 의한 연결 제외)하는 경우 외에는 「도로의 구조·시설기준에 관한 규칙」에 따라 허가

> **연결허가 적용범위 (도로와 다른 시설의 연결에 관한 규칙 제3조)**
>
> 제3조(적용 범위) 이 규칙은 「도로법」(이하 "법"이라 한다) 제12조제1항에 따른 일반국도(법 제23조제2항이 적용되는 일반국도는 제외한다. 이하 "일반국도"라 한다)의 차량 진행 방향의 우측으로 진입하거나 진출할 수 있도록 다른 도로, 통로 또는 그 밖의 시설(이하 "다른 시설"이라 한다)을 도로의 차량 진행 방향의 우측에 연결(교차에 의한 연결은 제외한다)하는 경우에 적용한다. <개정 2014.7.15.>
> ② 제1항에 따라 연결하는 경우 외에는 「도로의 구조·시설기준에 관한 규칙」에서 정하는 바에 따른다. 다만, 이 경우에도 연결허가의 신청은 제4조제1항 및 제2항에 따른다.

○ 고속국도, 자동차전용도로에의 연결제한

> **고속국도, 자동차전용도로의 연결 제한 (도로법 제52조)**
>
> 제52조(도로와 다른 시설의 연결) ① 도로관리청이 아닌 자는 고속국도, 자동차전용도로, 그 밖에 대통령령으로 정하는 도로에 다른 도로나 통로, 그 밖의 시설을 연결시키려는 경우에는 미리 도로관리청의 허가를 받아야 하며, 허가받은 사항을 변경하려는 경우에도 또한 같다. 이 경우 고속국도나 자동차전용도로에는 도로, 「국토의 계획 및 이용에 관한 법률」 제60조제1항 각 호에 따른 개발행위로 설치하는 시설 또는 해당 시설을 연결하는 통로 외에는 연결시키지 못한다.

> 국토의 계획 및 이용에 관한 법률 제60조(개발행위허가의 이행 보증 등) ① 특별시장·광역시장·특별자치시장·특별자치도지사·시장 또는 군수는 기반시설의 설치나 그에 필요한 용지의 확보, 위해 방지, 환경오염 방지, 경관, 조경 등을 위하여 필요하다고 인정되는 경우로서 대통령령으로 정하는 경우에는 이의 이행을 보증하기 위하여 개발행위허가(다른 법률에 따라 개발행위허가가 의제되는 협의를 거친 인가·허가·승인 등을 포함한다. 이하 이 조에서 같다)를 받는 자로 하여금 이행보증금을 예치하게 할 수 있다. 다만, 다음 각 호의 어느 하나에 해당하는 경우에는 그러하지 아니하다.
> 1. 국가나 지방자치단체가 시행하는 개발행위
> 2. 「공공기관의 운영에 관한 법률」에 따른 공공기관(이하 "공공기관"이라 한다) 중 대통령령으로 정하는 기관이 시행하는 개발행위
> 3. 그 밖에 해당 지방자치단체의 조례로 정하는 공공단체가 시행하는 개발행위

2) 주요내용

- 연결위치의 적정여부(제6조) 및 현지 여건상의 허가제한요소 (금지구간 해당여부, 도시지역 여부)
- 연결로 포장의 적정여부(제7조)
- 변속차로, 부가차로 설치기준 충족여부(제8조, 제8조의2)
- 배수시설의 유수 소통 적정여부(제9조)
- 분리대 설치계획 적정여부(제10조)
- 변속차로 등의 길어깨 설치기준 충족여부(제11조)
- 부대시설 설치계획 적정여부(제12조)
- 도로점용 면적 적정여부
- 연결공사중의 안전관리대책 및 교통관리대책 적정여부
- 신청구간에 기 매설된 지하매설물 및 지장물 현황 및 합의여부
- 신청구간에 기 점용허가 받은 부지 중복여부 및 합의여부
- 점용 신청지에서 시행하는 공사와 중복여부
- 기타 점용지 특이사항

3) 검토시 유의사항

- 도로연결허가 신청 대상인지 여부를 검토후 처리
- 기 도로점용허가가 있을 경우 진출입로를 공동사용해야 함

> **진출입로 등의 공동사용 (도로법 제53조)**
>
> 제53조(진출입로 등의 사용 등) ① 연결허가를 받은 시설 중 도로와 연결되는 시설이 다른 도로나 통로 등 일반인의 통행에 이용하는 시설(이하 "진출입로"라 한다)인 경우 해당 연결허가를 받은 자는 일반인의 통행을 제한하여서는 아니 된다.
> ② 연결허가를 받은 자가 아닌 자가 새로운 연결허가를 받기 위하여 필요한 경우에는 다른 자가 먼저 연결허가를 받은 진출입로를 공동으로 사용할 수 있다. 이 경우 먼저 연결허가를 받은 자는 진출입로의 공동사용 동의 등 새로운 연결허가를 받으려는 자가 연결허가를 받는데 필요한 협력을 하여야 한다.
> ③ 제2항에 따라 먼저 연결허가를 받은 자는 새로운 연결허가를 받기 위하여 진출입로를 공동 사용하려는 자에게 공동사용 부분에 대한 비용의 분담을 요구할 수 있다.
> ④ 제3항에 따른 비용의 분담 금액은 진출입로의 사용면적을 기준으로 결정하되 구체적인 분담 금액의 결정 방법은 국토교통부령으로 정한다. 다만, 공동사용 부분에 대한 비용의 분담에 대해 다른 법령에서 달리 정하고 있는 경우에는 그에 따른다.
> ⑤ 제2항에 따라 새로운 연결허가를 받으려는 자는 먼저 연결허가를 받은 자가 정당한 이유 없이 진출입로의 공동사용에 응하지 아니하는 경우 제4항에 따라 산정한 비용을 공탁(供託)하고 도로관리청에 연결허가를 신청할 수 있다. 이 경우 연결허가 신청을 받은 도로관리청은 공탁이 적정한지 여부를 검토하고 새로운 연결허가를 할 수 있다.
>
> 시행규칙 제22조(진출입로의 공동 사용 시 분담 금액의 결정방법) 법 제52조제1항에 따른 연결허가(이하 "연결허가"라 한다)를 먼저 받은 자와 새로운 연결허가를 받아 법 제53조제2항에 따라 진출입로를 공동으로 사용하려는 자 간의 분담 금액은 공동사용면적에 대한 설치비용의 합계액을 해당 연결허가를 받은 자 수로 나눈 금액으로 한다.

o 연결규칙 제6조(연결허가의 금지구간) 적용 해당여부 검토

o 본선과 변속차로 접속부 및 사업부지와 부가차로의 접속부는 곡선반경 15m 이상의 곡선으로 처리하는지 여부 확인(5가구 이하의 주택 및 농어촌 소규모 시설은 곡선반경 3m 이상)

o 측도[1] 등의 높이 조정이나 평면상의 위치 변경은 도로시설 관리의 기본취지에 반하는 것이므로 도로연결허가가 어려움에도 불구하고 보완 후 반려하여 민원을 유발하는 사례가 있으므로 민원이 발생되지 않도록 검토

4) 도시지역[2], 시공 중인 일반국도 등에서의 허가

o 도시지역은 해당 계획에 적합하도록 허가

---

[1] 측도는 자동차가 도로 주변으로 출입할 수 있도록 본선 차도에 병행하여 설치하는 도로로서 이는 각종 진·출입로를 무질서하게 본선 도로에 연결하여 본선도로의 기능저하 및 교통사고를 방지하기 위한 것
[2] 연결규칙 제5조제1항. 「국토의 계획 및 이용에 관한 법률」 제6조제1호에 따른 도시지역.

- 해당 일반국도가 「국토의 계획 및 이용에 관한 법률」 제2조제4호에 따른 도시·군관리계획(이하 "도시·군관리계획"이라 한다)에 따라 정비되어 있는 경우
- 다른 도로 등의 연결허가 신청일에 해당 일반국도에 대하여 「국토의 계획 및 이용에 관한 법률」 제85조에 따른 단계별 집행계획 중 제1단계 집행계획(이하 "집행계획"이라 한다)이 수립되어 있는 경우

○ 시공 중인 일반국도에 다른 도로등을 연결하려는 경우에는 해당 도로공사에 지장을 주지 아니하는 범위에서 허가
  - 연결허가구간에 대하여 별지 제4호서식에 따른 도로 등의 연결허가 신청구간 도로시설물 현황조서를 작성하고 설계를 변경하는 등 필요한 조치를 하여야 함

5) 연결허가의 금지구간 (연결규칙 제6조)

○ 측도(부체도로)가 설치된 도로의 본선에 대한 연결
○ 곡선반경이 280미터(2차로 도로의 경우에는 140미터) 미만인 곡선구간의 안쪽 차로 중심선에서 장애물까지의 거리가 별표 3에서 정하는 최소거리 이상이 되지 아니하여 시거(視距)를 확보하지 못하는 경우의 안쪽 곡선구간

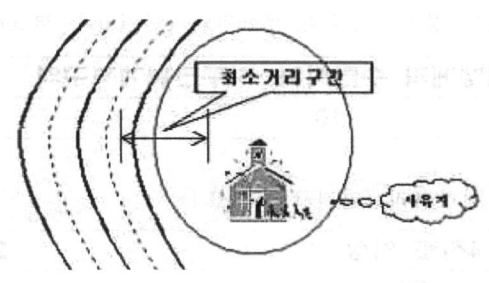

곡선구간의 곡선반경 및 장애물까지의 최소거리 (연결규칙 별표3) (단위:미터)

구분	4차로이상				2차로		
곡선반경	260	240	220	200	120	100	80
최소거리	7.5	8	8.5	9	7	8	9

○ 종단(縱斷)기울기[1]가 평지는 6퍼센트, 산지는 9퍼센트를 초과하는 구간. 다만, 오르막 차로가 설치되어 있는 경우 오르막 차로의 바깥쪽 구간에 대해서는 연결을 허가할 수 있음.

○ 교차로 연결 금지구간 : 물리적교차로 + 제한거리

국도와 만나 교차로를 이루는 도로 (연결규칙 제6조제3호)

연결규칙 제6조제3호. 일반국도와 다음 각 목의 어느 하나에 해당하는 도로를 연결하는 교차로에 대하여 별표 4에 따른 교차로 연결 금지구간 산정 기준에서 정한 금지구간 이내의 구간. 다만, 일반국도로서 제5조제1항 각 호의 어느 하나에 해당하거나 5가구 이하의 주택과 농어촌 소규모 시설(「건축법」 제14조에 따라 건축신고만으로 건축할 수 있는 소규모 축사 또는 창고 등을 말한다)의 진출입로를 설치하는 경우에는 별표 4 제2호 및 제3호에 따른 제한거리를 금지구간에 포함하지 아니한다.
    가. 「도로법」 제2조제1호에 따른 도로
    나. 「농어촌도로 정비법」 제4조에 따른 면도(面道) 중 2차로 이상으로 설치된 면도
    다. 2차로 이상이며 그 차로의 폭이 6미터 이상이 되는 도로
    라. 관할 경찰서장 등 교통안전 관련 기관에 대한 의견조회 결과, 도로 연결에 따라 교통의 안전과 소통에 현저하게 지장을 초래하는 것으로 인정되는 도로

변속차로가 없는 평면교차로의 제한거리 (연결규칙 별표4) (단위:미터)

설계속도 (km/h)	도시·군관리계획에 따라 정비된 지역 또는 집행계획 수립지역, 지구단위계획구역	그 밖의 지역
50	25	40
60	40	60
70	60	85
80	70	100

변속차로가 있는 평면교차로의 제한거리 (연결규칙 별표4) (단위:미터)

제2단계 집행계획 수립지역, 지구단위계획구역	그 밖의 지역
10	20

입체교차로의 제한거리 (연결규칙 별표4) (단위:미터)

4차로 이상	2차로
60	45

---

[1] 종단기울기(또는 종단경사, 종단구배) : 차량의 진행방향에 대한 노면의 기울기. 예) 수평거리 100미터이고 시점과 종점의 높이차가 5미터일 경우, 종단 기울기는 5퍼센트가 됨.

○ 터널 및 지하차도 등 내·외부 명암 차이가 큰 구간

> **터널 등 내·외부 명암차이가 큰 구간 (연결규칙 제6조제5호)**
> 연결규칙 제6조제5호. 터널 및 지하차도 등의 시설물 중 시설물의 내부와 외부 사이의 명암 차이가 커서 장애물을 알아보기 어려워 조명시설 등을 설치한 경우[1]로서 다음 각 목의 어느 하나에 해당하는 구간
> 가. 설계속도가 시속 60킬로미터 이하인 일반국도: 해당 시설물로부터 300미터 이내의 구간
> 나. 설계속도가 시속 60킬로미터를 초과하는 일반국도: 해당 시설물로부터 350미터 이내의 구간

○ 교량 등의 시설물과 근접되어 변속차로를 설치할 수 없는 구간

○ 버스 정차대, 측도(側道) 등 주민편의시설이 설치되어 이를 옮겨 설치할 수 없거나 옮겨 설치하는 경우 주민 통행에 위험이 발생될 우려가 있는 구간

6) 도시지역 등의 금지구간 적용 배제 (연결규칙 제6조)

○ 일반국도가 다음의 어느 하나에 해당하는 경우에는 연결허가 금지구간의 제1호, 제2호, 제5호, 제6호 적용배제

  - 도시지역 중 일반국도가 도시·군관리계획에 따라 정비되어 있는 경우
  - 도시지역 중 일반국도에 대하여 제1단계집행계획이 수립되어 있는 경우

○ ①위의 경우 및 ②5가구 이하의 주택과 ③농어촌 소규모 시설[2]의 진출입로는 교차로 연결 금지구간의 제한거리를 적용하지 않음 (입체교차로 및 변속차로가 있는 평면교차로의 경우에 한함)

---

[1] 연결규칙 개정(2005.12.30)을 통해 조명을 설치하지 않는 소규모 터널 및 지하차도 구간에서는 연결허가 금지를 폐지.
[2] 「건축법」 제14조에 따라 건축신고만으로 건축할 수 있는 소규모 축사 또는 창고 등을 말함.

4. 도로점용허가 기준 (시행령 별표2)

1) 일반원칙

- ○ 도로비탈면(비탈면이 없는 경우에는 길가쪽)의 끝부분에 설치
- ○ 보도가 있는 도로의 경우에는 차도쪽의 보도에 설치[1]
- ○ 교차·접속 또는 굴곡되는 부분은 설치불가[2]

2) 지하에 설치하는 경우

- ○ 점용물은 다른 점용물과 뒤섞이지 아니하게 설치
- ○ 공사시행 또는 안전에 지장이 없는 한 다른 점용물에 가까운 곳에 설치
- ○ 점용물은 가능한 한 지면에 가까운 곳에 설치할 것

3) 전주·전선 또는 공중전화소인 경우

- ○ 도로 외에는 설치할 만한 장소가 없을 것
- ○ 동일노선의 전주는 도로와 평행하게 설치하고, 보도가 없는 도로의 경우로서 그 건너편 쪽에 점용물이 있는 경우에는 이와 8미터 이상의 거리를 띄울 것[3]
- ○ 지상에 설치하는 전선은 도로노면에서 6미터(통신용 전선의 경우에는 4.5미터) 이상의 높이로 설치할 것[4]
- ○ 이미 설치되어 있는 전선에 새로 전선을 가설하는 경우에는 서로 뒤섞이지 아니하게 할 것

---

[1] 도로의 구조 또는 교통에 현저한 지장을 미칠 우려가 있다고 인정되는 경우에는 분리대·교차로, 그 밖에 이와 유사한 부분에 이를 설치
[2] 전선 및 전주는 제외
[3] 도로가 교차·접속 또는 굴곡되는 경우에는 제외
[4] 보도의 윗부분에 설치하는 경우에는 노면에서 5미터(통신용 전선의 경우에는 3미터) 이상의 높이로 할 수 있음

○ 지하에 전선을 매설하는 경우(도로횡단 매설은 제외)에는 차도 및 길어깨 외의 부분의 지하에 매설할 것[1]
○ 지하에 설치하는 전선의 상단부는 차도의 지하인 경우에는 0.8미터 이상, 보도의 지하인 경우에는 0.6미터 이상을 노면으로부터 띄울 것[2]
○ 전선을 교량에 설치하는 경우에는 보의 양쪽 또는 상판의 밑에 설치할 것

4) 수도관·하수도관·가스관·전기관 또는 전기통신관인 경우
○ 도로 외에는 설치할 만한 장소가 없을 것
○ 수도관·하수도관·가스관·전기관 또는 전기통신관을 매설하는 경우(도로횡단 매설은 제외)에는 보도 및 도로비탈면의 지하부분에 매설할 것[3]
○ 수도관·가스관·전기관 또는 전기통신관의 본선을 매설하는 경우에는 그 윗부분과 노면까지의 거리를 다음과 같이 할 것(공사시행에 따라 부득이한 경우에는 0.6미터)
  - 수도관: 1.2미터 이상
  - 가스관·전기관: 1.0미터 이상
  - 전기통신관: 0.8미터 이상
○ 하수도관의 본선을 매설하는 경우에는 그 윗부분과 노면까지의 거리를 3미터(공사시행으로 인하여 부득이한 경우에는 1미터) 이상으로 할 것
○ 수도관·하수도관·가스관·전기관 또는 전기통신관을 교

---

[1] 부득이한 경우에는 전선의 본선에 한하여 차도 및 길어깨 부분의 지하에 매설
[2] 「환경친화적 자동차의 개발 및 보급촉진에 관한 법률」 제2조제3호에 따른 전기자동차의 충전시설을 설치하는 경우 또는 도로공사의 시행 및 도로안전에 지장이 없는 경우 제외
[3] 부득이한 경우에는 본선에 한하여 차도 및 길어깨 부분의 지하부분에 매설할 수 있음

량에 설치하는 경우에는 보의 양측 또는 상판 밑에 이를 설치할 것
- 통신구 또는 작업구는 차도 바깥쪽에 설치하여야 하며, 길어깨 또는 보도에 설치할 경우에는 그 높이를 길어깨 또는 보도와 같은 높이로 하는 등 안전대책을 수립하여 교통의 안전이나 보행자의 통행에 지장을 주지 아니할 것

5) 송유관인 경우

- 지하에 매설할 것[1]
- 지하에 매설하는 경우(도로횡단 매설은 제외)에는 원칙적으로 차량하중의 영향이 적은 장소에 매설 (송유관과 도로경계선 사이에는 안전거리를 둘 것)
- 도로노면의 지하부분에 매설하는 경우 깊이
  - 시가지에서 방호구조물의 윗부분을 노면으로부터 1.5미터(부득이한 경우 1.2미터)이상을 띄울 것
  - 시가지에서 방호구조물 없는 경우 송유관의 윗부분을 노면으로부터 1.8미터 이상 띄울 것
  - 시가지외의 지역에서는 송유관의 윗부분[2]을 노면으로부터 1.5미터(부득이한 경우 1.2미터) 이상 띄울 것
- 노면 외의 지하부분에 매설하는 경우에는 송유관의 상단부에서 지면까지의 거리를 1.2미터 이상 띄울 것
  - 방호구조물에 의하여 송유관을 보호하는 경우에는 시가지에서는 0.9미터, 시가지외의 지역에서는 0.6미터
- 지상에 설치하는 경우에는 송유관이 맨 밑부분을 노면으로부터 5미터이상 띄울 것

---

[1] 부득이한 경우에는 지상(터널 안의 경우는 제외)에 이를 설치할 수 있음
[2] 방호구조물이 있는 경우에는 방호구조물의 윗부분

○ 송유관을 교량에 설치하는 경우에는 보의 양측 또는 상판 밑에 설치할 것

6) 고가도로의 노면 밑에 설치하는 경우

○ 고가도로의 구조보전에 지장이 없는 곳에 설치할 것
○ 전주·전선·공중전화소·수도관·하수도관·가스관·전기통신관로서 부득이 한 경우에는 고가도로의 노면 밑에 설치
○ 송유관은 고가도로의 노면 밑의 지하부분에 매설할 것[1]

7) 사설안내표지[2]인 경우

○ 국토해양부장관이 정하는 기준에 적합하여야 함
 -「사설안내표지 설치 및 관리 지침」
  (국토교통부예규 제107호, 2015.7.20)
○ 주요 검토내용
 - 설치대상의 적정여부
 - 표지크기의 적정여부
 - 표지 색상 및 조명시설 적정여부
 - 안내문안 및 도안 적정여부
 - 설치장소 및 표시방법 적정여부
 - 설치장소 적격여부 등

---

1) 지형상황 기타 부득이한 사유가 있는 경우에는 고가도로 밑의 보 또는 상판 밑에 붙여 설치
2) 관리청이 아닌 자가 자신이 관리하는 시설물을 안내하기 위하여 관리청으로부터 도로점용허가를 받아 도로구역에 설치하는 안내표지를 말함

8) 점용물의 구조

  ○ 지상에 설치하는 점용물의 구조
    - 도괴·낙하·벗겨짐·오손·화재·하중·누수 등에 의하여 도로의 구조안전 또는 교통에 지장을 주지 아니할 것
    - 전주의 디딤쇠는 도로방향과 평행되게 설치할 것
    - 가설점포 등은 도로의 교통에 지장을 주지 아니하는 범위에서 최소한도의 규모로 설치할 것
  ○ 지하에 설치하는 점용물의 구조
    - 견고하고 내구력이 있으며, 다른 점용물에 지장을 주지 아니할 것
    - 차도에 매설하는 경우에는 도로의 구조안전에 지장을 주지 아니할 것
  ○ 교량 또는 고가도로에 붙여 설치하는 경우에는 교량 또는 고가도로의 구조안전에 지장을 주지 아니하는 것

5. 도로굴착을 수반한 점용허가 (시행령 제56조)

1) 사업계획서의 제출

○ 도로를 굴착하여 공작물, 물건, 기타의 시설을 신설·개축·변경 또는 제거하고자 하는 자는 그 점용에 관한 사업계획서를 매년 1월·4월·7월 및 10월중에 관리청에 제출하여야 함
○ 사업계획서 및 첨부서류 제출 제외[1])
  - 천재지변이나 돌발적인 사고로 인하여 긴급복구공사
  - 도로의 굴착부분의 길이가 10미터(차량의 진행방향과 평행하게 굴착하는 경우에는 30미터) 이하이고 너비가 3미터 이하인 공사
○ 굴착공사 시행자가 사업계획을 수립하려는 경우에는 점용위치, 점용구간 및 면적과 도로굴착공사의 시행범위 등을 표시한 도면을 첨부하여 주요지하매설물의 관리자의 의견을 들어야 하며,
  - 이 경우 관리자는 주요지하매설물의 설치일·설치위치·규격·매설깊이 및 안전대책 등에 관하여 필요한 의견을 20일 이내에 통보해야 함
○ 굴착공사 시행자는 관리자의 의견에 따라 굴착시행에 따른 주요지하매설물의 안전대책을 수립하여야 함
○ 도로관리청은 도로굴착이 수반되는 도로점용허가 업무를 체계적·효율적으로 수행을 위해 다음 기관에게 5년 단위의 장기굴착계획의 제출을 요청할 수 있음
  - 「도시가스사업법」 제2조제2호에 따른 도시가스사업자
  - 「송유관 안전관리법」 제2조제3호에 따른 송유관설치자
  - 「수도법」 제3조제22호에 따른 일반수도사업자

---

1) 긴급복구공사 및 소규모굴착공사의 경우 사업계획서 및 첨부서류 제출을 제외함에 따라 「도로법 시행령」 제56조제3항의 도로관리심의회 심의를 생략함. 다만, 「도로법 시행규칙」 별지 제24호 서식 첨부서류 제2호가목에 따라 도로점용허가를 신청할 때 "주요지하매설물 관리자의 의견서"는 첨부하여야 함.

- 「전기사업법」 제2조제6호에 따른 송전사업자
- 「전기통신사업법」 제6조에 따른 기간통신사업자
- 「하수도법」 제18조에 따른 공공하수도관리청

2) 사업계획조정 및 굴착공사 시행

○ 관리청은 사업계획서를 받았을 때에는 2개 이상의 공사가 동시에 시행될 수 있도록 「도로관리심의회의」 조정을 거쳐 그 점용기간·점용장소·교통소통대책 등을 조정하여 사업계획서 제출자와 주요지하매설물의 관리자에게 통보하여야 함
  - 도로관리청은 사업계획서를 제출할 수 있는 달의 마지막 날의 다음 날부터 30일 이내에 통보하여야 하며, 부득이한 경우 15일의 범위에서 한차례만 그 처리기간을 연장할 수 있음
○ 굴착공사 시행자는 협의·조정된 사항을 준수하여야 하고, 점용허가신청을 할 때에는 위의 통보된 내용 및 도로법령 등 관계규정에 따라야 함

3) 도로굴착을 수반한 점용허가의 제한

○ 신설·확장 또는 개량한 도로로서 포장된 도로의 노면에 대하여는 그 신설·확장 또는 개량한 날로부터 3년(보도인 경우는 2년)내에는 도로굴착을 수반하는 점용허가는 할 수 없음
○ 다음의 경우는 제외
  - 천재지변으로 인하여 긴급복구공사를 하여야 할 경우
  - 전기 또는 전기통신의 불통으로 인한 긴급소통의 공사를 할 경우
  - 상하수도관, 가스관 등의 파열 또는 누출 등으로 인한 긴급복구공사를 할 경우
  - 군사상 필요한 경우
  - 농어촌새마을사업의 지원을 위한 전기공급시설, 전기통시설비,

가스공급시설 및 수도시설의 설치를 위한 공사를 할 경우
- 송유, 수도물의 공급, 하수의 배출이나 가스 또는 열의 공급을 위하여 주배관시설(가스관의 경우 본관 및 공급관1)을 말하고, 열수송관의 경우 주배관 및 분배관을 말함)을 설치하는 공사, 154,000볼트 이상의 송전선로 공사로서 해당 지역의 여건과 그 밖의 부득이한 사유로 도로구역 밖에서는 해당 시설을 설치할 수 없는 경우
- 기존 주택지역 또는 「도시 및 주거환경정비법」에 따른 정비구역에서 건축물의 신축·증축·개축·재축·이전과 관련되어 시행하는 전기·전기통신·상하수도·가스 및 열의 공급을 위한 굴착공사로서 그 굴착부분이 길이 10미터 이하, 너비 3미터 이하의 소규모 굴착공사 또는 너비 3미터 이하의 소규모 횡단굴착공사인 경우
- 「교통약자의 이동편의 증진법」 제2조제7호에 따른 장애인용 승강기를 설치하는 공사로서 도로구역 밖에서는 해당 시설을 설치할 수 없는 경우

4) 굴착공사의 시행

○ 도로굴착공사를 하고자 할 때에는 주요지하매설관리자의 입회 하에 시행하여야 함 (도로법 제62조)

○ 굴착공사시행자는 굴착공사를 착공하기 전에 그 공사를 시행하는 지점 또는 그 인근에 주요지하매설물이 설치되어 있는지를 미리 확인하여야 함 (도로법 시행령 제60조)

○ 도로관리청은 도로구조의 보호와 주요지하매설물의 안전을 위하여 굴착공사시행자가 주요지하매설물의 안전대책을 이행하고 있는지를 점검하여야 함 (도로법 시행령 제60조)

---

1) 「도시가스사업법 시행규칙」 제2조제2호 및 제3호에 따른 본관 및 공급관을 말함

5) 도로의 복구 (시행령 [별표 2] 제6호)

　ㅇ 굴착공사에 따른 원상복구공사는 도로의 구조와 기능이 굴착공사를 시행하기 전과 같이 유지
　　- 사용재료·다짐도 등 품질관리는 도로공사표준시방서·도로포장설계 및 시공지침과 「건설기술 진흥법」에 의한 품질관리기준 등에 부합되도록 함
　ㅇ 굴착면 주변의 표층을 깎아낸 후에 복구하게 할 수 있음
　　- 복구의 범위는 도로 가로방향으로는 굴착된 해당 차로의 전체 폭, 세로방향으로는 굴착면으로부터 0.5미터를 초과할 수 없음
　　- 다만, 차선 표시가 없는 도로로서 포장된 폭이 5미터 미만인 경우에는 전체를 한 개 차로로 보며,
　　- 포장된 폭이 5미터 이상 8미터 미만인 경우에는 포장된 폭 중앙에 차선이 있는 것으로 본다.
　ㅇ 비포장도로의 표면은 기존 도로에 부설된 동질의 재료 및 두께로 표면을 마무리하여 굴착전의 노면상태로 복구시켜야 한다.

6) 매설물의 위치표시 (시행령 [별표 2] 제7호)

　ㅇ 굴착공사를 착공하기 전 도로굴착지점 표시
　　- 설계도서대로 도로를 굴착하여 점용물이 매설될 수 있도록 도로굴착지점을 표시하는 표지 등을 설치하고 관리청의 확인을 받은 후 시공할 것
　　- 주요지하매설물 및 일반매설물이 가스관과 같은 선형시설의 경우에는 그 매설물의 바로 위에, 작업구와 같이 면적형인 시설의 경우에는 굴착지점의 경계선의 안팎에 설치할 것

- ○ 굴착공사를 준공한 후 매설물의 위치를 표시
  - - 매설물위의 지상에 표지 등을 설치
  - - 이 경우 표지 등은 주요 지하매설물 및 일반매설물의 관리자가 유지·관리함
- ○ 표지 등의 설치기준에 관하여 필요한 사항은 국토교통부령으로 정한다.

7) 유의사항

- ○ 다른 법률에 따른 주요지하매설물 설치 (도로법 제62조)
  - - 다른 법률에 따라 인가·허가 등을 받으면 주요지하매설물 설치에 관한 공사의 준공확인을 받은 것으로 보는 경우 다른 법률에 따라 인가·허가 등의 신청을 받은 소관 행정기관의 장은 해당 인가·허가 등을 하기 전에 미리 도로관리청과 협의할 때에 주요지하매설물에 관한 준공도면의 사본을 도로관리청에 보내야 함
- ○ 주요지하매설물 현황자료의 제출요구 (도로법 제62조)
  - - 도로관리청은 주요지하매설물의 현황을 조사하기 위하여 도로점용허가(다른 법률에 따라 도로점용허가를 받은 것으로 보는 경우 포함)를 받은 자 또는 도로공사의 준공확인을 받은 자에게 국토교통부령으로 정하는 바에 따라 필요한 자료 제출을 요구할 수 있으며, 자료 제출 요구를 받은 자는 정당한 사유가 없으면 이에 따라야 함

6. 도로점용공사의 방법 및 시기 (시행령 [별표 2])

1) 도로점용공사의 방법

- ○ 점용물의 유지에 지장을 미치지 아니하도록 필요한 조치

를 할 것
- ○ 도로 한쪽을 통행할 수 있도록 하여 가능한 한 도로교통에 지장을 주지 아니하도록 하고,
- ○ 1개 차로 이상 차로의 통행을 막는 경우에는 교통소통대책을 수립할 것.
  - 교통소통대책의 수립에 관하여 필요한 사항은 고속국도 및 일반국도에 대하여는 국토교통부장관[1]이 정하고,
  - 그 밖의 도로에 대하여는 당해 도로의 관리청이 속하는 지방자치단체의 조례로 정한다.
- ○ 공사현장에는 울타리 또는 덮개를 설치하고, 야간에는 적색등 또는 황색등을 켜는 등 도로교통의 위험방지를 위하여 필요한 조치를 할 것

2) 도로점용공사의 시기

- ○ 다른 점용공사 또는 도로공사의 시기를 감안할 것
- ○ 가능한 한 야간시간대 등 교통량이 가장 적은 시간대에 공사를 할 것

3) 안전사고 방지대책 등 (시행령 제58조)

- ○ 안전사고 방지대책 마련 대상

> **안전사고 방지대책 마련 대상 (도로법 제62조)**
>
> 제62조(도로점용에 따른 안전관리 등) ① 대통령령으로 정하는 공작물이나 물건, 그 밖의 시설(차량의 진출입로를 포함한다)을 신설·개축·변경 또는 제거하거나 그 밖의 목적으로 도로를 점용하기 위하여 제61조제1항에 따른 허가(이하 "도로점용허가"라 한다)를 받은 자는 대통령령으로 정하는 바에 따라 안전표지를 설치하는 등 보행자 안전사고를 방지하기 위한 대책을 마련하여야 한다.
>
> 시행령 제58조(도로의 점용허가에 따른 안전사고 방지대책 등) ① 법 제62조제1항에서 "대통령령으로 정하는 공작물이나 물건, 그 밖의 시설"이란 제55조제2호부터 제5호까지, 제10호 및 제11호(같은 조 제2호부터 제5호까지 및 제10호에 따른 공작물이나 물건 및 시설의 설치를 위한 경우로 한정한다)에 따른 공작물이나 물건, 그 밖의 시설을 말한다.

---

[1] 「도로 공사장 교통관리 지침(국토교통부, 2012.10)」 참고

> 시행령 제55조(점용허가를 받을 수 있는 공작물 등) 법 제61조제2항에 따라 도로점용허가(법 제107조에 따라 국가 또는 지방자치단체가 시행하는 사업에 관계되는 점용인 경우에는 협의 또는 승인을 말한다)를 받아 도로를 점용할 수 있는 공작물·물건, 그 밖의 시설의 종류는 다음 각 호와 같다.
> 1. (생략)
> 2. 수도관·하수도관·가스관·송유관·전기관·전기통신관·송열관·농업용수관·작업구(맨홀)·전력구·통신구·공동구·배수시설·수질자동측정시설·지중정착장치(어스앵커)·암거, 그 밖에 이와 유사한 것
> 3. 주유소·주차장·여객자동차터미널·화물터미널·자동차수리소·승강대·화물적치장·휴게소, 그 밖에 이와 유사한 것과 이를 위한 진입로 및 출입로
> 4. 철도·궤도, 그 밖에 이와 유사한 것
> 5. 지하상가·지하실(「건축법」 제2조제1항제2호에 따른 건축물로서 「국토의 계획 및 이용에 관한 법률 시행령」 제61조제1호에 따라 설치하는 경우만 해당한다)·통로·육교, 그 밖에 이와 유사한 것
> 6. ~ 9. (생략)
> 10. 「장애인·노인·임산부 등의 편의증진보장에 관한 법률」 제2조제2호에 따른 편의시설 중 높이차이 제거시설 또는 주출입구 접근로, 그 밖에 이와 유사한 것
> 11. 제1호부터 제10호까지의 규정에 따른 공작물·물건 및 시설의 설치를 위하여 일시적으로 설치하는 공사장, 그 밖에 이와 유사한 것과 이를 위한 진입로 및 출입로

○ 공사를 할 때에는 공사 중임을 관할 경찰관서에 통지하고 보행자 안전사고가 발생하지 아니하도록 할 것
 - 안전펜스, 안내표지판 및 주의표지판 등 안전표지를 설치할 것
 - 교통사고를 방지하고 도로의 통행에 지장이 없도록 공사구간 양측에 신호원(信號員)을 배치하거나 신호장치를 설치할 것
○ 공사용 자재 및 장비, 토사 등은 허가된 점용부지 외에 방치하거나 야적해서는 아니 되고, 사업부지 및 점용공사 구간 내의 공사용 이물질 등이 도로에 묻어나거나 먼지가 발생하지 아니하도록 할 것
○ 공사로 인하여 도로점용지에 있는 시설에 대하여 이전 등의 조치를 하여야 하는 경우에 사전에 관리청과 협의하고, 그 협의 내용을 이행할 것
 - 가로수, 전주 등 지장물(支障物)
 - 통신관로, 상수도 등 지하매설물
 - 가드레일, 안전표지 등 안전시설물(이미 설치된 것만 해당)

7. 외부기관 협의

○ 시군 협의 (연결규칙 제5조)
  신청지역이 「국토의 계획 및 이용에 관한 법률」 제6조제1호에 따른 도시지역안에 있는 도로로서, 도시관리계획에 따라 이미 정비되어 있거나 연결허가 신청일 당시 같은 법 제85조에 따른 단계별집행계획 중 제1단계집행계획이 수립되어 있는 경우 도시·군관리계획여부 확인

8. 도로점용허가의 기간 (시행령 [별표 2])

1) 3년 이내

○ 10년 이내로 규정된 점용물을 제외한 점용물

2) 10년 이내

○ 시행령 제55조제1호부터 제5호까지, 제7호, 제9호 및 제10호

> **허가기간 10년이내 점용물 (도로법 제55조)**
> 1. 전주·전선, 공중선, 가로등, 변압탑, 지중배전용기기함, 무선전화기지국, 종합유선방송용 단자함, 발신전용휴대전화기지국, 교통량검지기, 주차측정기, 전기자동차 충전시설, 태양광발전시설, 태양열발전시설, 풍력발전시설, 우체통, 소화전, 모래함, 제설용구함, 공중전화, 송전탑, 그 밖에 이와 유사한 것
> 2. 수도관·하수도관·가스관·송유관·전기관·전기통신관·송열관·농업용수관·작업구(맨홀)·전력구·통신구·공동구·배수시설·수질자동측정시설·지중정착장치(어스앵커)·암거, 그 밖에 이와 유사한 것
> 3. 주유소·주차장·여객자동차터미널·화물터미널·자동차수리소·승강대·화물적치장·휴게소, 그 밖에 이와 유사한 것과 이를 위한 진입로 및 출입로
> 4. 철도·궤도, 그 밖에 이와 유사한 것
> 5. 지하상가·지하실(「건축법」 제2조제1항제2호에 따른 건축물로서 「국토의 계획 및 이용에 관한 법률 시행령」 제61조제1호에 따라 설치하는 경우만 해당한다)·통로·육교, 그 밖에 이와 유사한 것
> 7. 버스표판매대·구두수선대·노점·자동판매기·상품진열대, 그 밖에 이와 유사한 것
> 9. 고가도로의 노면 밑에 설치하는 사무소·점포·창고·자동차주차장·광장·공원, 체육시설, 그 밖에 이와 유사한 시설(유류·가스 등 인화성 물질을 취급하는 사무소·점포·창고 등은 제외한다)
> 10. 「장애인·노인·임산부 등의 편의증진보장에 관한 법률」 제2조제2호에 따른 편의시설 중 높이차이 제거시설 또는 주출입구 접근로, 그 밖에 이와 유사한 것

3) 허가기간의 신축(伸縮)적 적용

○ 계속점용의 경우는 허가기간을 법령에 정한 기간이내로 조정하여, 신청기간 보다 길거나 혹은 짧은 기간을 허가하여 회계연도와 허가기간을 일치
  - 계속점용의 경우는 대개 최초 허가기간이 만료되면 또다시 허가기간을 연장하여 재허가 하고 있는데,
  - 회계연도와 점용허가기간이 일치하지 않으면 매년 3월에 징수하는 계속점용료와 허가기간 만료시 재허가 하는 때에 점용료를 징수해야 하는 것과 기간이 중복되어 행정적 낭비요인이 될 수 있음.

○ 민원인이 허가기간을 특별히 요청한 경우 허가기간은 법령에 정한 기간이내에서 민원인이 요청한 기간으로 함

○ 적용사례 1
  - 법령에서 정한 기간 : 10년 이내
  - 민원인이 신청한 기간 : 2010년 1월 31부터 5년
  - 허가기간 : 2010년 1월 31일 ~ 2013년 12월 31일 (4년 11월)

○ 적용사례 2
  - 법령에서 정한 기간 : 10년 이내
  - 민원인이 신청한 기간 : 2010년 7월 21부터 5년
  - 허가기간 : 2010년 7월 21일 ~ 2013년 12월 31일 (4년 5월)
  - 허가기간 : 2010년 7월 21일 ~ 2014년 12월 31일 (5년 5월)

○ 적용사례 3
  - 법령에서 정한 기간 : 10년 이내
  - 민원인이 신청한 기간 : 2010년 7월 21부터 10년
  - 허가기간 : 2010년 7월 21일 ~ 2019년 12월 31일 (9년 5월)

9. 허가조건 표준(안)[1]

   1) 공통적용사항

   1. 본 도로점용공사는 허가된 설계도서 및 허가조건을 준수하여 시공하되, 현지 여건상 허가된 설계도서대로의 시공이 불가능할 경우 변경허가를 받은 후 시공하여야 합니다.
   2. 본 도로점용 허가된 부지는 점용 허가목적으로만 사용이 가능하고, 부득이 점용목적을 변경하여야 할 경우는 변경허가를 받아야 하며, 만일 변경허가 없이 다른 점용 목적으로 사용할 경우 도로관리청은 허가 취소 등을 할 수 있으며, 피허가자는 즉시 도로를 원상복구하여야 합니다.
   3. 본 도로점용기간은 ○○○○년 ○○월 ○○일까지로 하며, 점용기간이 만료된 경우에는 즉시 도로를 당초대로 원상복구한 후 그 결과를 ○○국토관리사무소장의 확인을 받아야 하며, 만약 점용기간을 연장 받고자 하는 경우에 허가기간만료 1개월전에 허가관청에 연장신청을 하여 허가기간을 연장한 후 사용하여야 합니다.
   4. 도로점용공사 준공기한은 ○○○○년 ○○월 ○○일까지로 하며, 준공기한을 1년 이상 지체할 경우에는 허가취소 사유가 되니 유의하시기 바라며, 준공시는 도로점용공사 준공확인신청서(준공계 ; 사진첨부)를 ○○국토관리사무소에 제출하여 확인을 받아야 하며, 완료 확인을 받은 후 본허가목적에 맞게 사용하실 수 있습니다. 만약, 공사준공 기간을 연장 받고자 할 경우에는 준공기한 1개월 전에 허가관청에 기한연장 신청을 하여 그 승인을 받아야 합니다.
   5. 피허가자의 주소가 변경 되었거나, 매매, 상속 및 승계등으로 소유권이 변경 되었을 경우 원인발생일로부터 30일 이내에 신고하여야 하며, 허가사항이 변경 되었을 경우는

---
[1] 허가조건은 표준(안)을 기본으로 실정에 맞게 수정하여 사용. 도로운영과-2532, 2009.09.25

그 날로부터 15일내에 증빙서를 첨부하여 제출하여야 합니다.
6. 본 점용공사로 인하여 발생하는 인근주민의 민원 및 제3자에 대한 피해등에 대하여는 피허가자 부담으로 민·형사상의 모든 문제를 해결하여야 하며, 이에 따른 손해배상은 청구할 수 없습니다.
7. 도로법 제68조제3호에 따라 점용료를 감면받는 자는 도로관리청이 시행하는 도로공사로 인하여 점용물을 이전할 경우 피허가자 부담으로 이전하여야 하며, 관계법령 및 허가조건을 위반할 경우에는 동 허가를 취소할 수 있으며 허가가 취소된 때에는 피허가자 부담으로 도로를 원상복구 하여야 합니다.
8. 점용 및 연결공사시 관할경찰서의 지시를 받아 교통사고 및 소통에 장애가 없도록 연결부 양측에 신호수를 배치하며 안내표지판, 주의표지판 등 교통안전시설(야간은 로프등 및 경광등 설치)을 설치하고 도로에 흙이 묻게 하거나, 먼지가 발생되지 않도록 차바퀴 씻는 시설을 설치하는 등 안전조치를 하여야 합니다.
9. 기존도로 시설물 연결시는 피허가자가 시행한 시설물이 기존시설물과 규격 및 품질등이 동일하여야 하며, 공사시는 비산먼지 발생 및 소음, 폐기물발생에 대하여는 사전에 처리대책을 관계기관과 협의한 후 시행하여야 합니다.
10. 공사시에는 『도로 공사장 교통관리지침』(2012.9, 국토해양부)에 적합하게 전방에 교통안전요원 (수신호2명)을 안전장구 및 야광밴드를 착용토록하여 공사구간 60~90m 지점에 배치하고, 공사장 전.후방에 안전휀스, 공사안내판 및 교통안내판(90cm×180cm)을 차선에서 30cm, 지면에서 1~2m, 간격 20~25m을 유지·설치하여 차량소통 및 주민통행에 지장이 없도록 하여야 하고, 특히 "위험" "천천

히""공사중" 등 교통표지판 적정개소 설치하여야 합니다.

11. 본 도로점용허가를 받은 후 준공검사 시 재시공 등 시정명령을 받을시는 빠른 시일 내 재 준공검사를 신청하여 완료확인을 받아 사용하여야 합니다.

12. 본 점용공사는 출.퇴근시간, 공휴일 등 교통혼잡 시간대를 피하여 시공하고 도로법 및 기타 다른법에 의한 사항은 그 법이 정하는 바에 따라 별도의 허가 또는 승인을 받아야 합니다.

13. 공사용 장비 및 자재 등이 도로에 방치되어 통행에 지장을 주지 않도록 조치하여야 합니다.

14. 도로법 및 다른 법령에 의한 사항은 그 법이 정하는 바에 따라 별도의 허가 또는 승인을 받아야 합니다.

15. 본 도로점용에 따른 공사는 도로법 시행령 제54조제5항 별표2에 의한 도로점용기준에 적합하게 시공하여야 하며, 이를 위반한 경우에는 허가 취소 사유가 되며, 관련 규정에 의거 처벌 등의 사유가 됩니다.

16. 본 도로점용허가증을 교부 받은자는 허가된 설계도면에 따라 공사를 하여야 하며 허가면적을 초과하여 점용한 경우에는 도로법 제61조 및 제117조에 의거 300만원이하의 과태료가 부과됩니다.

17. 도로법 제97조에 따라 도로상황의 변경으로 인하여 필요한 경우, 도로공사나 그 밖의 도로에 관한 공사에 필요한 경우, 도로의 구조나 교통의 안전에 대한 위해를 제거하거나 줄이기 위하여 필요한 경우, 공익사업 등 공공의 이익이 될 사업을 위해 특히 필요한 경우에 도로관리청은 도로법 제96조에 따라 허가취소, 효력정지, 조건의 변경, 공사의 중지, 공작물의 개축, 물건의 이전, 통행의 금지·제한 등 필요한 처분을 하거나 조치를 명할 수 있습니다.

18. 상기조건에 이의가 있을 시는 허가를 받은 날로부터 15일 이내에 이의서를 ○○국토관리사무소에 제출토록 하되 기일 내에 제출하지 않을 시에는 허가조건을 이행하는 것으로 간주합니다. 끝.

2) 진·출입로

1. 본 점용 및 연결공사 피허가자는 도로점용허가일로부터 1개월 이내에 공사착공을 하여야 하며, 도로교통법 제69조의 규정에 의거 공사 착공 3일전 관할경찰서에 도로공사 신고를 한 후 7일 내에 그 증빙자료를 첨부하여 ○○국토관리사무소에 착공계를 제출하여야 하며, 착공 시부터 준공확인(준공 시)까지 ○○국토관리사무소와 협의 및 지도 감독을 받아 공사를 시행하여야 합니다.
2. 기설치(설치예정)된 시설물이 본 점용 및 연결공사로 인하여 이전 등 필요한 조치를 하여야 할 경우에는 사전에 허가관청과 협의한 바에 따라 피허가자 부담으로 조치하여야 합니다.
3. 본 도로점용 공사시에는 인근 토지경작자에 피해를 주지 않도록 하여야 하며, 지장물(가로수, 전주, 표지판 등) 및 지하매설물(통신관로 등)이 있을시는 피허가자가 관계기관과 협의 처리하여야 합니다.
4. 점용구역안의 도로시설물을 임의로 변경할 수 없으며, 본 도로점용허가에 따른 허가수수료는 도로법 시행규칙 제49조제1항제2호 규정에 의거 정부수입인지, 또는 현금 (₩1,000)으로 납부하여야 합니다.
5. 도로점용기간에는 도로법 제66조 및 같은 법 시행령 제69조 규정에 의거 매년 ○○국토관리사무소에서 부과하는 도로점용료를 납입기일내에 납부하여야 하며 납입기한내에 납부하지 않으시면 가산금(3%)이 부과되며, 매회계 년

도마다 발부되는 고지서에 의거 당해연도 점용료를 납부하여야 합니다.(부가세 10%별도)

※ ○○○○년도(허가년도) 도로점용료(금액산정기준 표기)는 별도로 발부되는 도로점용허가증 교부와 동시 고지서에 의거 기한내에 납부하여야 합니다.

6. 본 점용 및 연결공사로 인한 도로시설물에 대한 파손(하자) 및 제3자에 대한 피해(민원발생포함)등에 대해서는 피허가자 부담으로 민·형사상의 모든 문제를 해결하여야 합니다.

7. 도로구역(도로부지)에 대하여 피허가자는 점용허가를 받았다는 이유로 일반인의 통행을 제한하거나 인근 토지소유자의 사유권을 침해 또는 제한하는 행위를 할 수 없으며, 차후 인근에 새로운 점용 및 연결허가와 관련하여 변속차로가 중복되어 공동으로 사용할 부분이 있을 경우는 공동사용 하여야 합니다.

8. 본 도로점용허가 목적(진.출입로 설치)외 사설안내간판을 설치하는 일이 없도록 하여야 하며 점용기간연장허가, 권리의무의 승계, 기타 사업부지와 관련하여 협의 시 도로점용허가 받은 준공도면과 일치하지 않을 경우 도로법에 의거 처벌되며 허가 및 승인을 받을 수 없으며 이로 인한 민·형사상 책임은 피 허가자에게 있습니다.

3) 전주설치

1. 본 점용공사 피허가자는 도로점용허가일로부터 1개월 이내에 공사착공을 하여야 하며, 도로교통법 제69조의 규정에 의거 공사 착공 3일전 관할경찰서에 도로공사신고를 한 후 7일 내에 그 증빙자료를 첨부하여 ○○국토관리사무소에 착공계를 제출하여야 하며, 착공 시부터 완료확인(준공 시)까지 ○○국토관리사무소와 협의 및 지도감독을

받아 공사를 시행하여야 합니다.
2. 본 점용공사 시 이미 매설된 시설물의 유무를 확인하고 매설되어 있을시 시설물 관리자와 협의하여야 하고, 그 협의된 사항을 준수하여야 함은 물론, 관계기관의 관리자 입회하에 시공하여야 합니다.
3. 본 점용공사시 설치되는 전주에 차량운행자의 안전을 위하여 야광 반사판을 부착하여야 하고 정기적인 시설물 안전점검을 하여 항시 필요한 대책을 하여야 하며, 시설물 운반하는 차량은 주간운행시 빨간 헝겊으로 된 표지, 야간에는 반사체로 된 표지를 부착하여야 합니다.
4. 본 점용공사 시 도로표지판이 파손되지 않도록 하고 천둥, 번개등 기상악화로 인한 낙뢰방지 시설을 설치하여 안전관리에 유의하여 야 하며, 전주 설치로 인하여 민원 발생시에는 피 허가자가 책임처리 하여야 합니다.
5. 시공부 굴착 후 굴착부위는 법면 유실이 되지 않도록 다짐을 철저히 하여야 하며, 이의 불성실 이행으로 법면 유실이 발생될 경우 피허가자 부담으로 복구하여야 합니다.
6. 시설물이 전도되지 않도록 견고하게 설치하여야 하며, 정기적인 시설물 안전점검을 하고 필요한 조치를 하여야 합니다.
7. 점용구역안의 도로시설물을 임의로 변경할 수 없으며, 본 도로점용허가에 따른 허가수수료는 도로법시행규칙 제33조 제1항제2호 규정에 의거 정부수입인지, 또는 현금(₩500원)으로 납부하여야 합니다.
8. 도로점용기간에는 도로법 제66조 및 같은 법 시행령 제69조 규정에 의거 매년 ○○국토관리사무소에서 부과하는 도로점용료를 납입기일내에 납부하여야 하며 납입기한내에 납부하지 않으시면 가산금(3%)이 부과되며, 매회계 년도마다 발부되는 고지서에 의거 당해연도 점용료를 납부

하여야 합니다.(부가세 10%별도)

※ ○○○○년도(허가년도) 도로점용료(금액산정기준 표기)는 별도로 발부되는 도로점용허가증 교부와 동시 고지서에 의거 기한내에 납부하여야 합니다.

9. 본 전주설치공사시 관할경찰서의 지시를 받아 교통사고 및 소통에 장애가 없도록 시·종점부에 신호수를 배치하며 안내표지판, 주의표지판 등 교통안전시설(야간은 로프등 및 경광등 설치)을 설치하고 도로에 흙이 묻게 하거나, 먼지가 발생되지 않도록 차바퀴 씻는 시설을 설치하는 등 안전조치를 하여야 합니다.

4) 관로

1. 본 관로 매설시는 도로점용허가일로부터 1개월 이내에 공사착공을 하여야 하며, 도로교통법 제69조의 규정에 의거 공사 착공 3일전 관할경찰서에 도로공사신고를 한 후 7일 내에 그 증빙자료를 첨부하여 ○○국토관리사무소에 착공계를 제출하여야 하며, 착공 시부터 완료확인(준공 시)까지 ○○국토관리사무소와 협의 및 지도감독을 받아 공사를 시행하여야 합니다.

2. 본 관로 매설 공사시는 이미 매설된 타 시설물에 대하여는 관계기관과 사전 협의하여야 하고, 그 협의된 사항을 준수하여야 하며, 관계기관의 입회하에 시공하여야 합니다.

3. 본 관로 매설로 인하여 도로부대시설물이 훼손될 시는 기존 시설물의 상태 이상으로 피허가자가 원상복구를 하여야 합니다.

4. 본 관로 매설공사로 인하여 허가받은 물건 외 추가, 변경, 첨가 등 목적 외 위법사항이 발생할 시는 관련법에 의거 조치 및 취소됩니다.

5. 본 관로 매설공사는 ○○지방국토관리청 도로관리심의·조정결과 통보내용을 반드시 이행하여 주시기 바랍니다.

6. 도로점용 구간 내에 설치되어 있는 교통안전 시설물의 효용에 지장이 없도록 하여야 하며 가드레일 등 부대시설 오손 및 훼손시 즉시 원상복구 하여야 합니다.

7. 도로굴착 구간 내에 기설치되어 있는 지상시설물과 지하매설물에 대하여는 반드시 관계기관과 별도의 협의를 하고 시설물 관리자의 입회 하에 공사를 시행하여야 합니다.

8. 본 관로 공사 후 굴착구간 내 하자 발생 시 즉시 하자보수를 하여야 합니다.

9. 본 관로 매설공사는 본선부 굴착할 경우 아스콘포장을 반폭시공해야 하며 이로 인하여 단차가 발생하지 않도록 시공하고 점용 받은 장소 이외에는 굴착을 할 수 없습니다.

10. 관로 매설 후에는 「도로법 시행규칙」 별표4에서 정하는 표지기 및 표지등의 설치기준에 따라 매설위치 표지를 설치하여야 합니다.

11. 법면 굴착부위는 되메우기 후 떼붙임을 시공하여 법면을 보호할 수 있도록 하여야 합니다(법면 굴착시).

12. 도로의 굴착시 포장카터기를 이용 절단후 굴착하여야 하며, 도로굴착 후 원상복구는 도로공사 표준시방서에 의해 되메우기를 하되 골재는 양질의 골재를 사용하고 다짐을 철저히 하여야 하며, 아스콘 포장을 하되 포장시 다짐을 충분히 하여 소성변형, 포장부의 처짐 등에 유의하여 시공하여야 합니다.

13. 차량통행량이 많아 교통신호기를 설치운용되고 있는 지점에 강관압입식 공사를 할 경우 신호기 지하 배선시설물에 영향을 미쳐 사고의 위험이 높으므로 주의하여 공사진행을 하여야 합니다.

14. 점용구역안의 도로시설물을 임의로 변경할 수 없으며, 본 도로점용허가에 따른 허가수수료는 도로법시행규칙 제49조제1항제2호 규정에 의거 정부수입인지, 또는 현금(₩5

00원)으로 납부하여야 합니다.
15. 도로점용기간에는 도로법 제66조 및 같은 법 시행령 제69조 규정에 의거 매년 ○○국토관리사무소에서 부과하는 도로점용료를 납입기일내에 납부하여야 하며 납입기한내에 납부하지 않으시면 가산금(3%)이 부과되며, 매회계년도마다 발부되는 고지서에 의거 당해연도 점용료를 납부하여야 합니다.(부가세 10%별도)
 ※ ○○○○년도(허가년도) 도로점용료(금액산정기준 표기)는 별도로 발부되는 도로점용허가증 교부와 동시 고지서에 의거 기한내에 납부하여야 합니다.
17. 도로교통소통 등 도로교통법 관련 사항에 대하여는 관할 경찰서와 사전협의하여 안전에 만전을 기하여야 하며, 상기 조건을 준수하지 않아 야기되는 모든 문제는 피허가자에게 민·형사상 책임이 있음을 알려드립니다.
18. 본선 및 노견 굴착부 원상복구는 기존 포장과 동일(표층 : 5cm, 기층 : 15cm, 보조기층 : 40~45cm)하게 시공하고, 굴착 차로 전폭에 대하여 기존 표층을 5cm 절삭하여 기존 포장층과 동일한 레벨로 재포장 하여야 합니다.
19. 도로이용자의 안전운행을 위하여 맨홀은 본선부 설치는 불가하며 부득이한 경우에 한하여 노견부에 설치하여야 하며, 향후 포장부의 부등침하 등이 발생하지 않도록 양질의 재료로 다짐을 철저히 하여야 합니다.(도로공사표준시방서, 도로포장설계 및 잠정지침과 「건설기술 진흥법」에 의한 품질관리기준에 적합하게 시공하여야 합니다.
20. 일일 굴착구간은 당일 원상 복구하고, 착공전에 구간별 및 일정별 세부시공계획을 제출하여야 합니다.

5) 사설안내표지판

1. 본 사설안내표지판 설치시는 도로점용허가일로부터 15일

이내에 공사착공을 하여야 하며, 도로교통법 제69조의 규정에 의거 공사 착공 3일전 관할경찰서에 도로공사신고를 한 후 7일 내에 그 증빙자료를 첨부하여 ○○국토관리사무소에 착공계를 제출하여야 하며, 착공 시부터 완료확인(준공 시)까지 ○○국토관리사무소와 협의 및 지도감독을 받아 공사를 시행하여야 합니다.

2. 본 사설안내표지판 설치시는 타목적으로 사용할 수 없으며, 민원발생 등으로 부득이 용도를 변경하여야 할 경우는 변경협의를 받아야 합니다.

3. 본 사설안내표지판 설치로 인하여 발생된 도로시설물에 대한 파손(하자) 및 제3자에 대한 피해(민원발생포함)등에 대해서는 피허가자가 민·형사상의 모든 문제를 해결하여야 합니다.

4. 본 사설안내표지판 설치시 이미 매설된 시설물이 있을시 시설물 관리자와 협의하여야 하고, 그 협의된 사항을 준수하여야 하며, 관계기관의 관리자 입회하에 시공하여야 하며, 이와 관련한 민원발생시는 피허가자가 책임처리하여야 합니다.

5. 본 사설안내표지판 설치시에 표지판의 뒷면 우측(또는 좌측)하단에 허가 받은 사항을 흰색바탕에 검정글씨로 표기하고 부착하여 주시기 바랍니다.

6. 본 사설안내표지판 설치시는 길어깨 끝단에서 표지의 차도측 끝단까지 최소0.5m이상 이격하여 설치하시고 표지판의 높이는 표지판의 하단부가 노면보다 최소한 2.5m이상 높게 설치하여야 합니다

7. 점용구역안의 도로시설물을 임의로 변경할 수 없으며, 본 도로점용허가에 따른 허가수수료는 도로법시행규칙 제49조 제1항제2호 규정에 의거 정부수입인지, 또는 현금(₩1,000원)으로 납부하여야 합니다.

8. 도로점용기간에는 도로법 제66조 및 같은 법 시행령 제69조 규정에 의거 매년 ○○국토관리사무소에서 부과하는 도로점용료를 납입기일내에 납부하여야 하며 납입기한내에 납부하지 않으시면 가산금(3%)이 부과되며, 매회계 년도마다 발부되는 고지서에 의거 당해연도 점용료를 납부하여야 합니다.(부가세 10%별도)

※ ○○○○년도(허가년도) 도로점용료(금액산정기준 표기)는 별도로 발부되는 도로점용허가증 교부와 동시 고지서에 의거 기한내에 납부하여야 합니다.

9. 본 사설안내표지판 설치시 도로노견을 이용하는 지역주민들의 불편이 없도록 표지판 상세도에 따라 외측에 설치토록 하여주시고 표지판의 바탕색상은 녹색, 청색, 적색을 사용하여서는 안됩니다.

6) 시설물

1. 본 시설물 설치시는 도로점용허가일로부터 20일 이내에 공사착공을 하여야 하며, 도로교통법 제69조의 규정에 의거 공사 착공 3일전 관할경찰서에 도로공사신고를 한 후 7일 내에 그 증빙자료를 첨부하여 ○○국토관리사무소에 착공계를 제출하여야 하며, 착공 시부터 완료확인(준공시)까지 ○○국토관리사무소와 협의 및 지도감독을 받아 공사를 시행하여야 합니다.

2. 본 시설물 설치공사시 다른 시설물이나 매설물에 대하여는 관계기관과 반드시 사전 협의한 후 입회하에 설계된 도면대로 시공하여야 합니다.

3. 점용구역안의 도로시설물을 임의로 변경할 수 없으며, 본 도로점용허가에 따른 허가수수료는 도로법시행규칙 제49조 제1항제2호 규정에 의거 정부수입인지, 또는 현금(₩1,000원)으로 납부하여야 합니다.

4. 도로점용기간에는 도로법 제66조 및 같은 법 시행령 제69조 규정에 의거 매년 ○○국토관리사무소에서 부과하는 도로점용료를 납입기일내에 납부하여야 하며 납입기한내에 납부하지 않으시면 가산금(3%)이 부과되며, 매회계 년도마다 발부되는 고지서에 의거 당해연도 점용료를 납부하여야 합니다.(부가세 10%별도)

   ※ ○○○○년도 도로점용료(금액산정기준 표기)는 별도로 발부되는 도로점용허가증 교부와 동시 고지서에 의거 기한내에 납부하여야 합니다.

5. 본 도로점용공사로 인해 필요시 교통소통의 원활을 위해 교통신호수를 배치하고 유도표지판을 설치하여야 합니다.

10. 허가증 교부

○ 도로관리청이 기준에 적합하게 허가를 하였을 때에는 신청인에게 허가증을 교부하여야 함

○ 다만, 신속을 요하거나 사안이 경미한 경우는 구술 또는 정보통신망을 이용하여 통지할 수 있음. 이 경우 민원인의 요청이 있는 때에는 지체 없이 처리결과에 관한 문서를 교부하여야 함

○ 민원인이 인터넷으로 허가증을 발급한 경우 이를 사무관리규정에 따른 공문서로 간주

> **전자문서의 출력사용 (민원처리에 관한 법률 시행령 제30조)**
> 제30조(전자문서의 출력 사용 등) ① 행정기관의 장이 다음 각 호의 모든 조치를 하여 법 제27조제1항에 따라 민원인에게 전자문서로 통지하고 민원인이 그 전자문서를 출력한 경우에는 이를 「행정 효율과 협업 촉진에 관한 규정」 제3조제1호에 따른 공문서로 본다. <개정 2016.4.26.>
> 1. 출력 매수의 제한조치
> 2. 위조·변조 방지조치
> 3. 출력한 문서의 진위확인조치
> 4. 그 밖에 출력한 문서의 위조·변조를 방지하기 위하여 행정자치부장관이 고시한 조치
> ② 행정기관의 장은 제1항에 따라 출력한 문서를 공문서로 보는 전자문서의 종류를 정하여 미리 관보에 고시하고, 해당 기관의 인터넷 홈페이지 등에 게시하여야 한다.

11. 허가여부 공고 및 허가대장 작성

○ 도로관리청이 점용허가 신청을 받아 이를 허가한 경우는 신청인에게 허가증을 교부하고, 허가내용을 공고(도로의 점용이 도로의 굴착을 수반하지 아니하는 경우에는 허가내용 공고 생략 가능)(시행령 제54조제3항)
 - 도로점용 허가내용 공고는 건설인허가 기관시스템(mltm.calspia.go.kr)에서 허가서를 발송하면, 건설인허가 민원시스템(www.cpermit.go.kr)에 자동으로 공고됨
○ 도로굴착공사를 수반하는 점용허가를 받은 자는 공사기간중에 공중의 보기 쉬운 장소에 그 허가내용을 게시함(착공신고시 제출토록 함)
○ 도로점용허가대장은 시행규칙 **별지 제29호** 서식에 의하여 작성·보관하여야 함

> 도로점용허가대장 및 설계도서 관리 (도로법 시행규칙 제26조)
>
> 제26조(점용허가신청 등) ⑤ 제3항의 도로점용허가대장은 전자적 처리가 불가능한 특별한 사유가 없으면 전자적 처리가 가능한 방법으로 작성·관리하여야 한다
>
> 도로점용시스템 세부 운영규정 제12조(설계도서 보관) 도로관리청은 시스템을 이용하여 도로점용·연결허가 설계도서를 보관 및 관리한다.

12. 도로점용허가 기관통보

1) 경찰서 통보

○ 도로교통법 제70조 및 같은 법 시행령 제33조의 규정에 의거 도로점용허가 시 관할 경찰서에 허가증과 신청서류를 첨부하여 서면(전자문서 포함)으로 즉시 통보

> **도로점용허가 통보 (도로교통법 제70조)**
>
> 제70조(도로의 점용허가 등에 관한 통보 등) ① 도로관리청이 도로에서 다음 각 호의 어느 하나에 해당하는 행위를 하였을 때에는 고속도로의 경우에는 경찰청장에게 그 내용을 즉시 통보하고, 고속도로 외의 도로의 경우에는 관할 경찰서장에게 그 내용을 즉시 통보하여야 한다. <개정 2011.6.8., 2014.1.14.>
> 1. 「도로법」 제61조에 따른 도로의 점용허가
> 2. 「도로법」 제76조에 따른 통행의 금지나 제한 또는 같은 법 제77조에 따른 차량의 운행제한
> ② 삭제 <2007.12.21>
> ③ 제1항에 따라 통보를 받은 경찰청장이나 관할 경찰서장은 교통의 안전과 원활한 소통을 확보하기 위하여 필요하다고 인정하면 도로관리청에 필요한 조치를 요구할 수 있다. 이 경우 도로관리청은 정당한 사유가 없으면 그 조치를 하여야 한다. <개정 2011.6.8>
> [제목개정 2007.12.21]
>
> 시행령 제33조(도로의 점용허가 등에 관한 통보) ① 「도로법」 제61조에 따른 도로의 점용허가를 한 도로관리청은 법 제70조제1항에 따라 경찰청장이나 관할 경찰서장에게 그 내용을 통보할 때에는 문서로 하되, 허가증 사본과 허가신청서 사본을 첨부하여야 한다. <개정 2014.7.14.>
> ② 「도로법」 제76조에 따른 통행의 금지나 제한 또는 같은 법 제77조에 따른 차량의 운행제한을 한 도로관리청은 법 제70조제1항에 따라 경찰청장이나 관할 경찰서장에게 그 내용을 통보할 때에는 금지 또는 제한한 대상·구간·기간 및 그 이유를 명확하게 적은 문서로 하여야 한다. <개정 2014.7.14.>
> [전문개정 2013.6.28.]

2) 지자체 통보

○ 도로점용허가 사실을 관할 시장·군수에게 통보

> **면허에 관한 통보 (지방세법 제38조의2)**
>
> 제23조(정의) 등록면허세에서 사용하는 용어의 뜻은 다음과 같다. <개정 2010.12.27>
> 1. "등록"이란 재산권과 그 밖의 권리의 설정·변경 또는 소멸에 관한 사항을 공부에 등기하거나 등록하는 것을 말한다. 다만, 제2장에 따른 취득을 원인으로 이루어지는 등기 또는 등록은 제외하되, 다음 각 목의 어느 하나에 해당하는 등기나 등록은 포함한다."
>   가. 광업권 및 어업권의 취득에 따른 등록
>   나. 제15조제2항제4호에 따른 외국인 소유의 취득세 과세대상 물건(차량, 기계장비, 항공기 및 선박만 해당한다)의 연부 취득에 따른 등기 또는 등록
> 2. "면허"란 각종 법령에 규정된 면허·허가·인가·등록·지정·검사·검열·심사 등 특정한

영업설비 또는 행위에 대한 권리의 설정, 금지의 해제 또는 신고의 수리(受理) 등 행정청의 행위를 말한다. 이 경우 면허의 종별은 사업의 종류 및 규모 등을 고려하여 제1종부터 제5종까지 구분하여 대통령령으로 정한다.

제38조의2(면허에 관한 통보) ① 면허부여기관은 면허를 부여·변경·취소 또는 정지하였을 때에는 면허증서를 교부 또는 송달하기 전에 행정자치부령으로 정하는 바에 따라 그 사실을 관할 시장·군수에게 통보하여야 한다. <개정 2013.3.23., 2014.11.19.>
② 면허부여기관은 제1항에 따른 면허의 부여·변경·취소 또는 정지에 관한 사항을 전산처리하는 경우에는 그 전산자료를 시장·군수에게 통보함으로써 제1항에 따른 통보를 갈음할 수 있다. [본조신설 2010.12.27]

시행규칙 제18조(면허에 관한 통보) 법 제38조의2제1항에 따른 면허의 부여·변경·취소 또는 정지에 관한 통보는 별지 제19호서식에 따른다. <개정 2010.12.31>

13. 민원종결

1) 민원종결 유형의 구분

○ 허가 : 법령에 의하여 일반적으로 금지된 행위를 특정한 경우에 해제하여 적법하게 행할 수 있게 하는 행정처분

○ 불가 : 행정기관에서 정상적으로 민원사항에 대하여 검토한 결과 법적으로 불가능한 것

○ 반려 : 행정기관에서 접수한 민원사항에 대하여 더 이상 처리를 할 수 없는 경우[1]

○ 취하 : 민원인이 신청한 민원사항에 대하여 스스로 하지 않겠다는 의사를 표현할 경우

○ 이송 : 행정기관의 장은 접수한 민원서류가 다른 행정기관의 소관인 경우 다른 기관에 보내는 것

○ 회신 : 민원인에게 처리결과를 알림

○ 확인 : 특정한 사실 등을 확인하여 종결하는 경우

○ 수리 : 민원신청서를 받아서 처리하는 것으로 종결

○ 승인 : 어떤 사실을 마땅하다고 받아들여 처리하는 것으로 종결하는 경우

---

[1] 보완 미이행, 민원인의 취하, 필요한 법적 선행적 절차의 미이행, 현실적으로 실현불가능한 사항 등

2) 도로점용(연결)허가 관련 민원의 종결유형

  O 유효한 통계자료 등의 자동생성과 도로관리청간의 일관성 있는 업무처리 지원을 위해 종결유형 정형화

  O 도로점용(연결)허가 관련 민원의 종결유형

민원명	허가	불가	반려	취하1)	이송	회신2)	확인	수리	승인
사전심사		○	○	○	○				
도로점용(연결)허가	○	○	○	○	○				
도로점용공사 착수신고			○	○	○			○	
도로점용공사 준공기한 연장신청		○	○	○	○				○
도로점용공사(원상회복공사) 완료확인			○	○	○		○		
권리·의무의 승계신고			○	○	○			○	
도로점용(연결)허가 기간연장 신청		○	○	○	○				○
도로점용(연결)허가 변경 신청		○	○	○	○				○
도로점용허가 취소 신청			○	○	○				○
도로점용(연결)허가 이의 신청			○	○	○	○			
민원취하원			○		○		○		

---

1) 취하는 민원인의 의사표현 방법이기 때문에 이에 따라 도로관리청은 민원을 "반려"로 종결해야하지만 시스템에서는 통계자료의 생성을 위해 취하를 따로 구분
2) 모든 민원의 종결유형에 회신이 포함될 수 있으나, 시스템에서는 "이의신청"의 경우에 활성화 함

3) 도로점용·연결허가 실적보고

O 도로점용·연결허가 민원처리 관련 시스템 운영실적을 매 분기 익월 5일까지 시스템관리자(국토교통부 도로운영과장)에게 보고하여야 함

> **실적보고 (도로점용시스템 세부 운영규정 제10조)**
>
> 제2조(용어의 뜻) ①이 규정에서 사용되는 용어의 뜻은 다음 각 호와 같다.
> 1. 시스템이란 「도로법」 제38조와 같은 법 64조, 같은 법 시행령 제28조와 같은 법 시행령 제57조, 같은 법 시행규칙 제17조에 따른 도로의 점용·연결허가 업무(이하 "도로점용·연결허가"라 한다)를 인터넷 기반으로 전산처리할 수 있도록 지원하는 도로점용시스템을 말한다.
> 2. "시스템관리자"란 시스템이 정상적인 기능을 유지할 수 있도록 관리·운영하는 자로서 국토교통부 도로운영과장을 말한다.
> 3. "시스템사용자"란 시스템을 이용하여 제3조 각 호 기관의 도로점용·연결허가 업무를 처리하는 자로서 시스템 관리자가 지정한 자를 말한다.
> 4. "시스템운영자"란 시스템관리자로부터 시스템의 운영을 위탁받은 자를 말한다.
>
> 제10조(실적보고) 적용대상기관은 시스템 운영실적을 별지 제1호 서식에 따라 매분기 익월 5일까지 시스템관리자에게 보고하여야 한다.

Ⅵ 도로점용료 부과징수

1. 점용료의 구성

○ 납부금액 = 도로점용료(조정금액) + 부가가치세 + 가산금
　　　　　 + 중가산금 + 분할납부 잔액 이자

○ 점용료 산정 순서
　① 점용료 산정기준 (시행령 [별표 3]) × 감면비율
　② 점용료 조정
　③ 분할납부 시 잔액계산(이자 등)
　④ 가산금 및 부가가치세 산정

○ 점용료 산정기준 (시행령 [별표 3]) × 감면비율
　- 면적 : 면적(m^2) × 인접지번 평균지가(원/m^2) × 법정요율
　　　　　× 감면비율(%)
　- 개수 : 개수(개) × 법정금액(원) × 감면비율(%)
　- 길이 : 길이(m) × 법정금액(원) × 감면비율(%)
　- 공사용 시설 등 일시점용 (시행령 별표3제8호)
　　· 면적(m^2) × 법정금액(원) × 기간(일) × 감면비율(%)
　- 공사장 출입로 등 일시점용 (시행령 별표3제10호)
　　· 면적(m^2) × 인접지번 평균지가(원/m^2) × 법정요율 × 감면비율(%)

○ 점용료 조정

> **점용료의 조정 (시행령 제69)**
>
> 제69조(점용료의 산정기준 및 조정) ① 고속국도 및 일반국도(법 제23조제2항에 따라 특별시장·광역시장·특별자치시장·특별자치도지사 또는 시장이 도로관리청이 되는 일반국도는 제외한다. 이하 이 조 및 제71조제7항에서 같다)에서 징수하는 법 제66조제1항에 따른 점용료(이하 "점용료"라 한다)는 별표 3의 점용료 산정기준에 따른다.
> ② 제1항에 따른 고속국도 및 일반국도 외의 도로에서 징수하는 점용료는 별표 3의 점용료 산정기준에서 규정한 범위에서 해당 지방자치단체의 조례로 정한다.
> ③ 도로를 계속하여 2개 연도 이상 점용하는 경우로서 제1항 및 법 제68조에 따라 산정한 연간 점용료가 전년도에 납부한 연간 점용료보다 100분의 10 이상 증가하게 되는 경우에는 전년도에 납부한 연간 점용료보다 100분의 10이 증가된 금액으로 한다.

○ 부가가치세 : 도로점용료(조정금액) × 10%

> **부가가치세법 (부가가치세법 제26)**
>
> 제26조(재화 또는 용역의 공급에 대한 면세) ① 다음 각 호의 재화 또는 용역의 공급에 대하여는 부가가치세를 면제한다.
> 19. 국가, 지방자치단체 또는 지방자치단체조합이 공급하는 재화 또는 용역으로서 대통령령으로 정하는 것
>
> 시행령 제46조(국가, 지방자치단체 또는 지방자치단체조합이 공급하는 재화 또는 용역으로서 면세하는 것의 범위) 법 제26조제1항제19호에 따른 국가, 지방자치단체 또는 지방자치단체조합이 공급하는 재화 또는 용역은 다음 각 호의 재화 또는 용역을 제외한 것으로 한다.
> 1. ~ 2. (생략)
> 3. 부동산임대업, 도매 및 소매업, 음식점업·숙박업, 골프장 및 스키장 운영업, 기타 스포츠시설 운영업. 다만, 다음 각 목의 어느 하나에 해당하는 경우는 제외한다.
>   가. 국방부 또는 「국군조직법」에 따른 국군이 「군인사법」 제2조에 따른 군인, 「군무원인사법」 제2조에 따른 군무원, 그 밖에 이들의 직계존속·비속 등 기획재정부령으로 정하는 사람에게 제공하는 재화 또는 용역
>   나. 국가, 지방자치단체 또는 지방자치단체조합이 그 소속 직원의 복리후생을 위하여 구내에서 식당을 직접 경영하여 음식을 공급하는 용역
> 4. (생략)

○ 가산금, 중가산금
  - 가산금 = 도로점용료(조정금액) × 3%
  - 중가산금[1] = 도로점용료(조정금액) × 1.2% × 연체개월

> **가산금 (도로법 제69조)**
>
> 제69조(점용료의 강제징수) ① 도로관리청은 점용료를 내야 할 자가 점용료를 내지 아니하면 납부기간을 정하여 독촉하여야 한다.
> ② 제1항에 따라 점용료의 납부가 연체되는 경우에 도로관리청은 가산금을 징수할 수 있다.
> ③ 제2항에 따른 가산금에 관하여는 「국세징수법」 제21조를 준용한다. 이 경우 "국세"는 "점용료"로 본다.
> ④ 도로관리청은 점용료를 내야 하는 자가 그 납부기한까지 점용료를 내지 아니하면 국세 또는 지방세 체납처분의 예에 따라 징수할 수 있다.
>
> 국세징수법 제21조(가산금) ① 국세를 납부기한까지 완납하지 아니하였을 때에는 그 납부기한이 지난 날부터 체납된 국세의 100분의 3에 상당하는 가산금을 징수한다.
> ② 체납된 국세를 납부하지 아니하였을 때에는 납부기한이 지난 날부터 매 1개월이 지날 때마다 체납된 국세의 1천분의 12에 상당하는 가산금을 제1항에 따른 가산금에 가산하여 징수한다. 다만, 체납된 국세의 납세고지서별·세목별 세액이 100만원 미만인 경우는 제외한다.
> ③ 제2항에 따른 가산금을 가산하여 징수하는 기간은 60개월을 초과하지 못한다.
> ④ 제1항 및 제2항은 국가와 지방자치단체(지방자치단체조합을 포함한다)에 대하여는 적용하지 아니한다.
> ⑤ 상호합의절차가 진행 중이라는 이유로 체납액의 징수를 유예한 경우에는 제2항을

---
[1] 중가산금은 도로점용료(조정금액)가 100만원 미만인 경우에는 적용하지 않으며, 60개월을 초과하지 못함.

적용하지 아니하고 「국제조세조정에 관한 법률」 제24조제5항에 따른 가산금에 대한 특례를 적용한다.
[전문개정 2011.4.4]
국세징수법 제22조(중가산금) 삭제 <2011.4.4>

국제조세조정에 관한 법률 제24조(불복신청기간과 징수유예 등의 적용 특례) ③ 납세지 관할 세무서장 또는 지방자치단체의 장은 납세자가 납세의 고지 또는 독촉을 받은 후 상호합의절차가 시작된 경우에는 상호합의절차의 개시일부터 종료일까지는 세액의 징수를 유예하거나 체납처분에 의한 재산의 압류나 압류재산의 매각을 유예할 수 있다. 이 경우 납세지 관할 세무서장 및 지방자치단체의 장은 상호합의절차의 종료일의 다음날부터 30일 이내에 납부기한을 다시 정하여 유예된 세액을 징수하여야 한다.
⑤ 납세지 관할 세무서장 및 지방자치단체의 장은 제3항에 따라 징수유예 및 체납처분유예를 허용하는 경우에는 그 기간에 대하여 대통령령으로 정하는 바에 따라 계산한 이자 상당액을 가산하여 징수한다.

○ 분할납부 시 잔액에 대한 이자 : 분할금의 잔액 × 신규취급액기준 COFIX
  - 2012.12.31 이전의 이자율 : 6%[1]
  - 2013.1.1 ~ 2013.8.18 : 4.1%
  - 2013.8.19 ~ 2013.9.30 : 2.65%[2]
  - 2013.10.1부터 : 직전 분기 중 가장 마지막으로 공시하는 신규취급액기준 COFIX

분할납부 (시행령 제71조)

제71조(점용료의 부과·징수 및 반환) ① 도로관리청은 법 제66조제1항에 따라 점용료를 부과·징수하려는 경우에는 점용료 납부 의무자에게 납입고지서를 발급하여야 한다. 다만, 도로점용의 목적이 되는 토지나 건물의 소유자가 2인 이상인 경우로서 해당 토지나 건물의 관리인 또는 전체 소유자의 위임을 받은 대리인이 있는 경우 도로관리청은 그 관리인 또는 대리인에게 납입고지서를 발급할 수 있다.
② 제1항에 따라 점용료를 부과할 때 점용기간이 1년 미만인 경우에는 도로점용허가를 할 때에 점용료의 전액을 부과·징수하고, 점용기간이 1년 이상인 경우에는 매 회계연도 단위로 부과하되, 해당 연도분은 도로점용허가를 할 때에, 그 이후의 연도분은 매 회계연도 시작 후 3개월 이내에 부과·징수한다. 다만, 연간 점용료가 50만원을 초과하는 경우에 한정하여 연 4회 이내에서 분할하여 부과·징수할 수 있으며, 이 경우 남은 금액에 대해서는 「국유재산법 시행령」 제30조제3항 후단에 따라 산출한 이자를 붙여야 한다.

국유재산법 시행령 제30조(사용료의 납부시기 등) ③ 법 제32조제2항 전단에 따라 사용료를 나누어 내게 하려는 경우에는 사용료가 100만원을 초과하는 경우에만 연 6회 이내에서 나누어 내게 할 수 있다. 이 경우 남은 금액에 대해서는 시중은행의 1년 만기 정기예금의 평균 수신금리를 고려하여 총괄청이 고시하는 이자율(이하 "고시이자

---

[1] 「도로법 시행령(대통령령 제24155호, 공포 2012.10.29, 시행 2013.1.1)」의 시행이전 적용이자율
[2] 「국유재산 사용료 등의 분할 납부 등에 적용할 이자율(기재부고시 제2013-15호, 2013.8.19)」 부칙 제1조 단서조건

율"이라 한다)을 적용하여 산출한 이자를 붙여야 한다. <개정 2013.4.5>

국유재산 사용료 등의 분할납부 등에 적용할 이자율 고시(기획재정부고시 제2013-15호, 2013.8.19)
제1조(고시이자율의 산정) ① 「국유재산법 시행령」 제30조제3항, 제51조의2, 제55조제5항, 제71조제3항 및 제73조에서 규정하는 "총괄청이 고시하는 이자율(고시이자율)"은 분기별 변동 이자율의 형태로 한다.
② 제1항에 따라 매 분기별로 새로 적용하는 고시이자율은 각각 직전 분기 중 전국은행연합회에서 가장 마지막으로 공시하는 "신규취급액기준 COFIX"로 한다.
③ 「국유재산법 시행령」 제55조제3항에 따른 매각 대금의 분할 납부 이자를 산출하는 경우에는 제2항에도 불구하고 제2항에 따른 이자율의 100분의 80(퍼센트 단위로 환산하여 소수점 이하 셋째 자리에서 반올림한다)을 고시이자율로 한다.
④ 「국유재산법 시행령」 제55조제4항에 따른 매각 대금의 분할 납부 이자를 산출하는 경우에는 제2항에도 불구하고 제2항에 따른 이자율의 100분의 50(퍼센트 단위로 환산하여 소수점 이하 셋째 자리에서 반올림한다)을 고시이자율로 한다.

부칙 <제2011-7호, 2011.7.25>

①(시행일) 이 고시는 2011년 8월 1일부터 시행한다.
②(적용례) 이 고시는 시행일 이후 이자분부터 적용한다. 기존 사용허가나 계약 등의 경우 시행일이 포함된 분납기간의 이자 계산은 이 고시 시행일 전까지는 변경 전의 이자율을, 시행일 이후부터는 고시이자율을 각각 적용하여 산출한다.

부칙 <제2013-15호, 2013.8.19>

제1조(시행일 등) 이 고시는 공포한 날부터 시행한다. 다만, 이 고시 제1조제2항에도 불구하고 2013년 9월 30일까지는 연 2.65%를 이 고시 제1조제2항에 따라 산정된 고시이자율로 본다.
제2조(이자 산출에 관한 적용례) 이 고시는 시행일 이후의 이자분부터 적용한다. 기존 사용허가나 계약 등과 관련하여 시행일이 포함된 분납 기간의 이자는 이 고시 시행일 전일까지는 직전 고시(기획재정부고시 제2011-7호, 2011. 7. 25.)에서 정한 이자율을, 시행일부터는 이 고시에서 새로 정한 이자율을 각각 적용하여 산출한다.

신규취급액기준 COFIX (전국은행연합회, http://www.kfb.or.kr)

공시일	신규취급액기준코픽스
2013-09-16	2.62
2013-12-16	2.60
2014-03-17	2.62
2014-06-16	2.58
2014-09-15	2.34
2014-12-15	2.10
2015-03-16	2.03
2015-06-15	1.75
2015-09-15	1.55
2015-12-15	1.66
2016-03-15	1.57
2016-06-15	1.54
2016-09-19	1.31

2. 점용료의 산정 기준

○ 국도의 점용료는 시행령 별표3에 따라 산정
○ 기타의 도로는 시행령 별표3의 범위에서 해당 지자체 조례에 따라 산정

> **점용료 산정기준 (시행령 제69조)**
>
> 제69조(점용료의 산정기준 및 조정) ① 고속국도 및 일반국도(법 제23조제2항에 따라 특별시장·광역시장·특별자치시장·특별자치도지사 또는 시장이 도로관리청이 되는 일반국도는 제외한다. 이하 이 조 및 제71조제7항에서 같다)에서 징수하는 법 제66조제1항에 따른 점용료(이하 "점용료"라 한다)는 별표 3의 점용료 산정기준에 따른다.
> ② 제1항에 따른 고속국도 및 일반국도 외의 도로에서 징수하는 점용료는 별표 3의 점용료 산정기준에서 규정한 범위에서 해당 지방자치단체의 조례로 정한다.
> ③ 도로를 계속하여 2개 연도 이상 점용하는 경우로서 제1항에 따라 산정한 연간 점용료가 전년도에 납부한 연간 점용료보다 100분의 10 이상 증가하게 되는 경우에는 해당 연도의 점용료는 그 증가율에 따라 별표 4의 점용료 조정산식에 따라 계산한 금액으로 한다.

○ 점용료 산정기준표 (시행령 별표 3, 2015.12.22)

(금액의 단위: 원)

점용물의 종류		기준 단위		점용료 소재지		
		점용단위	기간단위	갑지	을지	병지
1. 전주, 공중전화, 송전탑 등 지상 시설물	전주, 가로등, 그 밖에 이와 유사한 것	1개	1년	1,850	1,250	850
	지중배전용기기함, 무선전화기지국, 종합유선방송용단자함, 발신전용휴대전화기지국, 교통량검지기, 주차측정기, 우체통, 소화전, 모래함, 제설용구함, 그 밖에 이와 유사한 것			2,750	1,850	1,250
	공중전화, 그 밖에 이와 유사한 것			54,200	36,150	24,100
	송전탑, 그 밖에 이와 유사한 것	점용면적 1㎡	1년	토지가격에 0.05를 곱한 금액		
2. 수도관, 전력구, 지중정착장치(어스앵커) 등 지하매설물	수도관, 하수도관, 가스관, 송유관, 전기관, 전기통신관, 송열관, 농업용수관, 작업구(맨홀, 전력구, 통신구, 그 밖에 이와 유사한 것	지름 0.1m 이하	길이 1미터	1년	1,150	750	200
		지름 0.1m 초과 0.2m 이하			2,400	1,600	400
		지름 0.2m 초과 0.4m 이하			4,850	3,150	850
		지름 0.4m 초과 0.6m 이하			7,250	4,850	1,250
		지름 0.6m 초과 0.8m 이하			9,650	6,400	1,650
		지름 0.8m 초과 1.0m 이하			12,100	8,050	2,050
		지름 1.0m 초과 2.0m 이하			18,100	12,100	3,100
		지름 2.0m 초과 3.0m 이하			30,150	20,150	5,200
		지름 3.0m 초과			42,250	28,200	7,250
	지중정착장치(어스앵커), 암거, 그 밖에 이와 유사한 것	지름 0.1m 이하	길이 1미터	1년	1,800	1,150	300
		지름 0.1m 초과 0.2m 이하			3,600	2,400	600
		지름 0.2m 초과 0.4m 이하			7,200	4,850	1,250

(금액의 단위: 원)

점용물의 종류			기준단위		점용료 소재지		
			점용단위	기간단위	갑지	을지	병지
		지름 0.4m 초과 0.6m 이하			10,850	7,250	1,850
		지름 0.6m 초과 0.8m 이하			14,400	9,650	2,500
		지름 0.8m 초과 1.0m 이하			18,100	12,100	3,100
		지름 1.0m 초과 2.0m 이하			27,100	18,100	4,600
		지름 2.0m 초과 3.0m 이하			45,200	30,150	7,750
		지름 3.0m 초과			63,250	42,250	10,850
3. 주유소·주차장·여객자동차터미널·화물터미널·자동차수리소·승강대·화물적치장·휴게소, 그 밖의 이와 유사한 시설과 이를 위한 진입로 및 출입로	건축물		점용면적 1제곱미터	1년	토지가격에 0.04를 곱한 금액		
	진입로·출입로				토지가격에 0.02를 곱한 금액		
	그 밖의 것				토지가격에 0.05를 곱한 금액		
4. 철도·궤도, 그 밖에 이와 유사한 것			점용면적 1㎡	1년	토지가격에 0.04를 곱한 금액		
5. 지하상가·지하실(「건축법」 제2조제1항제2호에 따른 건축물로서 「국토의 계획 및 이용에 관한 법률 시행령」 제61조제1호에 따라 설치하는 경우만 해당한다)·통로 그 밖에 이와 유사한 것	건축물	1층인 건축물	점용면적 1㎡	1년	토지가격에 0.015를 곱한 금액		
		2층인 건축물			토지가격에 0.017를 곱한 금액		
		3층 이상인 건축물			토지가격에 0.019를 곱한 금액		
	공중 또는 지하에 설치하는 통로				토지가격에 0.0075를 곱한 금액		
	그 밖의 것				토지가격에 0.02를 곱한 금액		
6. 간판(돌출간판을 포함한다), 사설안내표지, 현수막, 아치, 그 밖의 이와 유사한 것	간판(돌출간판은 제외한다)	일시 설치한 것(1개월 미만 점용)	표시면적 1제곱미터	1일	400	300	150
		그 밖의 것	표시면적 1제곱미터	1년	122,000	81,350	20,700
	돌출간판		표시면적 1제곱미터	1년	58,400	38,950	9,900
	사설안내표지		1개	1년	101,650	67,750	17,250
	현수막	제사나 종교행사의 용도로 일시 설치한 것	표시면적 1제곱미터	1일	400	200	50
		그 밖의 용도			400	300	150
	아치	도로횡단	표시면적 1제곱미터	1년	244,000	162,700	41,400
		그 밖의 것			122,000	81,350	20,700
7. 노점·자동판매기·현금자동입출금기	버스표판매대, 구두수선대		점용면적 1㎡	1년	토지가격에 0.01를 곱한 금액		

(금액의 단위: 원)

점용물의 종류		기준단위		점용료		
				소재지		
		점용단위	기간단위	갑지	을지	병지
·상품진열대, 그 밖에 이와 유사한 것	노점·자동판매기·현금자동 입출금기·상품진열대			토지가격에 0.05를 곱한 금액		
8. 공사용 판자벽, 발판, 대기소 등의 공사용 시설 및 재료	일시 점용한 것	점용면적 1㎡	1일	400	300	150
	그 밖의 것		1년	토지가격에 0.05를 곱한 금액		
9. 고가도로의 노면 밑에 설치하는 사무소·점포·창고·자동차주차장·광장·공원, 그 밖에 이와 유사한 것(유류·가스 등 인화성 물질을 취급하는 사무소·점포·창고 등은 제외한다)		점용면적 1㎡	1년	토지가격에 0.02를 곱한 금액		
10. 제1호부터 제9호까지의 규정에 따른 공작물·물건 및 시설의 설치를 위하여 일시적으로 설치하는 공사장, 그 밖에 이와 유사한 것과 이를 위한 진입로 및 출입로		점용면적 1㎡	1년	토지가격에 0.02를 곱한 금액		
11. 제1호부터 제10호까지에서 규정한 것 외의 공작물·물건 및 시설	농업 및 식물재배, 어업 및 어획물 위탁판매를 위한 시설	점용면적 1㎡	1년	토지가격에 0.01를 곱한 금액		
	주택			토지가격에 0.025를 곱한 금액		
	그 밖의 것			토지가격에 0.05를 곱한 금액		

비고
1. 소재지 중 "갑지"는 특별시를, "을지"는 광역시(읍·면 지역을 제외한다)를, "병지"는 그 외의 지역을 말한다.
2. 토지가격은 도로점용 부분과 닿아 있는 토지(도로부지는 제외한다)의 「부동산 가격공시 및 감정평가에 관한 법률」에 의한 개별공시지가로 한다. 이 경우 도로점용 부분과 닿아 있는 토지(도로부지는 제외한다)가 2필지 이상인 경우에는 각 필지가격의 산술평균가격으로 한다.
3. 점용료를 연액(年額)으로 산정하는 경우로서 그 산정기간이 1년 미만인 경우에는 매 1개월을 12분의 1년으로 하고, 이 경우 1개월 미만의 단수는 계산하지 아니한다.
4. 간판 및 사설안내표지 등의 표시면적은 표시부분이 가장 큰 1개의 면적을 기준으로 한다.
5. 점용료는 1원단위까지 산정하되 그 산정한 금액 중 100원 미만은 버린다(예: 1,950원→1,900원).
6. 위 표 제2호의 점용물 중 전기관·전기통신관 등과 같이 동일한 목적으로 설치하나 기능유지 및 관리상 부득이한 사유로 2 이상의 관을 병행하여 설치하는 경우의 관 지름은 도로점용허가건별로 전체관을 외접하는 직사각형과 같은 단면적을 가지는 원의 지름으로 한다.
7. 위 표 제2호에서 원형관이 아닌 점용물의 점용단위를 적용하는 경우에는 당해 점용물의 외접하는 직사각형과 같은 단면적을 가진 원의 지름으로 한다.
8. 지하 점용물의 상단의 깊이가 지하 20미터 이상인 경우에는 그 점용료의 2분의 1을, 지하 40미터 이상인 경우에는 그 점용료의 5분의 4를 각각 감액한다.
9. 점용료가 다른 둘 이상의 점용물을 하나의 복합점용물로 설치하는 경우에는 위 표에 따라 각각 점용료를 산정한다. 이 경우 점용자가 다를 때에는 점용자별로 부과하여야 한다.

○ 병행하여 설치하는 2 이상의 관로에 대한 점용료 산정
  - 시행령 「별표3」 비고 제6호
  - 기본산정 방식 (도관 58710-792 : '94. 9. 23)

<기본산정 방식>

계산방법 : i) 전체의 관을 외접하는 직사각형의 면적을 구한 후
          ii) 이와 같은 면적을 가지는 원의 직경으로 환산하여 구한다.

계 산 식 : i) 전체관을 외접하는 직사각형의 면적(A)은
          $A(cm^2) = a \times b$
          ※ a = 전체관을 외접하는 직사각형의 가로길이(mm)로 개별관의 수평이격
              거리를 포함한다.
            b = 전체관을 외접하는 직사각형의 세로길이(mm)로 개별관의 수직이격
              거리를 포함한다.
            A = 단위를 cm²으로 계산한 후 소숫점이하 버린다.

        ii) 위 직사각형과 동일한 면적을 가지는 원의 직경(D)는
          $D(cm) = 2 \times \sqrt{\dfrac{A(cm^2)}{\pi}}$ 로 계산하며, 소숫점 이하 버린다.

        * A = 전체관을 외접하는 직사각형의 면적(cm²)
          π = 원주율로서 3.14로 한다.

- 산정 사례

전기관

(개별관의 외경 : 206mm, 관의 수 : 8개, 개별관 상호 이격거리 100mm인 경우)

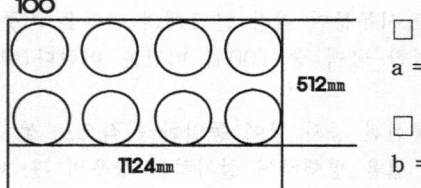

□ 전체관에 외접(外接)하는 직사각형의 가로길이 :
  a = 206+100+206+100+206+100+206 = 1124mm = 112.4cm

□ 전체관에 외접(外接)하는 직사각형의 세로길이 :
  b = 206+100+206 = 512mm = 51.2cm

따라서, i) 직사각형의 면적(A)
      $A = a \times b = 112.4 \times 51.2 = 5754.88 cm^2$ 이며
      소숫점이하 버리면 5754cm²

      ii) 위 직사각형의 면적과 동일한 면적으로 환산한 원의 직경은
      $D = 2 \times \sqrt{\dfrac{5754}{\pi}} = 85.61 cm$ 이며 소숫점이하 버리면 85cm
      그러므로 점용료 산정을 위한 직경은 85cm가 된다.

전기통신관

(개별관의 외경 : 110㎜, 관의 수 : 6개, 개별관 상호 이격거리 100㎜인 경우)

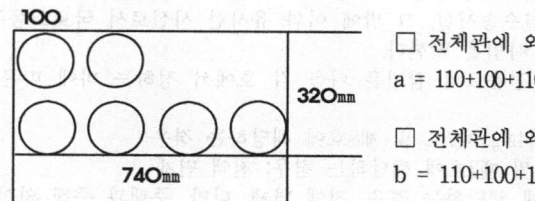

□ 전체관에 외접(外接)하는 직사각형의 가로길이 :
a = 110+100+110+100+110+100+110 = 740㎜ = 74㎝

□ 전체관에 외접(外接)하는 직사각형의 세로길이 :
b = 110+100+110 = 320㎜ = 32㎝

따라서, ⅰ) 직사각형의 면적(A)
A = a × b = 74 × 32 = 2368㎠
ⅱ) 위 직사각형의 면적과 동일한 면적으로 환산한 원의 직경은
$D = 2 \times \sqrt{\frac{2368}{\pi}}$ = 54.92㎝ 이며 소숫점이하 버리면 54㎝

그러므로 점용료 산정을 위한 직경은 54㎝가 된다.

3. 점용료의 감면

○ 감면 규정

점용료 감면 (도로법 제68조)

제68조(점용료 징수의 제한) 도로관리청은 도로점용허가의 목적이 다음 각 호의 어느 하나에 해당하면 대통령령으로 정하는 바에 따라 점용료를 감면할 수 있다. <개정 2014.5.21., 2015.1.28., 2015.8.11.>
1. 공용 또는 공익을 목적으로 하는 비영리사업을 위한 경우
2. 재해, 그 밖의 특별한 사정으로 본래의 도로 점용 목적을 달성할 수 없는 경우
3. 국민경제에 중대한 영향을 미치는 공익사업으로서 대통령령으로 정하는 사업을 위한 경우
4. 「주택법」 제2조제1호에 따른 주택에 출입하기 위하여 통행로로 사용하는 경우
4의2. 「주택법」 제2조제1호의2에 따른 준주택(주거의 형태에 한정한다)에 출입하기 위하여 통행로로 사용하는 경우
5. 「소상공인 보호 및 지원에 관한 법률」 제2조에 따른 소상공인의 영업소에 출입하기 위하여 통행로로 사용하는 경우
6. 통행자 안전과 가로환경 개선 등을 위하여 지상에 설치된 시설물을 지하로 이동 설치하는 경우
7. 「장애인·노인·임산부등의편의증진보장에관한법률」 제8조제1항에 따른 편의시설 중 주출입구 접근로와 주출입구 높이차이 제거시설의 경우
8. 사유지의 전부 또는 일부를 국가 또는 지방자치단체에 기부채납한 자가 그 부지를 제61조제1항에 따라 점용허가받은 경우

부칙 <법률 제13478호, 2015.8.11.>
제1조(시행일) 이 법은 공포 후 6개월이 경과한 날부터 시행한다. 다만, 제78조제3항 및 제115조제5호의 개정규정은 공포 후 3개월이 경과한 날부터 시행한다.
제2조(점용료 감면에 관한 적용례) 제68조제4호의2 및 제8호의 개정규정은 이 법

시행 후 최초로 도로점용허가를 신청하는 경우부터 적용한다.

시행령 제73조(점용료의 감면) ① 법 제68조제1호에 따른 공용 또는 공익을 목적으로 하는 비영리사업은 국가, 지방자치단체 및 공공목적을 수행하기 위하여 설립된 법인으로서 국토교통부령으로 정하는 법인이 시행하는 비영리사업으로 한다.
② 법 제68조제3호에서 "대통령령으로 정하는 사업"이란 전기공급시설·전기통신시설·송유관·가스공급시설·열수송시설, 그 밖에 이와 유사한 시설로서 국토교통부령으로 정하는 시설을 설치하는 사업을 말한다.
③ 법 제68조에 따른 점용료의 감면은 다음 각 호에서 정하는 바에 따른다. <개정 2015.12.22.>
1. 법 제68조제1호, 제4호, 제7호 및 제8호에 해당하는 경우
  가. 법 제68조제1호 및 제7호에 해당하는 경우: 전액 면제
  나. 법 제68조제4호에 해당하는 경우: 전액 면제. 다만, 주택과 주택 외의 시설을 동일 건축물로 건축하는 경우에는 건축물의 연면적 중 주택면적이 차지하는 비율에 해당하는 점용면적에 대하여 전액 면제한다.
  다. 법 제68조제8호에 해당하는 경우: 전액 면제. 다만, 10년 이내의 범위에서 점용료 총액이 기부채납한 토지의 가액이 될 때까지 면제하되, 기부채납으로 용적률이 상향된 경우에는 감면대상에서 제외한다.
2. 법 제68조제2호에 해당하는 경우: 재해나 그 밖의 특별한 사정의 정도에 따라서 국토교통부령으로 정하는 바에 따라 감면
3. 법 제68조제3호, 제4호의2 및 제6호에 해당하는 경우: 점용료의 2분의 1 감액. 다만, 주거용으로 사용하는 준주택과 준주택 외의 시설을 동일 건축물로 건축하는 경우에는 건축물의 연면적 중 주거용으로 사용하는 준주택 면적이 차지하는 비율에 해당하는 점용면적에 대하여 2분의 1을 감액한다.
4. 법 제68조제5호에 해당하는 경우: 점용료의 10분의 1 감액

시행령 부칙 <대통령령 제26753호, 2015.12.22.>
제1조(시행일) 이 영은 공포한 날부터 시행한다. 다만, 제73조제3항제1호 및 제3호의 개정규정은 2016년 2월 12일부터 시행한다.
제2조(점용료 산정에 관한 경과조치) 이 영 시행 전에 부과된 도로점용료에 대해서는 제69조제3항 및 별표 3 제3호의 개정규정에도 불구하고 종전의 규정에 따른다.

시행규칙 제35조(공공목적을 수행하는 법인) 영 제73조제1항에서 "국토교통부령으로 정하는 법인"이란 다음 각 호의 어느 하나에 해당하는 법인을 말한다.
1. 「한국도로공사법」에 따른 한국도로공사
2. 「지방공기업법」 제49조에 따라 지하철도의 건설을 목적으로 설립된 법인
3. 「한국철도시설공단법」에 따른 한국철도시설공단
4. 「한국수자원공사법」에 따른 한국수자원공사(일반수도사업 및 공업용수도사업을 시행하는 경우만 해당한다)
5. 「사립학교법」 제2조제2항에 따른 학교법인
6. 「한국농어촌공사 및 농지관리기금법」에 따라 설립된 한국농어촌공사(농어촌정비사업을 시행하는 경우만 해당한다)
7. 「민법」 또는 그 밖의 법률에 따라 설립된 법인으로서 국가 또는 지방자치단체로부터 비영리사업을 위탁받아 시행하는 법인[1]

시행규칙 제36조(재해 등에 따른 점용료의 감면) 영 제73조제3항제2호에서 재해나 그 밖에 특별한 사정의 정도에 따른 점용료의 감면은 다음 각 호에서 정하는 바에 따른다.
1. 점용 목적을 완전히 상실한 경우에는 그 이후의 기간은 점용료의 전액을 면제한다.
2. 점용 목적을 부분적으로 상실한 경우에는 점용 목적을 상실한 점용면적의 비율에 따라 그 이후의 기간은 점용료를 감면한다.
3. 농작물 등의 재배를 위한 점용의 경우 피해의 정도가 100분의 50 이상일 때에는 점용료의 전액을 면제하고, 100분의 50 미만일 때에는 그 비율에 따라 점용료를 감면한다.

O 전액 감면
- 공용·공익목적으로 국가, 지방자치단체가 시행하는 비영리사업
- 공공목적으로 설립된 법인 중 국토교통부령이 정하는 법인이 시행하는 비영리사업[2]
- 「주택법[3]」 제2조제1항에 따른 주택의 통행로[4]
- 사유지의 전부 또는 일부를 기부채납한 자가 그 부지를 점용허가받은 경우 (면제기간 10년이내 또는 면제금액이 기부받은 토지의 가액이 될 때까지 면제함)

주택의 범위 (주택법 제2조)
제2조(정의) 이 법에서 사용하는 용어의 뜻은 다음과 같다.
1. "주택"이란 세대(世帶)의 구성원이 장기간 독립된 주거생활을 할 수 있는 구조로 된 건축물의 전부 또는 일부 및 그 부속토지를 말하며, 단독주택과 공동주택으로 구분한다.
2. "단독주택"이란 1세대가 하나의 건축물 안에서 독립된 주거생활을 할 수 있는 구조로 된 주택을 말하며, 그 종류와 범위는 대통령령으로 정한다.
3. "공동주택"이란 건축물의 벽·복도·계단이나 그 밖의 설비 등의 전부 또는 일부를 공동으로 사용하는 각 세대가 하나의 건축물 안에서 각각 독립된 주거생활을 할 수 있는 구조로 된 주택을 말하며, 그 종류와 범위는 대통령령으로 정한다.
4. "준주택"이란 주택 외의 건축물과 그 부속토지로서 주거시설로 이용가능한 시설 등을 말하며, 그 범위와 종류는 대통령령으로 정한다.

시행령 제2조(단독주택의 종류와 범위) 「주택법」(이하 "법"이라 한다) 제2조제2호에 따른 단독주택의 종류와 범위는 다음 각 호와 같다.
1. 「건축법 시행령」 별표 1 제1호가목에 따른 단독주택
2. 「건축법 시행령」 별표 1 제1호나목에 따른 다중주택
3. 「건축법 시행령」 별표 1 제1호다목에 따른 다가구주택

건축법 시행령 별표 1 제1호(단독주택) [단독주택의 형태를 갖춘 가정어린이집·공동생활가정·지역아동센터 및 노인복지시설(노인복지주택은 제외한다)을 포함한다]
　가. 단독주택
　나. 다중주택: 다음의 요건을 모두 갖춘 주택을 말한다.
　　1) 학생 또는 직장인 등 여러 사람이 장기간 거주할 수 있는 구조로 되어 있는 것
　　2) 독립된 주거의 형태를 갖추지 아니한 것(각 실별로 욕실은 설치할 수 있으나,

---
[1] 공용 또는 공익의 목적을 수행하기 위하여 설립된 법인, 민법 기타 법률에 의하여 설립된 법인, 국가 또는 지자체로부터 법률관계 또는 사무처리를 위탁 받은 법인, 위탁받은 업무가 비영리사업인 경우의 조건을 모두 충족해야 함
[2] 법제처. 비영리목적을 벗어난 도로점용에는 감면대상 법인이라도 도로점용료 감면 안 됨
[3] 주택의 건설·분양·관리 등에 관하여 규정하고 있는 「주택법」에서는 주택의 종류를 단독주택과 공동주택 등으로 구분하고, 주택분양과 관련하여 국민주택, 민영주택 등의 개념을 도입하여 규정 (출처 : 법제처_찾기쉬운 생활법령정보(http://oneclick.law.go.kr/) -> 생활법령 -> 부동산/임대차 -> 주택청약 -> 주택청약 개요 -> 주택의 종류)
[4] 주택과 주택 외의 시설을 동일 건축물로 건축하는 경우에는 건축물의 연면적 중 주택면적이 차지하는 비율에 해당하는 점용면적에 대하여 전액면제

취사시설은 설치하지 아니한 것을 말한다. 이하 같다)
　　3) 1개 동의 주택으로 쓰이는 바닥면적의 합계가 330제곱미터 이하이고 주택으로 쓰는 층수(지하층은 제외한다)가 3개 층 이하일 것
　다. 다가구주택: 다음의 요건을 모두 갖춘 주택으로서 공동주택에 해당하지 아니하는 것을 말한다.
　　1) 주택으로 쓰는 층수(지하층은 제외한다)가 3개 층 이하일 것. 다만, 1층의 전부 또는 일부를 필로티 구조로 하여 주차장으로 사용하고 나머지 부분을 주택 외의 용도로 쓰는 경우에는 해당 층을 주택의 층수에서 제외한다.
　　2) 1개 동의 주택으로 쓰이는 바닥면적(부설 주차장 면적은 제외한다. 이하 같다)의 합계가 660제곱미터 이하일 것
　　3) 19세대(대지 내 동별 세대수를 합한 세대를 말한다) 이하가 거주할 수 있을 것
　라. 공관(公館)

시행령 제3조(공동주택의 종류와 범위) ① 법 제2조제3호에 따른 공동주택의 종류와 범위는 다음 각 호와 같다.
 1. 「건축법 시행령」 별표 1 제2호가목에 따른 아파트(이하 "아파트"라 한다)
 2. 「건축법 시행령」 별표 1 제2호나목에 따른 연립주택(이하 "연립주택"이라 한다)
 3. 「건축법 시행령」 별표 1 제2호다목에 따른 다세대주택(이하 "다세대주택"이라 한다)
② 제1항 각 호의 공동주택은 그 공급기준 및 건설기준 등을 고려하여 국토교통부령으로 종류를 세분할 수 있다.

건축법 시행령 별표 1 제2호(공동주택) [공동주택의 형태를 갖춘 가정어린이집·공동생활가정·지역아동센터·노인복지시설(노인복지주택은 제외한다) 및 「주택법 시행령」 제3조제1항에 따른 원룸형 주택을 포함한다]. 다만, 가목이나 나목에서 층수를 산정할 때 1층 전부를 필로티 구조로 하여 주차장으로 사용하는 경우에는 필로티 부분을 층수에서 제외하고, 다목에서 층수를 산정할 때 1층의 전부 또는 일부를 필로티 구조로 하여 주차장으로 사용하고 나머지 부분을 주택 외의 용도로 쓰는 경우에는 해당 층을 주택의 층수에서 제외하며, 가목부터 라목까지의 규정에서 층수를 산정할 때 지하층을 주택의 층수에서 제외한다.
　가. 아파트: 주택으로 쓰는 층수가 5개 층 이상인 주택
　나. 연립주택: 주택으로 쓰는 1개 동의 바닥면적(2개 이상의 동을 지하주차장으로 연결하는 경우에는 각각의 동으로 본다) 합계가 660제곱미터를 초과하고, 층수가 4개 층 이하인 주택
　다. 다세대주택: 주택으로 쓰는 1개 동의 바닥면적 합계가 660제곱미터 이하이고, 층수가 4개 층 이하인 주택(2개 이상의 동을 지하주차장으로 연결하는 경우에는 각각의 동으로 본다)
　라. 기숙사: 학교 또는 공장 등의 학생 또는 종업원 등을 위하여 쓰는 것으로서 1개 동의 공동취사시설 이용 세대 수가 전체의 50퍼센트 이상인 것(「교육기본법」 제27조제2항에 따른 학생복지주택을 포함한다)

- 「장애인·노인·임산부 등의 편의증진보장에 관한 법률」 제8조제1항에 따른 편의시설 중 주출입구 접근로와 주출입구 높이차이 제거시설의 경우[1]
- 농작물 등의 재배를 위한 점용의 경우 피해의 정도가 50퍼센트 이상인 경우

---

1) 장애인 편의시설의 종류와 설치기준은 「장애인·노인·임산부 등의 편의증진보장에 관한 법률 시행령」 [별표 2], 장애인 편의시설의 구조 등은 같은 법 시행규칙 [별표 1]을 참고.

- 점용목적을 완전히 상실한 경우에는 그 이후의 기간은 점용료의 전액을 면제

○ 절반(50%) 감면
- 지하 점용물의 상단의 깊이가 지하 20미터 이상인 경우 (시행령 별표 3)
- 전기공급시설·전기통신시설·송유관·가스공급시설·열수송시설을 설치하는 사업 (해당 시설을 필요로 하는 자 등이 그 시설을 설치하여야 하는 자와 협의하여 직접 해당 시설을 설치하는 사업을 포함) (시행령 제73조제2항)
- 기타 위와 유사한 시설로서 국토해양부령이 정하는 시설(국토해양부령으로 따로 정한 시설 없음)
- 「주택법」 제2조제4호에 따른 준주택(주거의 형태에 한정한다)에 출입하기 위하여 통행로[1]로 사용하는 경우

> **준주택의 범위 (주택법 제2조)**
>
> 제2조(정의) 이 법에서 사용하는 용어의 뜻은 다음과 같다.
> 4. "준주택"이란 주택 외의 건축물과 그 부속토지로서 주거시설로 이용가능한 시설 등을 말하며, 그 범위와 종류는 대통령령으로 정한다.
>
> 시행령 제4조(준주택의 종류와 범위) 법 제2조제4호에 따른 준주택의 종류와 범위는 다음 각 호와 같다.
> 1. 「건축법 시행령」 별표 1 제2호라목에 따른 기숙사
> 2. 「건축법 시행령」 별표 1 제4호거목 및 제15호다목에 따른 다중생활시설
> 3. 「건축법 시행령」 별표 1 제11호나목에 따른 노인복지시설 중 「노인복지법」 제32조제1항제3호의 노인복지주택
> 4. 「건축법 시행령」 별표 1 제14호나목2)에 따른 오피스텔
>
> 건축법 시행령 별표 1 제2호(공동주택)
>   라. 기숙사: 학교 또는 공장 등의 학생 또는 종업원 등을 위하여 쓰는 것으로서 1개 동의 공동취사시설 이용 세대 수가 전체의 50퍼센트 이상인 것(「교육기본법」 제27조제2항에 따른 학생복지주택을 포함한다)
>
> 건축법 시행령 별표 1 제4호(제2종 근린생활시설)
>   거. 다중생활시설(「다중이용업소의 안전관리에 관한 특별법」에 따른 다중이용업 중 고시원업의 시설로서 국토교통부장관이 고시하는 기준에 적합한 것을 말한다. 이하 같다)로서 같은 건축물에 해당 용도로 쓰는 바닥면적의 합계가 500제곱미터 미만인 것
>
> 건축법 시행령 별표 1 제11호(노유자시설)
>   나. 노인복지시설(단독주택과 공동주택에 해당하지 아니하는 것을 말한다)
>
> 건축법 시행령 별표 1 제14호(업무시설)
>   나. 일반업무시설: 다음 요건을 갖춘 업무시설을 말한다.
>   2) 오피스텔(업무를 주로 하며, 분양하거나 임대하는 구획 중 일부 구획에

---
[1] 「도로법 시행령 제73조제3항제3호」

> 서 숙식을 할 수 있도록 한 건축물로서 국토교통부장관이 고시하는 기준에 적합한 것을 말한다)
>
> **건축법 시행령 별표 1 제15호(숙박시설)**
> 다. 다중생활시설(제2종 근린생활시설에 해당하지 아니하는 것을 말한다)
>
> **노인복지법 제32조(노인주거복지시설)** ①노인주거복지시설은 다음 각 호의 시설로 한다. <개정 2007.8.3., 2015.1.28.>
> 1. 양로시설 : 노인을 입소시켜 급식과 그 밖에 일상생활에 필요한 편의를 제공함을 목적으로 하는 시설
> 2. 노인공동생활가정 : 노인들에게 가정과 같은 주거여건과 급식, 그 밖에 일상생활에 필요한 편의를 제공함을 목적으로 하는 시설
> 3. 노인복지주택 : 노인에게 주거시설을 임대하여 주거의 편의·생활지도·상담 및 안전관리 등 일상생활에 필요한 편의를 제공함을 목적으로 하는 시설
> ②노인주거복지시설의 입소대상·입소절차·입소비용 및 임대 등에 관하여 필요한 사항은 보건복지부령으로 정한다.
> ③노인복지주택의 설치·관리 및 공급 등에 관하여 이 법에서 규정된 사항을 제외하고는 「주택법」 및 「공동주택관리법」의 관련규정을 준용한다.

○ 기타 감면
- 지하 점용물의 상단의 깊이가 지하 40미터 이상인 경우에는 그 점용료의 5분의 4를 감액(시행령 별표 3)
- 점용목적을 부분적으로 상실한 경우에는 상실한 면적의 비율에 따라 그 이후의 기간은 점용료를 감면
- 농작물 등의 재배를 위한 점용의 경우 피해의 정도가 50퍼센트 미만인 때에는 그 비율에 따라 점용료를 감면
- 주택과 주택 외의 시설을 동일 건축물로 건축하는 경우에는 건축물의 연면적 중 주택면적이 차지하는 비율에 해당하는 점용료
- 준주택과 준주택 외의 시설을 동일 건축물로 건축하는 경우에는 건축물의 연면적 중 준주택면적(주거용)이 차지하는 비율에 해당하는 점용 면적에 대하여 2분의 1감액
- 통행자 안전과 가로환경 개선 등을 위하여 지상에 설치된 시설물을 지하로 이동 설치하는 경우에는 점용료의 2분의 1 감액
- 「소상공인 보호 및 지원에 관한 법률」 제2조제2호에 따른 소상공인의 영업소에 출입하기 위하여 통행로로 사용하는 경우에는 점용료의 10분의 1 감액

○ 소상공인의 확인절차 (참고자료 ⑪ 참조)

소상공인의 범위 (국토부 도로운영과-240, 2013.01.22)

◆ 규모기준(상시 근로자수, 매출액 등)과 독립성 기준(대기업의 자회사이거나 계열사 여부 등) 모두충족
 ⇒ 개인사업자는 규모기준만 충족하면 됨
 ⇒ 법인사업자는 규모기준과 독립성 기준 모두충족

< 확인에 필요한 서류 >

개인사업자	법인사업자
① <첨부 3> 참고서식1 ② 직전년도 월별 원천징수이행상황신고서 1부 (다만, 필요시 매월 근로자 확인이 가능한 고용보험납부영수증 또는 임금 지급대장으로 대체가능) ③ 재무제표 또는 세법이 정하는 회계장부	① <첨부 3> 참고서식1, 2 ② 직전년도 월별 원천징수이행상황신고서 1부 (다만, 필요시 매월 근로자 확인이 가능한 고용보험납부영수증 또는 임금 지급대장으로 대체가능) ③ 직전 3개사업연도 감사보고서(재무제표 또는 세법이 정하는 회계장부) ④ 주주명부 1부 ⑤ 연결재무제표 및 지분관계에 포함된 모든 기업의 ①, ②, ③에 해당하는 서류 ⑥ 지분관계도 1부(별지 2호로 대체)

① 규모기준(참고서식1 및 제출서류 활용) : 법인과 개인사업자 모두 적용
 ○ (기준) 제조업, 건설업, 운수업, 광업 : 10인 미만
    기타 업종 : 5인 미만
 ○ (확인) 원천징수이행상황신고서상 매월 상시근로자수를 합하여 12로 나눈 인원이 규모기준을 만족하면 됨
   - 업종은 사업자등록증으로 판단하되 업태가 다양한 경우, 재표재표 또는 회계장부상 매출액이 가장 큰 업종이 주업종

직전 사업연도가 12개월 이상인 기업	직전 사업연도의 매출 말일 현재 상시 근로자 수를 합하여 12로 나눈 인원
창업·합병·분할로 직전 사업연도가 12개월 미만인 기업	산정일이 속하는 달의 전달부터 소급하여 12개월이 되는 달까지 매월 말일 현재의 상시 근로자 수를 합하여 12로 나눈 인원
창업·합병·분할한 지 12개월 미만인 기업	창업일 또는 합병일이 속하는 달부터 산정일이 속하는 달의 전달까지 매월 말일 현재 상시 근로자 수를 합하여 해당 월수로 나눈 인원
창업·합병·분할한 지 1개월 미만인 기업	전달이 있는 경우 전달 말일 현재 상시 근로자 수 전달이 없는 경우 산정일 현재의 상시 근로자 수

◆ 상시근로자 정의(중소기업기본법 시행령 제5조) : 임금을 목적으로 근로를 제공하는 자중 다음자를 제외
 1. 임원 및 일용근로자
 2. 3개월 이내 기간을 정하여 근로하는 자
 3. 기업부설연구소 및 연구개발전담부서의 연구전담요원
 4. 1개월동안 근로시간이 60시간 미만인 자

② 독립성 기준(참고서식 2 및 제출서류 활용) : 법인만 적용

< 다음중 어느 하나에 해당하는 경우 해당기업이 규모기준을 충족하더라도 소상공인에 해당하지 않음 >
 1. 「상호출자 제한기업 집단」에 속하는 회사
 2. 자산총액 5,000억 원 이상인 법인(외국법인 포함)이 30% 이상의 지분을 직·간접적으로 소유하면서 최다출자자인 기업
 3. 관계기업에 속하는 기업의 경우에는 출자비율에 해당하는 상시 근로자 수, 매출액 등을 합산하여 규모기준을 충족하지 못하는 기업

4. 점용료의 조정

1) 점용료 조정 (2015.12.22 이후)

○ 계속도로점용의 점용료가 10퍼센트 이상 증가하는 경우

> **점용료의 조정 (시행령 제69조)**
>
> 제69조(점용료의 산정기준 및 조정) ③ 도로를 계속하여 2개 연도 이상 점용하는 경우로서 제1항에 따라 산정한 연간 점용료가 전년도에 납부한 연간 점용료보다 100분의 10 이상 증가하게 되는 경우에는 전년도에 납부한 연간 점용료 보다 100분의 10이 증가된 금액으로 한다. <개정 2015.12.22.>
>
> 부칙 <대통령령 제26753호, 2015.12.22.>
> 제1조(시행일) 이 영은 공포한 날부터 시행한다. 다만, 제73조제3항제1호 및 제3호의 개정규정은 2016년 2월 12일부터 시행한다.
> 제2조(점용료 산정에 관한 경과조치) 이 영 시행 전에 부과된 도로점용료에 대해서는 제69조제3항 및 별표 3 제3호의 개정규정에도 불구하고 종전의 규정에 따른다.

○ 개정규정은 시행일 후 점용료를 부과하는 경우부터 적용하며, 시행 전에 부과된 도로점용료에 대해서는 종전의 규정에 따름

○ 적용 예
- 전년도 점용료 : 100만원, 금년도 점용료 : 700만원
- 증가율 : 600% = (700-100)/100 × 100
- 점용료 조정금액 : 1,100,000원 = 1,000,000 × 1.10

○ 유의사항
- 변경허가로 점용면적이 증가한 경우[1)2)], 증가면적은 조정산식에 대입하지 않음
- 변경허가로 점용면적이 감소한 경우, 단위(m^2)당 연간 점용료의 증가율을 비교하여 조정산식 적용

---

1) 국토교통부, 도로법 해설, 한국컴퓨터인쇄(2015), p226. 전주에 광고물을 부가 설치하는 것은 도로법상 새로운 점용으로 보아 점용허가 대상이 됨
2) 건설교통부 도로정책팀, 도로법 해설, 휘문인쇄(2007), p266. 점용물건의 원형을 변경하지 않고 수선을 행하는 경우 이외에 기존 점용물건에 새로운 물건을 첨가하는 행위는 점용면적이 넓어지는 것이므로 이러한 경우에는 도로의 새로운 점용으로 보아 기존의 점용과는 별개로 처리하고 도로의 점용이 방만하게 흐르는 것을 방지하고자 한 취지의 규정이다.

2) 기존 규정 (2015.12.21 이전)

○ 계속도로점용의 점용료가 10퍼센트 이상 증가하는 경우

> **개정전 규정 (시행령 제69조)**
>
> 제69조(점용료의 산정기준 및 조정) ③ 도로를 계속하여 2개 연도 이상 점용하는 경우로서 제1항에 따라 산정한 연간 점용료가 전년도에 납부한 연간 점용료보다 100분의 10 이상 증가하게 되는 경우에는 해당 연도의 점용료는 그 증가율에 따라 별표 4의 점용료 조정산식에 따라 계산한 금액으로 한다.

○ 점용료 조정산식 (시행령 별표4)

산출 점용료의 증가율(%)	적용 증가율(%)	납부할 점용료
10 이상 20 미만	10	전년도 점용료 × 1.10
20 이상 50 미만	14	전년도 점용료 × 1.14
50 이상 100 미만	18	전년도 점용료 × 1.18
100 이상 200 미만	22	전년도 점용료 × 1.22
200 이상 500 미만	26	전년도 점용료 × 1.26
500 이상	30	전년도 점용료 × 1.30

○ 적용 예
  - 전년도 점용료 : 100만원, 금년도 점용료 : 700만원
  - 증가율 : 600% = (700-100)/100 × 100
  - 점용료 조정금액 : 1,300,000원 = 1,000,000 × 1.30

○ 유의사항
  - 변경허가로 점용면적이 증가한 경우[1], 증가면적은 조정산식에 대입하지 않음
  - 변경허가로 점용면적이 감소한 경우, 단위(m^2)당 연간 점용료의 증가율을 비교하여 조정산식 적용

---

[1] 건설교통부 도로정책팀, 도로법 해설, 휘문인쇄(2007), p266. 점용물건의 원형을 변경하지 않고 수선을 행하는 경우 이외에 기존 점용물건에 새로운 물건을 첨가하는 행위는 점용면적이 넓어지는 것이므로 이러한 경우에는 도로의 새로운 점용으로 보아 기존의 점용과는 별개로 처리하고 도로의 점용이 방만하게 흐르는 것을 방지하고자 한 취지의 규정이다.

5. 점용료의 부과·징수 및 납부

1) 점용료의 부과 (시행령 제71조)
- 도로점용의 목적이 되는 토지나 건물의 소유자가 2인 이상인 경우로서 해당 토지나 건물의 관리인 또는 전체 소유자의 위임을 받은 대리인에게 납부고지서 발급 가능
- 점용기간이 1년 미만은 허가 할 때에 전액을 징수
- 점용기간이 1년 이상인 때에는 점용허가를 하는 당해 연도분은 허가를 할 때, 그 이후 연도분은 매 회계연도 시작 후 3월이내에 부과 징수
- 점용료 납부 의무자가 원하는 경우 점용기간 전체 또는 남은 점용기간에 대한 점용료를 일시에 부과·징수할 수 있음
- 점용료 부과금액이 5천원 미만인 경우에는 부과하지 않음 (다만, 법 제68조제3호[1])에 따라 감면받는 경우는 제외)
- 연간 점용료가 50만원을 초과하는 경우에 한하여 연 4회 이내에서 분할하여 부과·징수할 수 있으며, 분할납부 이자율은 아래와 같음
  - 2012.12.31 이전의 이자율 : 6%
  - 2013.1.1 ~ 2013.8.18 : 4.1%
  - 2013.8.19 ~ 2013.9.30 : 2.65%
  - 2013.10.1부터 : 직전 분기 중 가장 마지막으로 공시하는 신규취급액기준 COFIX

> **분할납부 (시행령 제71조)**
> 제71조(점용료의 부과·징수 및 반환) ① 도로관리청은 법 제66조제1항에 따라 점용료를 부과·징수하려는 경우에는 점용료 납부 의무자에게 납입고지서를 발급하여야 한다. 다만, 도로점용의 목적이 되는 토지나 건물의 소유자가 2인 이상인 경우로서 해당 토지나 건물의 관리인 또는 전체 소유자의 위임을 받은 대리인이 있는 경우 도로관리청은 그 관리인 또는 대리인에게 납입고지서를 발급할 수 있다.
> ② 제1항에 따라 점용료를 부과할 때 점용기간이 1년 미만인 경우에는 도로점용허가를 할 때에 점용료의 전액을 부과·징수하고, 점용기간이 1년 이상인 경우에는 매 회계연도 단위로 부과하되, 해당 연도분은 도로점용허가를 할 때에, 그 이후의 연도분은 매 회계연

---

[1] 국민경제에 중대한 영향을 미치는 공익사업으로서 대통령령으로 정하는 사업을 위한 경우로서 (도로법 제68조제3호), 전기공급시설·전기통신시설·송유관·가스공급시설·열수송시설을 말하며 점용료의 2분의 1을 감면함 (시행령 제73조제2항)

도 시작 후 3개월 이내에 부과·징수한다. 다만, 연간 점용료가 50만원을 초과하는 경우에 한정하여 연 4회 이내에서 분할하여 부과·징수할 수 있으며, 이 경우 남은 금액에 대해서는 「국유재산법 시행령」 제30조제3항 후단에 따라 산출한 이자를 붙여야 한다.

국유재산법 시행령 제30조(사용료의 납부시기 등) ③ 법 제32조제2항 전단에 따라 사용료를 나누어 내게 하려는 경우에는 사용료가 100만원을 초과하는 경우에만 연 6회 이내에서 나누어 내게 할 수 있다. 이 경우 남은 금액에 대해서는 시중은행의 1년 만기 정기예금의 평균 수신금리를 고려하여 총괄청이 고시하는 이자율(이하 "고시이자율"이라 한다)을 적용하여 산출한 이자를 붙여야 한다. <개정 2013.4.5>

국유재산 사용료 등의 분할납부 등에 적용할 이자율 고시(기획재정부고시 제2013-15호, 2013.8.19)

제1조(고시이자율의 산정) ① 「국유재산법 시행령」 제30조제3항, 제51조의2, 제55조제5항, 제71조제3항 및 제73조에서 규정하는 "총괄청이 고시하는 이자율(고시이자율)"은 분기별 변동 이자율의 형태로 한다.
② 제1항에 따라 매 분기별로 새로 적용하는 고시이자율은 각각 직전 분기 중 전국은행연합회에서 가장 마지막으로 공시하는 "신규취급액기준 COFIX"로 한다.
③ 「국유재산법 시행령」 제55조제3항에 따른 매각 대금의 분할 납부 이자를 산출하는 경우에는 제2항에도 불구하고 제2항에 따른 이자율의 100분의 80(퍼센트 단위로 환산하여 소수점 이하 셋째 자리에서 반올림한다)을 고시이자율로 한다.
④ 「국유재산법 시행령」 제55조제4항에 따른 매각 대금의 분할 납부 이자를 산출하는 경우에는 제2항에도 불구하고 제2항에 따른 이자율의 100분의 50(퍼센트 단위로 환산하여 소수점 이하 셋째 자리에서 반올림한다)을 고시이자율로 한다.

부칙 <제2011-7호, 2011.7.25>

①(시행일) 이 고시는 2011년 8월 1일부터 시행한다.
②(적용례) 이 고시는 시행일 이후 이자분부터 적용한다. 기존 사용허가나 계약 등의 경우 시행일이 포함된 분납기간의 이자 계산은 이 고시 시행일 전까지는 변경 전의 이자율을, 시행일 이후부터는 고시이자율을 각각 적용하여 산출한다.

부칙 <제2013-15호, 2013.8.19>

제1조(시행일 등) 이 고시는 공포한 날부터 시행한다. 다만, 이 고시 제1조제2항에도 불구하고 2013년 9월 30일까지는 연 2.65%를 이 고시 제1조제2항에 따라 산정된 고시이자율로 본다.
제2조(이자 산출에 관한 적용례) 이 고시는 시행일 이후의 이자분부터 적용한다. 기존 사용허가나 계약 등과 관련하여 시행일이 포함된 분납 기간의 이자는 이 고시 시행일 전일까지는 직전 고시(기획재정부고시 제2011-7호, 2011. 7. 25.)에서 정한 이자율을, 시행일부터는 이 고시에서 새로 정한 이자율을 각각 적용하여 산출한다.

신규취급액기준 COFIX (전국은행연합회, http://www.kfb.or.kr)

공시일	신규취급액기준코픽스	공시일	신규취급액기준코픽스
2013-09-16	2.62	2015-06-15	1.75
2013-12-16	2.60	2015-09-15	1.55
2014-03-17	2.62	2015-12-15	1.66
2014-06-16	2.58	2016-03-15	1.57
2014-09-15	2.34	2016-06-15	1.54
2014-12-15	2.10	2016-09-19	1.31
2015-03-16	2.03		

2) 점용료의 강제징수 (법 제69조)

○ 점용료를 내야 할 자가 점용료를 내지 아니하면 납부기간을 정하여 독촉하여야 함

○ 점용료의 납부가 연체되는 경우에 도로관리청은 가산금을 징수할 수 있으며, 가산금에 관하여는 「국세징수법」 제21조를 준용함

- 가산금 = 도로점용료(조정금액) × 3%
- 중가산금 = 도로점용료(조정금액) × 1.2% × 연체개월

가산금 (도로법 제69조)

제69조(점용료의 강제징수) ① 도로관리청은 점용료를 내야 할 자가 점용료를 내지 아니하면 납부기간을 정하여 독촉하여야 한다.
② 제1항에 따라 점용료의 납부가 연체되는 경우에 도로관리청은 가산금을 징수할 수 있다.
③ 제2항에 따른 가산금에 관하여는 「국세징수법」 제21조를 준용한다. 이 경우 "국세"는 "점용료"로 본다.
④ 도로관리청은 점용료를 내야 하는 자가 그 납부기한까지 점용료를 내지 아니하면 국세 또는 지방세 체납처분의 예에 따라 징수할 수 있다.

국세징수법 제21조(가산금) ① 국세를 납부기한까지 완납하지 아니하였을 때에는 그 납부기한이 지난 날부터 체납된 국세의 100분의 3에 상당하는 가산금을 징수한다.
② 체납된 국세를 납부하지 아니하였을 때에는 납부기한이 지난 날부터 매 1개월이 지날 때마다 체납된 국세의 1천분의 12에 상당하는 가산금을 제1항에 따른 가산금에 가산하여 징수한다. 다만, 체납된 국세의 납세고지서별·세목별 세액이 100만원 미만인 경우는 제외한다.
③ 제2항에 따른 가산금을 가산하여 징수하는 기간은 60개월을 초과하지 못한다.
④ 제1항 및 제2항은 국가와 지방자치단체(지방자치단체조합을 포함한다)에 대하여는 적용하지 아니한다.
⑤ 상호합의절차가 진행 중이라는 이유로 체납액의 징수를 유예한 경우에는 제2항을 적용하지 아니하고 「국제조세조정에 관한 법률」 제24조제5항에 따른 가산금에 대한 특례를 적용한다.
[전문개정 2011.4.4]
국세징수법 제22조(중가산금) 삭제 <2011.4.4>

국제조세조정에 관한 법률 제24조(불복신청기간과 징수유예 등의 적용 특례)
③ 납세지 관할 세무서장 또는 지방자치단체의 장은 납세자가 납세의 고지 또는 독촉을 받은 후 상호합의절차가 시작된 경우에는 상호합의절차의 개시일부터 종료일까지는 세액의 징수를 유예하거나 체납처분에 의한 재산의 압류나 압류재산의 매각을 유예할 수 있다. 이 경우 납세지 관할 세무서장 및 지방자치단체의 장은 상호합의절차의 종료일의 다음날부터 30일 이내에 납부기한을 다시 정하여 유예된 세액을 징수하여야 한다.
⑤ 납세지 관할 세무서장 및 지방자치단체의 장은 제3항에 따라 징수유예 및 체납처분유예를 허용하는 경우에는 그 기간에 대하여 대통령령으로 정하는 바에 따라 계산한 이자 상당액을 가산하여 징수한다.

○ 점용료를 내야 하는 자가 그 납부기한까지 점용료를 내지 아니하면 국세 또는 지방세 체납처분의 예에 따라 징수할 수 있음 (독촉, 가산금 부과, 체납처분 등)

3) 신용카드를 이용한 점용료 납부 (법 제67조)
  ○ 점용료는 1,000만원까지 카드로택스(www.cardrotax.or.kr)에서 비씨카드 등 15개사의 신용카드 등으로 납부가 가능

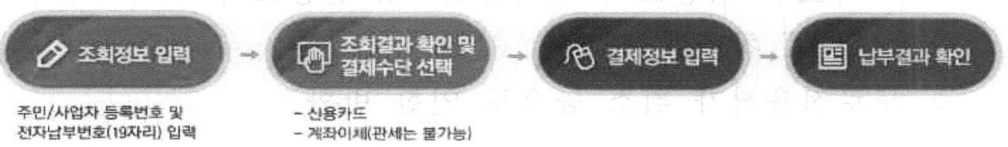

  ○ 점용료를 신용카드등으로 내는 경우 납부대행기관의 승인일을 점용료의 납부일로 봄
  ○ 납부가능시간 : 365일 00:30 ~ 22:00
  ○ 납부절차

  ○ 신용카드로 납부하는 경우에는 국세와 마찬가지로 1%에 해당하는 납부대행 수수료를 납부자가 부담해야 하고, 납부 후에는 결제취소가 불가하다는 점에 유의

6. 점용료 이의신청 (법 제71조)

   ○ 점용료를 부과 받은 자가 부과 받은 점용료에 대하여 이의가 있는 경우 점용료를 부과 받은 날부터 60일 이내에 도로관리청에 이를 증명할 수 있는 자료를 첨부하여 이의를 신청할 수 있음
   ○ 이의신청이 있는 때에는 이의신청의 적부를 심사하고, 이의신청을 받은 날부터 21일 이내에 그 결과를 이의신청인에게 서면으로 통보
   ○ 이의신청을 각하 또는 기각하는 결정을 한 때에는 이의신청인에게 행정심판 또는 행정소송을 제기할 수 있다는 취지를 결과 통보와 함께 통보하여야 함
   ○ 이의신청인은 이의신청절차를 거치지 아니하고 행정심판을 청구할 수 있음

7. 점용료 반환

   ○ 과오납(過誤納)된 점용료가 있으면 과오납된 날의 다음 날부터 반환하는 날까지의 기간에 대하여 이자를 가산하여 과오납된 점용료를 반환하여야 함(법 제70조)
     - 과오납된 점용료의 이자는 「국유재산법 시행령」 제73조에 따른 이자를 말함 (시행령 제74조)
     - 과오납 점용료의 이자율은 "5. 점용료의 부과·징수 및 납부" 참조
   ○ 도로점용허가 취소 등으로 인한 반환

   > 점용료 반환 (도로법 제66조)
   >
   > 제66조(점용료의 징수 등) ② 도로관리청은 다음 각 호의 어느 하나에 해당하는 경우에는 이미 징수한 점용료 중 도로점용허가 취소 등의 사유로 도로를 점용하지 아니하게 된 기간분의 점용료를 반환하여야 한다.
   >   1. 제63조에 따라 도로점용허가를 취소한 경우
   >   2. 제96조에 따라 도로점용허가를 취소한 경우
   >   3. 그 밖에 도로점용허가 기간이 종료하기 전에 도로점용을 종료한 경우 등 대통령령으로 정하는 경우

제63조(도로점용허가의 취소) ① 도로관리청은 도로점용허가를 받은 자가 다음 각 호의 어느 하나에 해당하면 그 도로점용허가를 취소할 수 있다.
1. 도로점용허가 목적과 다른 목적으로 도로를 점용한 경우
2. 도로점용허가를 받은 날부터 1년 이내에 해당 도로점용허가의 목적이 된 공사에 착수하지 아니한 경우. 다만, 정당한 사유가 있는 경우에는 1년의 범위에서 공사의 착수기간을 연장할 수 있다.
3. 제66조에 따른 점용료를 납부하지 아니하는 경우
4. 도로점용허가를 받은 자가 스스로 도로점용허가의 취소를 신청하는 경우
② 제1항에 따른 도로점용허가의 취소 절차, 방법 등은 국토교통부령으로 정한다.

제96조(법령 위반자 등에 대한 처분) 도로관리청은 다음 각 호의 어느 하나에 해당하는 자에게 이 법에 따른 허가나 승인의 취소, 그 효력의 정지, 조건의 변경, 공사의 중지, 공작물의 개축, 물건의 이전, 통행의 금지·제한 등 필요한 처분을 하거나 조치를 명할 수 있다.
1. 제36조·제40조제3항·제46조·제47조·제49조·제51조·제52조·제61조·제73조·제75조·제76조·제77조·제106조제2항 또는 제107조를 위반한 자
2. 거짓이나 그 밖의 부정한 방법으로 제36조·제52조·제61조·제77조 또는 제107조에 따른 허가나 승인을 받은 자

시행령 제70조(점용료의 반환 사유) 법 제66조제2항제3호에서 "도로점용허가 기간이 종료하기 전에 도로점용을 종료한 경우 등 대통령령으로 정하는 경우"란 다음 각 호의 어느 하나에 해당하는 경우를 말한다.
1. 도로점용허가 기간이 종료하기 전에 천재지변이나 이에 준하는 재해, 그 밖의 특별한 사정으로 인하여 도로점용허가의 목적이 상실되어 도로점용을 종료한 경우
2. 법 제61조제1항 후단에 따라 도로점용 변경허가를 받아 점용기간을 단축하게 된 경우
3. 법 제97조에 따라 도로점용허가를 취소한 경우

○ 점용료 반환절차
- 반환사유가 발생한 날부터 60일 이내에 반환을 신청
- 관리청은 원상회복 여부를 확인한 후 30일 이내에 점용료 반환 여부를 신청인에게 알려야 함

점용료 반환 (시행령 제71조)

제71조(점용료의 부과·징수 및 반환) ⑤ 도로점용허가를 받은 자는 법 제66조제2항에 따라 점용료 반환 사유가 발생한 날부터 60일 이내에 점용료 반환사유를 입증할 수 있는 서류를 첨부하여 도로관리청에 점용료 반환 신청을 할 수 있다.
⑥ 도로관리청은 제5항에 따라 점용료 반환 신청을 받으면 법 제73조제1항에 따른 원상회복 여부를 검토·확인한 후 30일 이내에 점용료 반환 여부를 신청인에게 알려야 한다.
⑦ 법 제66조제4항에 따른 고속국도 및 일반국도 외의 도로에 관한 점용료의 반환 절차·방법 등 점용료 반환에 필요한 사항은 제5항 및 제6항의 범위에서 해당 지방자치단체의 조례로 정한다.

8. 점용료 징수 유의사항

○ 점용료를 연액(年額)으로 산정하는 경우로서 그 산정기간이 1년 미만인 경우에는 매 1월을 12분의 1년으로 하고, 1월 미만의 단수는 계산하지 않음. 다만, 총 점용기간이 1월미만의 경우에는 1일을 365분의 1년으로 금액 산정.

○ 인접지번의 평균지가 산정 시 도로부지는 제외

○ 도로구역내 사유지 소유자도 도로점용허가를 받아야 하며, 점용료는 해당 토지에 대한 보상 완료시까지 일시적으로 점용료 면제 (건설교통부 도로관리팀-632, 2006.03.02)

○ 변상금 부과는 부가가치세 제외
 - 국유재산 임대사업에 대한 부가가치세 과세 전환에 따라 영구 도로점용료 대하여는 부가가치세를 부과하여야 하나, 변상금은 손해배상금 성격으로 보아 부가가치세 과세대상에 해당하지 않음

○ 일시점용료의 부가가치세 부과
 - 도로점용료를 부과하는 지방자치단체는 2007.1.1부터 부가가치세가 과세되는 사업자에 해당하므로 일시적·비정기적 도로점용료도 부가가치세의 과세대상에 포함(국세청 부가가치세과-1520, 2011.12.05)

○ 도로점용료 고지 시 실제 자산정보(점용지번) 입력 필요
 - '09. 1월부터 국가회계법 시행에 따라 발생주의·복식부기 회계[1]를 도입하였으며, 건설인허가시스템을 이용한 도로점용료 고지 시 점용지역의 실제 지번(디지털예산회계시스템에서 전송)을 선택하여야 함

---

1) 발생주의·복식부기 회계제도는 기획재정부에서 '07.10월 제정된 국가회계법에 따라 '09.1.1일부터 시행되었으며, 이에 따라 디지털예산회계시스템을 이용한 국유재산 사용료 고지 시 국유재산정보를 이용한 계약정보 생성 등 필요한 조치가 필요함 [기획재정부 디지털예산회계기획단-2813(2008.09.08) "건설CALS시스템 상의 국유재산 사용 관련 자료 연계"]

- 점용지번이 시스템에서 검색되지 않는 경우는 디지털예산회계시스템 자산대장에 관련 국유재산이 등록되지 않은 것이므로, 디지털예산회계시스템에 국유재산 등록 후 사용가능

9. 부가가치세 신고 (국토부 운영지원과-18023, 2010.08.25)

1) 개요
   ㅇ 2010년도 4분기부터 부가가치세에 대하여 각 소속기관 및 지방자치단체에서 직접 신고하도록 부가가치세 신고 개선방안 시달(국토부 운영지원과-14509, 2010.7.7)
   - (신고·납부주체) 사용(점용)허가를 담당하는 기관(지방청 및 지자체)이 관할 세무서에 허가기관 명의로 직접 신고 및 납부(기재부 부가가치세제과-100, 2010.2.26)
   - (신고대상) 지방청 및 지자체 등 일선기관에서 담당하고 있는 국유재산 사용허가, 도로점용허가, 비관리청 항만공사(국가귀속 및 사용허가)

2) 부가가치세 신고 준비
   ㅇ (신고주체 결정) 지방청에서는 신고 시 소속기관 자료취합 여부 결정
   - 2차 소속기관도 부가가치세 신고 주체가 될 수 있으므로 지방청에서는 소속기관의 자료를 취합 후 신고할 것인지, 각자 신고할 것인지 여부를 결정
   ㅇ (사업자등록증 발급) 고유번호증을 사용 중인 기관은 세금계산서 발급 및 부가세 신고를 위해 사업자등록증으로 전환·발급
   - 기 교부받은 고유번호증 원본, 사업자등록정정신청서(관인날인), 사용(점용)허가서 및 등기부 등본 사본, 대리인 위임장, 대리인 신분증을 지참하여 관할세무서에

서 전환·발급

3) 세금계산서 발급
   ○ 2010년 4/4분기 세금계산서 발급 시 사용(점용)허가 기관명으로 세금계산서 발급
      - 2010년도는 종이세금계산서와 전자세금계산서를 병행하여 발급 가능하나, 2011년도부터는 전자세금계산서 발급만 가능
      - 'e-세로(www.esero.go.kr)' 시스템에 가입완료 후 전자세금계산서 작성 및 발행

4) 분기별 부가가치세 신고
   ○ 분기 종료 후 25일 이내 홈택스(www.hometax.go.kr) 시스템을 통해 신고
      - 세금계산서합계 프로그램을 이용하여 매입·매출 세금계산서 합계 자료 생성 후 홈택스에 접속하여 부가세 신고자료 작성 시 업로드
      - 부가세 신고자료 전송완료 후 납부고지서를 출력하여 은행에서 납부 완료
      - 신고기한 내에 신고·납부하지 않을 경우 가산세 부과
   ○ (전자세금계산서 신고) 2011년도부터는 전자세금계산서 발급이 의무화됨에 따라 세금계산서합계프로그램을 이용한 자료 생성 불필요
      - 홈택스에서 부가세신고서 작성 시 매입·매출에 대한 각각의 총 합계 금액과 발생건수만 작성하고, 신고서 전송 후 납부고지서를 출력하여 납부 완료

10. 도로점용료 (중)가산결의 일괄처리(디브레인)

○ 결의관리> 변경결의> 가산결의일괄작성 메뉴 선택

○ 가산과목, 결의일자, 납기내기한, 가산율, 가산내용 입력

○ [기안중] 탭에서 작성자료 확인 후 일괄기안

○ [완료] 탭에서 일괄기안 결과 확인

Ⅶ 도로점용물의 관리

1. 도로점용허가대장 관리

○ 도로점용허가대장은 전자적 처리가 가능한 방법으로 관리

> **허가대장 관리 (시행규칙 제26조제5항)**
>
> 제26조(점용허가신청 등) ⑤ 제3항의 도로점용허가대장은 전자적 처리가 불가능한 특별한 사유가 없으면 전자적 처리가 가능한 방법으로 작성·관리하여야 한다.

○ 행정기관에서 요청[1]한 신규 허가 관련 서류의 관리
 - 행정기관에서 요청한 신규 허가 및 관련 행정업무도 시스템에 등록하여 관리[2]
 - 시스템에서 신청인의 근무처유형을 '중앙부처', '지방자치단체'로 등록할 경우, 민원으로 처리하지 않음

2. 도로점용허가 취소

1) 도로점용허가 취소 구분

○ 도로의 공용폐지

> **폐도부지 관리 (국토교통부 국유재산관리규정 제12조)**
>
> 제12조(폐도부지의 관리) ① 도로법에 따라 도로구역에서 제외된 폐도는 시·도 관리재산으로 관리한다. 다만, 고속국도 및 관리자가 따로 지정된 경우에는 그러하지 아니하다.
> ② 도로관리청은 폐도가 발생한 경우에 시·도 관리재산 관리기관에서 관리하도록 통지·인계하여 재산관리에 공백이 없도록 하여야 한다.
> ③ 도로점용허가 기간 중에 폐도부지가 된 경우에는 피허가자의 사용허가 신청을 받아 도로점용허가 잔여기간에 한하여 국유재산 사용허가로 전환되도록 하거나, 새로이 사용허가를 하여야 한다.

○ 피허가자의 포기
○ 도로점용목적을 위배한 경우

---

[1] 「민원사무처리에 관한 법률 시행령」 제2조제1항제1호에 따라 행정기관 또는 공공단체에서 특정한 행위를 요구할 때에는 민원으로 처리하지 않음. 다만, 행정기관 또는 공공단체가 사경제의 주체로서 요구하는 경우는 제외.

[2] 허가와 관련한 행정업무를 시스템으로 등록하지 않을 경우 신규 도로점용허가 대비 도로점용허가대장이 서로 달라서 통계자료 등의 수치가 서로 맞지 않으며, 도로점용허가대장에서 관련 행정행위의 관리가 어려워 짐.

○ 도로점용료를 납부하지 아니하는 경우
○ 도로점용공사를 1년 이내에 착수하지 아니한 경우 (다만, 정당한 사유가 있는 경우 1년의 범위에서 공사의 착수기간 연장가능)

> **도로점용허가의 취소 (도로법 제63조)**
>
> 제63조(도로점용허가의 취소) ① 도로관리청은 도로점용허가를 받은 자가 다음 각 호의 어느 하나에 해당하면 그 도로점용허가를 취소할 수 있다.
> 1. 도로점용허가 목적과 다른 목적으로 도로를 점용한 경우
> 2. 도로점용허가를 받은 날부터 1년 이내에 해당 도로점용허가의 목적이 된 공사에 착수하지 아니한 경우. 다만, 정당한 사유가 있는 경우에는 1년의 범위에서 공사의 착수기간을 연장할 수 있다.
> 3. 제66조에 따른 점용료를 납부하지 아니하는 경우
> 4. 도로점용허가를 받은 자가 스스로 도로점용허가의 취소를 신청하는 경우
> ② 제1항에 따른 도로점용허가의 취소 절차, 방법 등은 국토교통부령으로 정한다

○ 도로점용허가기간 만료
○ 도로관리청 처분에 따른 허가 취소

2) 도로관리청 처분에 따른 허가 취소

○ 법령 위반자 등에 대한 처분

> **법령 위반자 등에 대한 처분 (도로법 제96조)**
>
> 제96조(법령 위반자 등에 대한 처분) 도로관리청은 다음 각 호의 어느 하나에 해당하는 자에게 이 법에 따른 허가나 승인의 취소, 그 효력의 정지, 조건의 변경, 공사의 중지, 공작물의 개축, 물건의 이전, 통행의 금지·제한 등 필요한 처분을 하거나 조치를 명할 수 있다.
> 1. 제36조·제40조제3항·제46조·제47조·제49조·제51조·제52조·제61조·제73조·제75조·제76조·제77조·제106조제2항 또는 제107조를 위반한 자
> 2. 거짓이나 그 밖의 부정한 방법으로 제36조·제52조·제61조·제77조 또는 제107조에 따른 허가나 승인을 받은 자

○ 공익을 위한 처분

> **공익을 위한 처분 (도로법 제97조)**
>
> 제97조(공익을 위한 처분) ① 도로관리청은 다음 각 호의 어느 하나에 해당하는 경우 이 법에 따른 허가나 승인을 받은 자에게 제96조에 따른 처분을 하거나 조치를 명할 수 있다.
> 1. 도로 상황의 변경으로 인하여 필요한 경우
> 2. 도로공사나 그 밖의 도로에 관한 공사를 위하여 필요한 경우
> 3. 도로의 구조나 교통의 안전에 대한 위해를 제거하거나 줄이기 위하여 필요한 경우
> 4. 「공익사업을 위한 토지 등의 취득 및 보상에 관한 법률」 제4조에 따른 공익사업 등 공공의 이익이 될 사업을 위하여 특히 필요한 경우
> ② 제1항에 따른 도로관리청의 처분으로 생긴 손실의 보상에 관하여는 제99조를 준용한다.

○ 도로관리청에 대한 명령

> **도로관리청에 대한 명령 (도로법 제98조)**
>
> 제98조(도로관리청에 대한 명령) ① 다음 각 호의 어느 하나에 해당하면 일반국도, 특별시도·광역시도, 지방도 및 시도(특별자치시장이 도로관리청이 되는 시도로 한정한다)에 관하여는 국토교통부장관이, 시도(특별자치시장이 도로관리청이 되는 시도는 제외한다)·군도 또는 구도에 관하여는 특별시장·광역시장 또는 도지사가 도로관리청에게 처분의 취소, 변경, 공사의 중지, 그 밖에 필요한 처분이나 조치를 할 것을 명할 수 있다.
> 1. 도로관리청이 한 처분이나 공사가 도로에 관한 법령이나 국토교통부장관이나 특별시장·광역시장 또는 도지사(이하 이 조에서 "감독관청"이라 한다)의 처분을 위반한 경우
> 2. 도로의 구조를 보전하거나 교통의 위험을 방지하기 위하여 특히 필요하다고 인정되는 경우
> 3. 「공익사업을 위한 토지 등의 취득 및 보상에 관한 법률」제4조에 따른 공익사업 등 공공의 이익이 될 사업을 위하여 특히 필요하다고 인정되는 경우
> ② 제1항에 따른 감독관청의 명령으로 도로관리청이 그의 처분을 취소 또는 변경하여 발생하는 손실의 보상에 관하여는 제99조를 준용한다.
> ③ 제1항에 따른 감독관청의 명령이 제1항제3호에 해당하는 사유로 인한 것인 경우에는 그로 인한 손실에 대하여 도로관리청은 그 사업에 관한 비용을 부담하는 자에게 손실의 전부 또는 일부를 보상하도록 할 수 있다.

3) 도로점용허가 취소 절차

○ 도로점용허가를 취소하려는 경우 청문을 하여야 함

> **청문 (도로법 제101조)**
>
> 제101조(청문) 도로관리청은 다음 각 호의 어느 하나에 해당하는 처분을 하려면 청문을 하여야 한다.
> 1. 제36조에 따라 도로관리청이 아닌 자에게 한 공사시행 허가에 대한 제96조 또는 제97조에 따른 취소
> 2. 제63조제1항(제4호는 제외한다)에 따른 도로점용허가의 취소

○ 점용목적을 위배하거나 허가 후 1년이내에 점용공사를 착수하지 않은 경우 도로관리청에서 위반사실을 확인
○ 정당한 사유로 점용공사를 1년의 범위에서 연장하려는 경우 점용허가를 받은 자가 소명하여야 함
○ 도로점용료 체납의 경우 도로관리청에서 3회 이상 점용료 납부를 촉구
○ 피허가자가 허가를 포기하는 경우 신청서를 제출하여야 함
○ 필요한 경우 도로점용허가 취소 통지와 함께 원상회복 조치를 통보할 수 있음

> **도로점용허가의 취소 절차 및 방법 (시행규칙 제33조)**
>
> 제33조(도로점용허가의 취소 절차 및 방법) ① 도로관리청은 법 제63조제1항에 따라 도로점용허가를 취소할 경우 다음 각 호의 구분에 따른 절차를 거쳐야 한다.
>   1. 법 제63조제1항제1호 및 제2호의 경우: 도로관리청이 소속 공무원으로 하여금 위반 사실을 조사하게 하여 이를 확인할 것. 다만, 법 제63조제1항제2호 단서에 따른 정당한 사유가 있는지 여부는 도로점용허가를 받은 자가 소명하여야 한다.
>   2. 법 제63조제1항제3호의 경우: 도로관리청이 도로점용허가를 받은 자에게 3회 이상 점용료 납부를 촉구하고 기한 내에 납부하지 아니한 사실을 확인할 것
> ② 법 제63조제1항제4호에 따라 도로점용허가의 취소를 신청하는 경우에는 별지 제48호 서식의 도로점용허가 취소신청서(전자문서로 된 신청서를 포함한다)에 허가증을 첨부하여 도로관리청에게 제출하여야 한다. <개정 2014.12.4>
> ③ 도로관리청은 제1항 및 제2항에 따라 도로점용허가를 취소하는 경우 법 제73조에 따라 원상회복이 필요하면 도로점용허가의 취소 통지와 함께 원상회복 조치를 통보할 수 있다.

3. 점용허가기간 만료 등에 따른 원상회복

- 점용기간이 만료되었거나 점용을 취소하였을 경우에는 도로를 원상회복 후 관리청에 원상회복 준공확인신청서 제출
- 다만, 원상회복할 수 없거나 원상회복하는 것이 부적당한 경우에는 원상회복하지 아니함
- 도로점용허가를 받지 아니하고 도로를 점용한 자에게는 상당한 기간을 정하여 도로의 원상회복을 명할 수 있음 (도로법 제73조제2항)
- 도로의 점용허가를 받은 자가 원상회복 의무를 이행하지 아니하면 「행정대집행법」에 따른 대집행(代執行)을 통하여 원상회복할 수 있음
- 점용기간 연장하고자 할 경우 기간만료 전에 신청서 제출
- 원상회복 명령을 받은 자가 정한 시정기간 내에 그 명령을 이행하지 아니하면 1천만원 이하의 이행강제금 부과

> **이행강제금 (도로법 제100조)**
>
> 제100조(이행강제금) ① 도로관리청은 제40조제4항에 따른 조치명령이나 제73조제1항·제2항에 따른 원상회복 명령을 받은 자가 조치명령이나 원상회복 명령에서 정한 시정기간 내에 그 명령을 이행하지 아니하면 1천만원 이하의 이행강제금을 부과한다.
> ② 도로관리청은 제1항에 따라 이행강제금을 부과하기 전에 상당한 이행기한을 정하여 그 기한까지 조치명령이나 원상회복 명령이 이행되지 아니할 때에는 이행강제금을 부과·징수한다는 뜻을 문서로 계고(戒告)하여야 한다.
> ③ 제2항에 따른 문서에는 이행강제금의 금액, 부과 사유, 납부기한, 수납기관 및 불복 방법 등이 포함되어야 한다.

④ 도로관리청은 최초의 조치명령 또는 원상회복 명령을 한 날을 기준으로 1년에 2회의 범위에서 그 조치명령 또는 원상회복 명령이 이행될 때까지 반복하여 제1항에 따른 이행강제금을 부과·징수할 수 있다.
⑤ 도로관리청은 조치명령 또는 원상회복 명령을 받은 자가 그 명령을 이행하거나 「행정대집행법」에 따른 대집행을 받으면 새로운 이행강제금의 부과를 즉시 중지하되, 이미 부과된 이행강제금은 징수하여야 한다.
⑥ 이행강제금의 납부 방법에 관하여는 제67조를 준용한다. 이 경우 "도로점용허가를 받은 자"는 "이행강제금을 납부하여야 하는 자"로, "점용료"는 "이행강제금"으로 본다.
⑦ 도로관리청은 제1항에 따라 이행강제금 부과처분을 받은 자가 납부기한까지 이행강제금을 내지 아니하면 국세 또는 지방세 체납처분의 예에 따라 징수한다.
⑧ 제1항에 따른 이행강제금의 부과기준과 그 밖에 필요한 사항은 대통령령으로 정한다.

시행령 제93조(이행강제금의 부과) ① 법 제100조제1항에 따른 이행강제금의 부과기준은 별표 5와 같다.
② 법 제100조제2항에 따른 계고(戒告)는 3개월 이내의 이행기한을 정하여 문서로 하여야 한다.

[별표 5] 이행강제금의 부과기준(제93조제1항 관련)

위반행위	이행강제금
1. 법 제40조제4항에 따른 조치명령을 받은 자가 조치명령에서 정한 시정기간 내에 그 명령을 이행하지 않은 경우	50만원
2. 법 제73조제1항에 따른 원상회복 명령을 받은 자가 원상회복 명령에서 정한 시정기간 내에 그 명령을 이행하지 않은 경우	50만원
3. 법 제73조제2항에 따른 원상회복 명령을 받은 자가 원상회복 명령에서 정한 시정기간 내에 그 명령을 이행하지 않은 경우	100만원

4. 법령위반자에 대한 처벌

○ 과태료 부과

과태료 (도로법 제117조)

제117조(과태료) ① 다음 각 호의 어느 하나에 해당하는 자에게는 500만원 이하의 과태료를 부과한다.
 1. 제77조제1항에 따른 운행 제한을 위반한 차량의 운전자
 2. 제77조제2항에 따른 관리를 하지 아니한 자(임차한 화물적재 차량이 제77조제1항에 따른 운행 제한을 위반하여 운행하는 경우로 한정한다)
 3. 제77조제3항에 따른 운행 제한 위반의 지시·요구 금지를 위반한 자
② 다음 각 호의 어느 하나에 해당하는 자에게는 300만원 이하의 과태료를 부과한다. 이 경우 제1호 및 제2호에 대한 과태료는 대통령령으로 정하는 기준에 따라 도로관리청이 속하는 지방자치단체의 조례로 정할 수 있다.
 1. 제61조제1항에 따른 도로점용허가 면적을 초과하여 점용한 자

2. 제61조제1항에 따른 도로점용허가를 받지 아니하고 물건 등을 도로에 일시 적치한 자
  3. 제62조제1항을 위반하여 안전사고 방지대책을 마련하지 아니한 자
  4. 제62조제2항 후단에 따른 준공도면을 제출하지 아니하거나 실제와 다른 도면을 제출한 자
  5. 제62조제5항에 따른 주요지하매설물 관리자의 참여 없이 굴착공사를 시행한 자
  6. 제76조제6항에 따른 긴급 통행제한을 위반한 자
  7. 제96조나 제97조에 따른 도로관리청의 명령을 위반한 자
③ 다음 각 호의 어느 하나에 해당하는 자에게는 50만원 이하의 과태료를 부과한다.
  1. 제62조제2항 전단에 따른 준공확인을 받지 아니한 자
  2. 제73조제3항에 따른 도로의 원상회복에 따른 준공검사를 받지 아니한 자
  3. 제106조제2항에 따른 신고를 하지 아니한 자
④ 이 법에서 규정한 사항 외에 제1항부터 제3항까지의 규정에 따른 과태료는 대통령령으로 정하는 바에 따라 해당 도로관리청이 부과·징수한다.
⑤ 제77조제1항에 따른 운행 제한을 위반한 차량의 운전자가 다음 각 호의 어느 하나에 해당하는 경우 그 차량의 운전자에 대하여는 제1항제1호를 적용하지 아니한다.
  1. 차량의 운전자가 차량의 임대차 계약의 임차인이 제77조제2항을 위반한 사실을 신고하여 제1항제2호에 따라 차량의 임차인에게 과태료를 부과하는 경우
  2. 차량의 운전자가 화주, 화물자동차 운송사업자, 화물자동차 운송주선사업자 등의 지시나 요구에 따라 제77조제1항을 위반한 사실을 신고하여 제1항제3호에 따라 화주, 화물자동차 운송사업자, 화물자동차 운송주선사업자 등에게 과태료를 부과하는 경우
⑥ 과태료의 납부방법에 관하여는 제67조를 준용한다. 이 경우 "도로점용허가를 받은 자"는 각각 "과태료를 납부하여야 하는 자"로, "점용료"는 각각 "과태료"로 본다.

시행령 제105조(과태료의 부과기준) 법 제117조제1항부터 제3항까지의 규정에 따른 과태료의 부과기준은 별표 7과 같다. 다만, 행정청이 도로관리청인 도로의 경우에는 별표 7 제2호가목·나목 및 제3호에 따른 과태료 부과기준의 범위에서 해당 지방자치단체의 조례로 과태료 부과기준을 따로 정할 수 있다.

○ 과태료의 부과기준

과태료 부과기준 (시행령 별표 7)

과태료의 부과기준(제105조제1항 관련)

1. 일반기준
  가. 위반행위의 횟수에 따른 과태료 부과기준은 다음의 기준에 따라 최근 1년간 같은 위반행위로 과태료를 부과받은 경우에 적용한다.
   1) 같은 위반행위에 대하여 과태료 부과처분을 한 날과 그 처분 후 다시 같은 위반행위를 적발한 날을 각각 기준으로 하여 위반횟수를 계산한다.
   2) 축하중 및 총중량 관련 운행 제한 기준 위반행위는 위반행위 횟수 계산 시 통합하여 계산한다.
  나. 도로관리청은 다음의 어느 하나에 해당하는 경우에는 제2호 및 제3호에 따른 과태료 금액의 2분의 1 범위에서 그 금액을 줄일 수 있다.
   1) 위반행위가 고의나 중대한 과실이 아닌 사소한 부주의 또는 오류로 인한 것으로 인정되는 경우
   2) 위반의 내용·정도가 경미하여 국민에게 미치는 피해가 적다고 인정되는 경우

3) 위반행위자가 처음 해당 위반행위를 한 경우로서, 업무를 모범적으로 영위한 사실이 인정되는 경우

2. 개별기준

(단위: 만원)

위반행위	근거 법조문	과태료 금액		
		1회 위반	2회 위반	3회 위반 이상
가. 법 제61조제1항에 따른 도로점용허가 면적을 초과하여 점용한 경우	법 제117조 제2항제1호	제3호에 따른 금액		
나. 법 제61조제1항에 따른 도로점용허가를 받지 않고 물건 등을 도로에 일시 적치한 경우	법 제117조 제2항제2호	제3호에 따른 금액		
다. 법 제62조제1항을 위반하여 안전사고 방지대책을 마련하지 않은 경우	법 제117조 제2항제3호	100	150	200
라. 법 제62조제2항 전단에 따른 준공확인을 받지 않은 경우	법 제117조 제3항제1호	50		
마. 법 제62조제2항 후단에 따른 준공도면을 제출하지 않거나 실제와 다른 도면을 제출한 경우	법 제117조 제2항제4호	200		
바. 법 제62조제5항에 따른 주요지하매설물 관리자의 참여 없이 굴착공사를 시행한 경우	법 제117조 제2항제5호	200		
사. 법 제73조제3항에 따른 도로의 원상회복에 따른 준공검사를 받지 않은 경우	법 제117조 제3항제2호	50		
아. 법 제76조제6항에 따른 긴급 통행제한을 위반한 경우	법 제117조 제2항제6호	200		
자. 법 제77조제1항에 따른 운행 제한을 위반한 경우	법 제117조 제1항제1호			
1) 법 제77조제1항 본문에 따른 운행 제한을 위반하여 축하중을 2톤 미만으로 초과하거나 총중량을 5톤 미만으로 초과하여 운행한 경우		50	70	100
2) 법 제77조제1항 본문에 따른 운행 제한을 위반하여 축하중을 2톤 이상 4톤 미만으로 초과하거나 총중량을 5톤 이상 15톤 미만으로 초과하여 운행한 경우		80	120	160
3) 법 제77조제1항 본문에 따른 운행 제한을 위반하여 축하중을 4톤 이상 초과하거나 총중량을 15톤 이상 초과하여 운행한 경우		150	220	300
4) 법 제77조제1항 본문에 따른 운행 제한을 위반하여 차량의 폭을 0.3미터 미만으로 초과하거나, 높이를 0.3미터 미만		30		

	으로 초과하거나, 길이를 3.0미터 미만으로 초과하여 운행한 경우		
	5) 법 제77조제1항 본문에 따른 운행 제한을 위반하여 차량의 폭을 0.3미터 이상 0.5미터 미만으로 초과하거나, 높이를 0.3미터 이상 0.5미터 미만으로 초과하거나, 길이를 3.0미터 이상 5.0미터 미만으로 초과하여 운행한 경우		50
	6) 법 제77조제1항 본문에 따른 운행 제한을 위반하여 차량의 폭을 0.5미터 이상 초과하거나, 높이를 0.5미터 이상 초과하거나, 길이를 5.0미터 이상 초과하여 운행한 경우		100
	7) 법 제77조제1항 단서에 따라 허가받은 사항을 위반하여 차량을 운행한 경우		법 제77조제1항 본문에 따른 운행 제한을 위반한 것으로 보아 1)부터 6)까지의 위반행위에 해당하는 금액
차. 법 제77조제2항에 따른 관리를 하지 않은 경우(임차한 화물적재 차량이 법 제77조제1항에 따른 운행 제한을 위반하여 운행한 경우로 한정한다)		법 제117조 제1항제2호	자목 1)부터 7)까지의 위반행위에 해당하는 금액
카. 법 제77조제3항에 따른 운행 제한 위반의 지시·요구 금지를 위반한 경우		법 제117조 제1항제3호	자목 1)부터 7)까지의 위반행위에 해당하는 금액
타. 법 제96조나 제97조에 따른 도로관리청의 명령을 위반한 경우		법 제117조 제2항제7호	200
파. 법 제106조제2항에 따른 승계신고를 하지 않은 경우		법 제117조 제3항제3호	50

3. 세부 부과기준
 가. 제2호가목에 따른 과태료의 세부 부과기준
  1) 초과 점용면적이 1제곱미터 이하인 경우: 5만원
  2) 초과 점용면적이 1제곱미터를 넘는 경우: 1)의 금액에 1제곱미터를 넘는 1제곱미터마다 10만원을 더한 금액으로 하되, 부과되는 금액은 200만원을 넘을 수 없다.
 나. 제2호나목에 따른 과태료 세부 부과기준
  1) 점용면적이 1제곱미터 이하인 경우: 10만원
  2) 점용면적이 1제곱미터를 넘는 경우: 1)의 금액에 1제곱미터를 넘는 1제곱미터마다 10만원을 더한 금액으로 하되, 부과되는 금액은 150만원을 넘을 수 없다.

5. 불법점용물에 대한 처벌

1) 벌칙

○ 10년이하의 징역 또는 5,000만원이하의 벌금

- 고속국도가 아닌 도로를 파손하여 교통을 방해하거나 교통에 위험을 발생하게 한 자
- 미수범은 처벌 함

> **벌칙 (도로법 제113조)**
> 제113조(벌칙) ① 고속국도를 파손하여 교통을 방해하거나 교통에 위험을 발생하게 한 자는 10년 이하의 징역 또는 1억원 이하의 벌금에 처한다.
> ② 고속국도가 아닌 도로를 파손하여 교통을 방해하거나 교통에 위험을 발생하게 한 자는 10년 이하의 징역 또는 5천만원 이하의 벌금에 처한다.
> ③ 고속국도에서 사람이 현존하는 자동차를 전복(顚覆)시키거나 파괴한 자는 무기 또는 3년 이상의 징역에 처한다.
> ④ 제3항의 죄를 범하여 사람을 상해에 이르게 한 자는 무기 또는 3년 이상의 징역에 처하고, 사망에 이르게 한 자는 무기 또는 5년 이상의 징역에 처한다.
> ⑤ 과실(過失)로 제1항의 죄를 범한 자는 1천만원 이하의 벌금에 처한다. 다만, 고속국도의 관리에 종사하는 자는 3년 이하의 징역 또는 3천만원 이하의 벌금에 처한다.
> ⑥ 업무상 과실 또는 중과실(重過失)로 제1항의 죄를 범한 자는 3년 이하의 징역 또는 3천만원 이하의 벌금에 처한다.
> ⑦ 제1항부터 제3항까지의 미수범은 처벌한다.

○ 2년이하의 징역 또는 2,000만원이하의 벌금

- 허가없이 도로를 점용한 자(물건등을 일시 적치한 자 제외)
- 허가없이 도로에 다른 도로·통로 기타의 시설을 연결한 자
- 정당한 사유없이 도로의 부속물을 이전 또는 손괴한 자
- 부정한 방법으로 허가를 받은 자

> **벌칙 (도로법 제114조)**
> 제114조(벌칙) 다음 각 호의 어느 하나에 해당하는 자는 2년 이하의 징역이나 2천만원 이하의 벌금에 처한다.
> 1. 제27조제1항에 따른 허가 또는 변경허가를 받지 아니하고 같은 항에 규정된 행위를 한 자
> 2. 제36조제1항을 위반하여 허가 없이 도로공사를 시행한 자
> 3. 제40조제3항을 위반하여 접도구역에서 토지의 형질을 변경하는 등의 행위를 한 자
> 4. 제46조제3항을 위반하여 도로보전입체구역에서 토석을 채취하는 등의 행위를 한 자
> 5. 제52조제1항에 따른 허가 또는 변경허가 없이 도로에 다른 도로·통로, 그 밖의 시설을 연결한 자
> 6. 제61조제1항을 위반하여 도로점용허가 없이 도로를 점용한 자(물건 등을 도로

에 일시 적치한 자는 제외한다)
7. 제75조를 위반한 자
8. 제80조에 따른 도로관리청의 회차, 분리 운송, 운행중지의 명령에 따르지 아니한 자
9. 정당한 사유 없이 제83조제1항에 따른 도로관리청의 처분에 항거하거나 처분을 방해한 자
10. 정당한 사유 없이 도로의 부속물을 이전하거나 파손한 자
11. 부정한 방법으로 이 법 또는 이 법에 따른 명령에 의한 허가를 받은 자

2) 변상금[1])의 징수

- ○ 불법점용에 대한 변상금 부과 (도로법 제72조)
  - 도로점용허가를 받지 아니하고 도로를 점용하였거나, 허가받은 내용을 초과하여 점용한 자에 대하여는 그 점용기간에 대한 점용료 상당액의 120%를 변상금으로 징수토록 규정하고 있음
  - 변상금은 점용료가 아니므로, 점용료감면 규정을 적용하지 않음

- ○ 변상금을 납부한 사실만으로 불법행위에 대한 책임이 소멸되는 것은 아니며, 벌칙과는 별개로 적용

- ○ 5년[2])이내의 변상금을 모두 부과하되 회계연도별로 해당 연도의 지가를 적용하여 산정·부과

- ○ 허가면적을 초과하는 도로점용이 측량기관 등의 오류 등으로 인한 것이거나 도로점용자의 고의·과실이 없는 경우에는 변상금을 징수하지 아니하고, 초과점용의 경우 **통보 후 1개월이 경과한 날로부터 도로점용료 상당액을 징수**

- ○ 초과점용자가 통보를 받은 날부터 3개월 내에 적법한 허가를 받지 아니하면, 통보한 날로부터 변상금 산정·부과

- ○ 점용기간에 대한 점용료의 100분의 120에 상당하는 금액을

---

1) "변상금"이란 국유재산의 대부, 사용 또는 수익허가 등을 받지 아니하고 점유·사용 또는 수익한 자에게 징벌적 의미에서 대부료 또는 사용료의 100분의 120에 해당하는 금액을 부과하는 행정제재금을 말한다(국유재산법 참조).
2) 국가재정법 제96조에 따라 금전의 급부를 목적으로 하는 국가의 권리로서 시효에 관하여 다른 법률에 규정이 없는 것은 5년 동안 행사하지 아니하면 시효로 인하여 소멸함. 다만, 법령의 규정에 따라 국가가 행하는 납입의 고지는 시효중단의 효력이 있음.

변상금으로 징수

> **변상금의 징수 (도로법 제72조)**
>
> 제72조(변상금의 징수) ① 도로관리청은 도로점용허가를 받지 아니하고 도로를 점용하였거나 도로점용허가의 내용을 초과하여 도로를 점용(이하 이 조에서 "초과점용등"이라 한다)한 자에 대하여는 초과점용등을 한 기간에 대하여 점용료의 100분의 120에 상당하는 금액을 변상금으로 징수할 수 있다.
> ② 제1항에도 불구하고 초과점용등이 측량기관 등의 오류로 인한 것이거나 그 밖에 도로 점용자의 고의·과실로 인한 것이 아닌 경우에는 변상금을 징수하지 아니한다. 이 경우 도로관리청은 초과점용등의 사실을 해당 도로 점용자에게 통보하고, 그 통보 후 1개월이 경과한 날부터 점용료 상당액을 징수한다.
> ③ 도로관리청은 제2항에 해당하는 도로 점용자가 그 사실을 통보 받은 날부터 3개월 내에 적법한 도로점용허가를 받지 아니하면 도로관리청이 초과점용등의 사실을 해당 도로 점용자에게 통보한 날부터 변상금을 산정하여 징수할 수 있다. 도로점용허가 요건을 충족할 수 없어 허가를 받지 못한 경우에도 또한 같다.
> ④ 제67조, 제69조부터 제71조까지의 규정은 제1항 및 제3항에 따른 변상금의 징수, 과오납 변상금의 반환 및 이의신청에 대하여 준용한다. 이 경우 "도로점용허가를 받은 자"는 각각 "변상금을 납부하여야 하는 자"로, "점용료"는 각각 "변상금"으로 본다.

3) 불법점용물에 대한 행정대집행 적용 특례

○ 다음 어느 하나에 해당하는 경우 「행정대집행법」 제3조 제1항 및 제2항에 따른 절차에 따르면 그 목적을 달성하기 곤란한 경우에는 해당 절차를 거치지 아니하고 도로에 있는 적치물 등을 제거하거나 그 밖에 필요한 조치를 할 수 있음

- 반복적, 상습적으로 도로점용허가를 받지 아니하고 도로를 점용하는 경우
- 도로의 통행 및 안전을 확보하기 위하여 신속하게 필요한 조치를 실시할 필요가 있는 경우

○ 적치물 등의 제거나 그 밖에 필요한 조치는 도로관리를 위하여 필요한 최소한도에 그쳐야 함

> **행정대집행 적용특례 (도로법 제74조)**
>
> 제74조(행정대집행의 적용 특례) ① 도로관리청은 다음 각 호의 어느 하나에 해당하는 경우로서 「행정대집행법」 제3조제1항 및 제2항에 따른 절차에 따르면 그 목적을 달성하기 곤란한 경우에는 해당 절차를 거치지 아니하고 도로에 있는 적치물 등을 제거하거나 그 밖에 필요한 조치를 할 수 있다.
> 1. 반복적, 상습적으로 도로점용허가를 받지 아니하고 도로를 점용하는 경우

2. 도로의 통행 및 안전을 확보하기 위하여 신속하게 필요한 조치를 실시할 필요가 있는 경우
② 제1항에 따른 적치물 등의 제거나 그 밖에 필요한 조치는 도로관리를 위하여 필요한 최소한도에 그쳐야 한다.
③ 제1항과 제2항에 따라 제거된 적치물 등의 보관 및 처리에 필요한 사항, 반환되지 아니한 적치물 등의 귀속 등에 필요한 사항은 대통령령으로 정한다.

　　시행령 제75조(적치물 등의 보관 및 처리 등) ① 도로관리청은 법 제74조제1항 및 제2항에 따라 적치물 등을 제거한 경우에는 국토교통부령으로 정하는 바에 따라 해당 적치물 등의 소유자 또는 관리인이 쉽게 그 적치물 등의 보관 장소 등을 알 수 있도록 하여야 한다.
② 도로관리청은 법 제74조제1항 및 제2항에 따라 제거한 적치물 등을 보관한 경우에는 국토교통부령으로 정하는 바에 따라 해당 도로관리청의 게시판에 그 사실을 일정 기간 공고하여야 하며, 적치물 등의 보관대장을 작성·비치하여 관계자가 열람할 수 있도록 하여야 한다.
③ 도로관리청은 제2항에 따른 공고기간이 지나도 적치물 등의 소유자 또는 관리자를 알 수 없을 때에는 일간신문에 공고하여야 한다. 다만, 일간신문에 공고할 만한 재산적 가치가 없다고 인정되는 경우에는 그러하지 아니하다.
④ 도로관리청은 제1항에 따른 적치물 등을 버려두는 경우 닳아 없어지거나 변질 또는 파괴 등의 염려가 있을 때에는 그 적치물 등을 매각하여 대금을 보관할 수 있다. 이 경우 대금 보관의 공고에 관하여는 제2항 및 제3항을 준용한다.
⑤ 제4항에 따라 적치물 등을 매각하는 경우에는 다음 각 호의 어느 하나에 해당하는 경우를 제외하고는 「국가를 당사자로 하는 계약에 관한 법률」 및 「지방자치단체를 당사자로 하는 계약에 관한 법률」에 따라 경쟁입찰을 하여야 한다.
  1. 경쟁입찰에 부쳐도 응찰자가 없을 것으로 인정되는 경우
  2. 재산적 가치가 희소한 경우 등 경쟁입찰이 부적당하다고 인정되는 경우

　　시행령 제76조(적치물 등의 반환과 귀속) ① 도로관리청이 보관하고 있는 적치물 등(매각대금을 포함한다. 이하 같다)을 소유자 또는 관리인에게 반환하려는 경우에는 반환받는 자의 성명·주소 및 생년월일과 정당한 권리자인지를 확인하여야 한다.
② 도로관리청이 제1항에 따라 적치물 등을 반환할 때에는 적치물 등의 제거·운반·보관 또는 매각 등에 든 비용을 소유자 또는 관리인에게 징수할 수 있다.
③ 제75조제3항(제75조제4항에서 준용하는 경우를 포함한다)에 따른 공고일부터 1개월이 지나도 적치물 등을 반환받을 소유자 또는 관리인을 알 수 없거나 반환 요구가 없을 때에는 그 적치물 등은 도로관리청이 국토교통부장관인 경우에는 국고에 귀속하고, 도로관리청이 행정청인 경우에는 해당 도로관리청이 속하는 지방자치단체에 귀속한다.

　　　시행규칙 제37조(적치물 등의 관리 등) ① 도로관리청은 영 제75조제1항에 따라 적치물 등을 제거한 경우에는 해당 도로관리청이 정하는 바에 따라 그 적치물 등이 있던 곳에 그 적치물 등을 제거한 취지와 보관 장소 등을 표시하여야 한다. 다만, 표시하기가 부적당한 경우에는 그러하지 아니하다.
② 도로관리청은 영 제75조제2항에 따라 적치물 등을 보관한 경우에는 해당 도로관리청의 게시판에 다음 각 호의 사항을 14일 이상 공고하여야 한다.
  1. 적치물 등의 품명·규격·수량
  2. 위반 장소 및 보관 일시
  3. 보관 장소 및 취급자 등
③ 영 제75조제2항에 따른 적치물 등의 보관대장은 별지 제34호서식과 같다.
④ 도로관리청이 영 제76조제1항에 따라 적치물 등을 반환하려는 경우의 확인은 별지 제35호서식에 따른다.

Ⅷ 비관리청 공사시행허가

1. 허가시 적용기준

1) 허가대상 (도로법 제36조)
   ○ 도로관리청이 아닌 자가 도로공사를 시행하거나 도로의 유지·관리를 할 때에는 도로관리청의 허가를 받아야 함

   ○ 다음에 해당하는 경우에는 허가 불필요
   - 제33조제1항에 따라 타공작물의 관리자가 도로공사를 시행하는 경우 또는 제35조제1항에 따라 타공사의 시행자나 타행위를 한 자가 도로공사를 시행하는 경우
   - 상급도로의 관리청이 상급도로의 공사를 시행함에 있어 상급도로와 연결 또는 접속되는 하급도로의 연결 또는 접속구간의 도로공사를 시행하는 경우, 이 경우 미리 하급도로의 관리청과 협의하여야함

2) 비용부담
   ○ 제36조의 규정에 의한 도로공사와 유지에 필요한 비용은 해당공사의 시행자 또는 행위자가 부담한다(도로법 제92조제1항)

   * 도로의 공사에 필요한 비용의 일부는 국도에 관한 것은 국고에서, 기타의 도로에 관한 것은 당해 지방자치단체에서 보조할 수 있다 (도로법 제92조제2항)

3) 주요 검토사항
   - 비관리청 공사 대상여부
   - 신청서 기재사항 및 구비서류 제출여부
   - 우리청 도로사업(설계용역구간 등)에의 저촉여부

- 시설기준에의 적합여부 및 교통소통·안전에의 지장여부 등

4) 관계법령
- 도로법 제36조
- 도로법 제50조, 도로의구조시설기준에관한규칙 등
- 도로법 제92조
- 도로법 제103조

2. 처리 절차

1) 신청서 접수
    ○ 기재사항 및 구비서류 제출여부
    - 신청서(별지 제11호 서식)
      : 도로종류, 노선명, 공사구간, 공사착수·준공예정일 등
    - 사업계획서
      : 공사목적, 사유, 공사구간 및 기간, 총사업비, 시설물유지관리계획서 등
    - 설계도
      : 시방서, 설계예산서, 위치도, 종·횡단면도, 상세도 및 용지도, 구조물도, 부대공사 등

2) 관계기관 검토의뢰 및 검토실시
    ○ 도로사업에의 저촉여부 및 시설기준에의 적합여부
      : 지원업무수행자
    ○ 교통소통·안전에의 지장여부 및 교통안전시설 설치에 관한 사항
      : 관할경찰서

3) 허가 또는 불허(반려)

4) 공사착수 신고 및 준공검사 시 제출서류 및 검토사항
   ㅇ 도로공사 착수신고서(별지 제12호)
      - 예정공정표의 적정성
      - 시공회사 및 현장대리인의 적격여부

   ☞ 우리청 지도감독수행자 지정 : 공사진행상황 확인 및 공사부진 시 피허가자에 대한 부진공정만회 대책 등 추진

   ㅇ 도로공사 준공검사 신청서(별지 제13호) : 준공조서 및 설계도, 비용정산서 첨부

   ☞ 준공검사관 및 입회공무원 지정 : 설계도서·비용정산서 등에 의거 적정시공 여부확인 후 준공검사조서 작성·제출

      * 도로법 제36조 및 같은 법 시행령 제34조제4항, 같은 법 시행규칙 제13조제3항

   ㅇ 준공 후 시설물 인계인수시 준공시설물에 대한 하자담보 책임기간 및 도로부지내의 미 인계 시설물에 대한 도로유지허가(점용허가) 조치

   ㅇ 법정처리기한 및 수수료
      - 법정처리기한 : 해당없음
      - 수수료(수입인지) : 허가시 공사비(용지비 및 보상비 제외)의 1천분의1

      * 도로법 제103조제1항제1호·제2항 및 같은법시행규칙 제49조제1항제1호
      * 도로법 제68조(점용료 징수의 제한)의 규정은 비관리청공사시행허가 수수료의 감면에 관하여 이를 준용한다.

5) 비관리청 공사시행허가 취소
   ㅇ 취소하려는 경우 청문을 하여야 함 (도로법 제101조)

Ⅸ. 위임국도의 도로점용허가 관리

1. 일반국도의 지자체 위임

○ 일반국도 중 간선기능이 약한 일부구간을 도지사 또는 특별자치도지사에게 도로공사와 도로의 유지·관리에 관한 업무 수행

도로공사와 유지·관리 (도로법 제31조)

제31조(도로공사와 도로의 유지·관리 등) ① 도로공사와 도로의 유지·관리는 이 법이나 다른 법률에 특별한 규정이 있는 경우를 제외하고는 해당 도로의 도로관리청이 수행한다.
② 제1항에도 불구하고 국토교통부장관은 일반국도의 일부 구간에 대한 도로공사와 도로의 유지·관리에 관한 업무를 대통령령으로 정하는 바에 따라 도지사 또는 특별자치도지사가 수행하도록 할 수 있다. 이 경우 국토교통부장관은 미리 도지사 또는 특별자치도지사와 협의하여야 한다.
③ 국가지원지방도에 대한 도로공사에 필요한 조사·설계는 국토교통부장관이 실시한다. 다만, 특별시 또는 광역시 안의 국가지원지방도 구간에 대한 조사·설계는 특별시장 또는 광역시장이 실시하되, 국가지원지방도의 설계에 관하여는 국토교통부장관의 승인을 받아야 한다.
④ 국가지원지방도의 도로관리청은 제6조제1항 단서에 따라 국토교통부장관이 수립한 건설·관리계획과 제3항에 따른 조사·설계에 따라 국가지원지방도의 도로공사를 시행하여야 한다.
⑤ 제4항에도 불구하고 국가지원지방도의 도로관리청이 스스로 국가지원지방도의 건설비용을 부담하는 경우에는 국토교통부장관이 수립한 도로건설·관리계획에 따르지 아니하고 도로공사를 할 수 있다.

제110조(권한의 위임·위탁) ① 이 법에 따른 국토교통부장관의 권한은 대통령령으로 정하는 바에 따라 그 일부를 시·도지사 또는 국토교통부 소속기관의 장에게 위임할 수 있다.
② 특별시장·광역시장·도지사·특별자치도지사 또는 국토교통부 소속기관의 장은 제1항에 따라 국토교통부장관으로부터 위임받은 권한의 일부를 시장(행정시의 시장을 포함한다. 이하 이 항에서 같다)·군수·구청장 또는 일반국도의 건설과 관리에 관한 업무를 수행하는 행정기관의 장에게 재위임할 수 있다. 이 경우 특별시장·광역시장·도지사 또는 특별자치도지사가 시장·군수·구청장에게 재위임하는 경우에는 국토교통부장관의 승인을 받아야 한다.
③ (생략)
④ 국토교통부장관은 제1항부터 제3항까지의 규정에 따라 권한을 위임(제31조제2항에 따라 국토교통부장관이 도지사 또는 특별자치도지사에게 업무를 수행하게 하는 경우를 포함한다. 이하 이 항에서 같다) 또는 재위임 받거나 업무를 위탁받은 자에 대하여 그 권한 또는 업무 수행의 적절성 여부 등을 확인하기 위해서 필요하면 국토교통부령으로 정하는 바에 따라 자료 요구, 현장조사 또는 시정명령 등 필요한 조치를 할 수 있다. 이 경우 권한을 위임 또는 재위임 받거나 업무를 위탁받은 자는 특별한 사유가 없으면 이에 따라야 한다.

시행령 제29조(도로공사와 도로의 유지·관리에 관한 업무의 수행 등) ① 법 제31조제2항 전단에 따라 도지사 또는 특별자치도지사가 도로공사와 도로의 유지·관리에 관

한 업무를 수행하는 일반국도(이하 "위임국도"라 한다)는 간선 기능이 약한 별표 1에 따른 일반국도 구간으로 한다. 다만, 자동차전용도로 또는 「시설물의 안전관리에 관한 특별법」 제2조제2호에 따른 1종시설물이나 이에 준하는 주요 교량, 터널 등으로서 국토교통부령으로 정하는 시설이 있는 구간은 제외한다.
② 제1항에 따라 위임국도에 관한 업무를 수행하는 도지사 또는 특별자치도지사는 해당 위임국도의 도로공사와 도로의 유지·관리에 관한 업무 수행 결과를 국토교통부령으로 정하는 바에 따라 국토교통부장관에게 보고하여야 한다.
③ 국토교통부장관은 천재지변이나 이에 준하는 재해 발생 등 비상 시에 위임국도 외의 일반국도 구간에 대하여 도로의 보수(補修) 및 유지·관리에 관한 업무를 도지사 또는 특별자치도지사가 수행하도록 할 수 있다. 이 경우 국토교통부장관은 다음 각 호의 사항을 관보에 공고하여야 한다.
 1. 도로의 노선명
 2. 도로 구간
 3. 도로의 보수 및 유지·관리 업무의 내용
 4. 업무 수행 기간
 5. 비용의 부담방법
 6. 그 밖에 도로의 보수 및 유지·관리에 필요한 사항

시행규칙 제8조(위임국도 업무수행 제외 시설) 영 제29조제1항 단서에서 "「시설물의 안전관리에 관한 특별법」 제2조제2호에 따른 1종시설물이나 이에 준하는 주요 교량, 터널 등으로서 국토교통부령으로 정하는 시설"이란 다음 각 호의 시설과 이를 유지·관리하기 위한 시설을 말한다.
 1. 교량: 현수교(懸垂橋), 사장교(斜張橋), 아치교(arch橋) 및 전체 길이 500미터 이상인 교량
 2. 터널: 전체 길이 1천미터 이상의 터널 및 왕복 3차로 이상의 터널

2. 위임의 범위

○ 업무는 지방국토관리청 및 국도관리사무소에서 일반국도 건설 및 관리와 관련해서 시행하고 있는 사항을 준용

위임의 범위 (시행령 제100조)

제100조(권한의 위임) ① 국토교통부장관은 법 제110조제1항에 따라 일반국도에 관한 권한을 다음 각 호의 구분에 따라 시·도지사에게 위임한다.
 1. 일반국도(제2호에 따른 위임국도는 제외한다)에 대해서는 다음 각 목의 권한
  가. 법 제40조제2항에 따른 접도구역의 관리에 관한 사항
  나. 법 제40조제3항을 위반한 자에 대한 법 제96조에 따른 처분 또는 조치
 2. 위임국도에 대해서는 제1호 각 목 및 제2항 각 호(제3호는 제외한다)에 따른 권한
② 국토교통부장관은 법 제110조제1항에 따라 제1항제2호의 구간을 제외한 일반국도에 관한 다음 각 호의 권한을 지방국토관리청장에게 위임한다.
 1. 법 제25조에 따른 도로구역의 결정·변경·폐지 및 고시
 2. 법 제30조에 따른 도로구역 내 시설의 설치·운영
 3. 법 제31조제1항에 따른 도로공사와 도로의 유지·관리
 4. 법 제32조제1항 및 제3항에 따른 도로공사 및 권한의 대행에 관한 사항
 5. 법 제33조제1항 및 제3항에 따른 타공작물의 관리자에 대한 도로공사의 시행명령, 도로의 유지·관리 명령 및 준공검사

6. 법 제33조제1항 및 제4항에 따른 타공작물에 관한 공사의 직접 시행과 공사시행 및 준공 사실의 통지
7. 법 제34조에 따른 부대공사의 시행
8. 법 제35조에 따른 공사 원인자 등에 대한 공사시행 명령 등
9. 법 제36조에 따른 도로관리청이 아닌 자의 도로공사 등
10. 법 제37조에 따른 공공단체 또는 사인에 대한 경미한 도로공사나 도로의 유지·관리 명령
11. 법 제38조에 따른 공공시설의 귀속 및 등기
12. 법 제39조제1항에 따른 도로의 사용 개시 및 폐지
13. 법 제40조제1항·제2항 및 제4항에 따른 접도구역의 지정·고시 및 시설 등의 소유자나 점유자에 대한 조치명령
14. 법 제48조에 따른 자동차전용도로의 지정
15. 법 제52조제1항에 따른 자동차전용도로 등에 대한 다른 시설의 연결허가
16. 법 제53조제5항에 따른 진출입로 연결허가
17. 법 제54조에 따른 보도의 설치 및 관리
18. 법 제55조에 따른 도로표지의 설치·관리
19. 법 제56조에 따른 도로대장의 작성·보관
20. 법 제57조에 따른 도로관리원의 임명
21. 법 제60조에 따른 도로교통정보체계의 구축·운영 및 도로정보의 수집·가공·제공
22. 법 제61조 및 제62조에 따른 도로의 점용 허가 및 안전관리
23. 법 제65조에 따른 도로 점용공사의 대행
24. 법 제66조에 따른 점용료의 부과·징수
25. 법 제69조에 따른 점용료의 강제징수 및 법 제70조에 따른 과오납 점용료의 반환
26. 법 제71조에 따른 이의신청에 대한 심사 및 통보
27. 법 제72조에 따른 변상금의 징수
28. 법 제73조에 따른 원상회복의 명령
29. 법 제76조에 따른 도로의 통행 금지·제한 명령
30. 법 제77조에 따른 차량의 운행 제한과 차량운행의 허가
31. 법 제80조에 따른 운행제한 위반 차량 운전자에 대한 명령
32. 법 제82조에 따른 도로공사의 시행을 위한 토지 등의 수용 또는 사용
33. 법 제83조에 따른 재해 발생 시 토지 등의 일시 사용 또는 수용 등
34. 법 제89조제2항에 따른 타공작물의 관리자에 대한 도로공사 및 도로의 유지·관리 비용의 부과·징수, 같은 조 제3항에 따른 타공작물에 관한 공사 및 관리에 필요한 비용의 부과·징수
35. 법 제90조에 따른 부대공사 비용의 부과·징수
36. 법 제91조제1항·제3항 및 제4항에 따른 원인자 및 공공단체 또는 사인 등에 대한 비용의 부과·징수
37. 법 제96조에 따른 법령 위반자 등에 대한 처분 또는 조치(제1항제1호나목에 따라 시·도지사에게 위임되는 권한은 제외한다)
38. 법 제97조에 따른 공익을 위한 처분
39. 법 제100조에 따른 이행강제금의 부과·징수
40. 법 제103조에 따른 수수료의 징수
41. 법 제106조에 따른 권리·의무 승계신고의 접수
42. 법 제117조에 따른 과태료의 부과·징수

③ 국토교통부장관은 법 제110조제1항에 따라 국가지원지방도 및 대도시권 교통혼잡도로에 관한 다음 각 호의 권한을 지방국토관리청장에게 위임한다.
 1. 제87조제1항에 따른 공사착공보고 및 분기별 공정보고의 접수
 2. 제87조제2항에 따른 사업실적보고의 접수
④ 지방국토관리청장은 제3항 각 호에 따른 공사착공보고 및 분기별 공정보고와 사업실적보고를 받은 경우에는 국토교통부령으로 정하는 바에 따라 국토교통부장관에게 보고하여야 한다.
⑤ 국토교통부장관은 법 제110조제1항에 따라 고속국도에 관한 법 제117조에 따른 과태료의 부과·징수 권한을 지방국토관리청장에게 위임한다.

3. 위임 대상노선

   ○ 도로법 시행령 제29조제1항에 따라 [별표1]에서 정한 노선
   ○ 자동차 전용도로 또는 「시설물의 안전관리에 관한 특별법」에 따른 1종 시설물이나 이에 준하는 주요 교량, 터널 등으로서 국토해양부령으로 정하는 시설이 있는 구간은 제외

4. 일반국도 위임구간 관리 시 유의사항

   ○ 일반국도 위임구간의 도로점용허가는 국토교통부 규정에 따라 처리
   ○ 일반국도 위임구간의 도로점용허가대장은 도로점용시스템에 등록하여 관리
   ○ 일반국도 위임구간의 도로점용료 산정부과는 도로점용시스템을 이용하여 처리
   ○ 일반국도 위임구간을 재위임하는 경우 국토교통부장관의 승인 필요(도로법 제110조)
   ○ 도로연결허가는 도로의 차량 진행 방향의 우측에 연결(교차에 의한 연결은 제외)하는 경우에 적용(도로와 다른 시설의 연결에 관한 규칙 제3조)
   ○ 도로연결허가의 평면도 작성 시 도로대장 또는 국가지리정보체계구축 기본계획에 따라 제작된 기본도가 있는 경우에는 이와 연계하여 작성하여야 함(도로와 다른 시설의 연결에 관한 규칙 별표 1의 평면도 작성요령 단서조건)
   ○ 각종 인가·허가 등에 대한 사항을 지방국토관리청장에게 보고 철저(시행규칙 제9조)

5. 지자체용 위임국도 도로점용허가대장 관리기능

1) 기능 소개

   o 일반국도의 일부구간이 지자체로 위임됨에 따라 국도관리사무소에서 전자적으로 관리하던 허가대장의 지자체 이관 및 신규 허가대장 생성 및 관리 필요

   o 위임구간의 점용료 산정 및 부과를 위해서 디지털예산회계시스템과 연계된 도로점용시스템의 지자체 활용

   o 주요기능
   - 위임국도 도로점용허가 실적보고서 작성 및 통계 기능
   - 도로점용허가대장 생성 및 관리 기능
   - 도로점용료 산정 및 부과 기능

   o 기능접속 및 주요화면
   - 시스템 접속 : http://10.188.129.81:9090
   - 주요화면

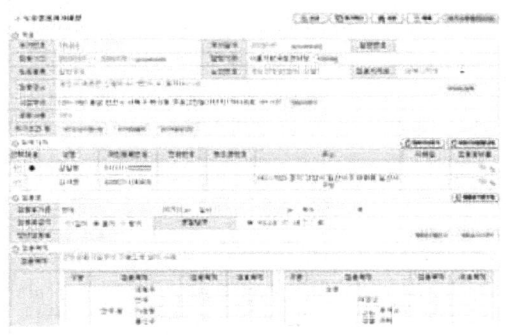
<도로점용허가대장 관리>

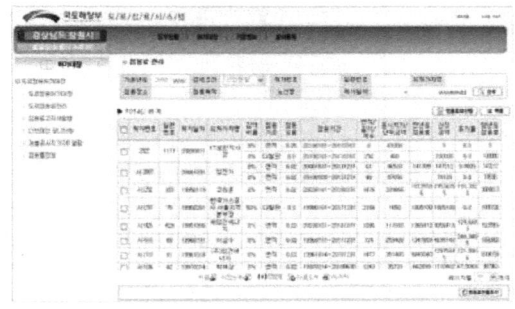
<도로점용료 산정/부과>

2) 기능사용을 위한 준비사항

- ○ 사용자 등록
  - 도로점용시스템 지자체 기능의 사용자 등록은 운영자 (한국건설기술연구원, 031-910-0633, 0049)에게 문의
- ○ 도로점용료 부과를 위한 준비사항
  - 디지털예산회계시스템에 사용자계정(징수관, 재산관리관, 계약관 권한 필요) 등록
  - 수입징수관 계정정보를 운영자에게 메일(cpermit@kict.re.kr) 송부
- ○ 디지털예산회계시스템에서 계정정보 찾는 방법
  - 일선회계관서코드(징수관)

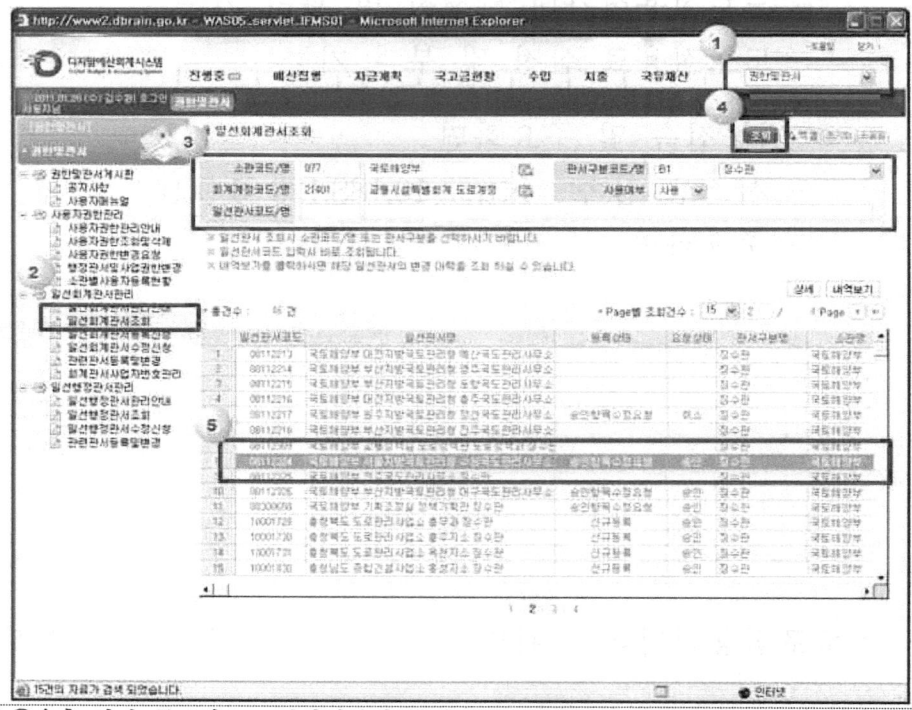

①우측 상단 콤보박스 : 권한및관서 선택
②좌측 메뉴 : 일선회계관서관리 -> 일선회계관서조회 선택
③검색조건 :
 1. 소관코드/명 : 검색팝업버튼을 이용하여 국토해양부 선택
 2. 관서구분코드/명 : 징수관 선택
 3. 회계계정코드/명 : 검색팝업버튼을 이용하여 교통시설특별회계 도로계정 선택
④조회버튼 클릭
⑤목록에서 해당 일선관서명의 일선관서코드 확인

- 일선회계관서코드(재산관리관)

①, ②, ③, ④, ⑤ : 일선회계관서코드(징수관)과 동일
③검색조건에서 "2. 관서구분코드/명"을 재산관리관으로 선택

- 일선회계관서코드(계약관)

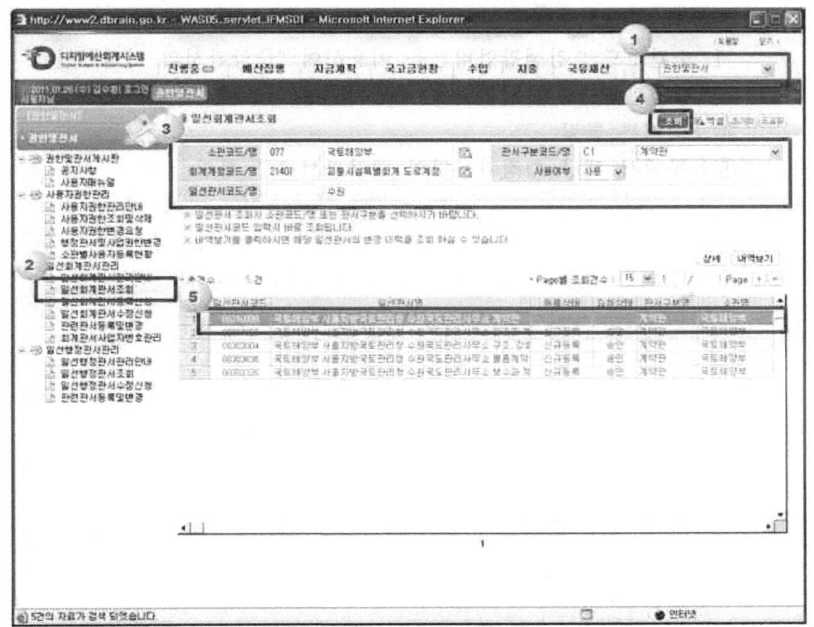

①, ②, ③, ④, ⑤ : 일선회계관서코드(징수관)과 동일
다만, ③검색조건에서 "2. 관서구분코드/명"을 계약관으로 선택

- 행정관서코드

①우측 상단 콤보박스 : 권한및관서 선택
②좌측 메뉴 : 일선행정관서관리 -> 일선행정관서조회 선택
③검색조건 :
 1. 소관코드 : 검색팝업버튼을 이용하여 "중앙관서외 기타"선택
 2. 행정관서코드 : 입력란에 해당기관명(일부)을 입력
④조회버튼 클릭
⑤목록에서 해당 행정과서명의 행정관서코드 확인

| X | 참고자료 |

1 도로점용시스템 세부 운영규정

[국토교통부훈령 제721호, 2016.7.1., 일부개정]

제1조(목적) 이 규정은 「도로법」 제61조와 같은 법 제52조에 따른 도로점용·연결허가 업무를 전산 시스템으로 처리하는데 필요한 사항을 규정함을 목적으로 한다.
제2조(용어의 뜻) ①이 규정에서 사용되는 용어의 뜻은 다음 각 호와 같다.
  1. 시스템이란 「도로법」 제61조와 같은 법 52조, 같은 법 시행령 제54조와 같은 법 시행령 제49조, 같은 법 시행규칙 제26조에 따른 도로의 점용·연결허가 업무(이하 "도로점용·연결허가"라 한다)를 인터넷 기반으로 전산처리할 수 있도록 지원하는 도로점용시스템을 말한다.
  2. "시스템관리자"란 시스템이 정상적인 기능을 유지할 수 있도록 관리·운영하는 자로서 국토교통부 도로운영과장을 말한다.
  3. "시스템사용자"란 시스템을 이용하여 제3조 각 호 기관의 도로점용·연결허가 업무를 처리하는 자로서 시스템 관리자가 지정한 자를 말한다.
  4. "시스템운영자"란 시스템관리자로부터 시스템의 운영을 위탁받은 자를 말한다.
제3조(적용범위 등) ①도로점용·연결허가 업무를 시스템을 활용하여 처리할 때 이 규정을 적용한다.
  ②이 규정을 적용받는 기관은 다음 각 호와 같다.
  1. 국토교통부
  2. 지방국토관리청
  3. 국토관리사무소
제4조(다른 규정과의 관계) 시스템의 운영 및 변경관리 등과 관련하여 다른 규정이 있는 경우를 제외하고는 이 규정에서 정하는 바에 따른다.
제5조(시스템 관리 등) ①시스템관리자는 시스템사용자 및 운영자를 지정하는 등 시스템 운영관리에 차질이 없도록 하여야 한다.
  ②시스템관리자는 효율적인 업무수행을 위해 시스템 운영을 외부 전문기관에 위탁하거나 자문을 의뢰할 수 있다.
  ③시스템운영자는 시스템 관리, 프로그램 개선과 보급, 이용자 교육 및

수록된 정보의 등록·삭제·수정을 위한 정보수집과 분석 등 시스템 운영업무를 전담한다.

제6조(시스템 변경) 시스템에 대한 주요 개선요구사항이 있는 기관은 시스템관리자에게 문서로 시스템의 변경을 요청하여야 하며, 시스템관리자는 검토 후 필요한 조치를 취한 후 그 결과를 해당 기관에 통보하여야 한다.

제7조(운영위원회 구성 등) ①시스템관리자는 시스템의 원활한 운영과 발전 등을 논의하기 위하여 운영위원회를 구성하여 운영할 수 있다.
②운영위원회는 국토교통부장관(도로운영과장을 말한다)을 위원장으로 하고, 지방국토관리청 및 국도관리사무소의 도로점용·연결허가 업무담당자와 외부 전문가 등 10인 이내의 운영위원으로 구성한다.
③위원장은 필요시 위원회를 소집하여 시스템관리에 관한 사항을 심의할 수 있다.
④운영위원에게 직무수행과 관련하여 예산의 범위 안에서 수당, 여비 및 그 밖에 필요한 경비를 지급할 수 있다.

제8조(전자설계도서 작성기준) 시스템관리자는 도로점용·연결허가 전자설계도서 작성기준을 각 지방국토관리청 및 국토관리사무소 담당자에게 작성·배포하여야 한다.

제9조(도로점용·연결허가 신청 및 접수) ①민원인이 시스템을 통하여 도로점용·연결허가를 신청하면 시스템사용자는 다음 각 호를 확인한 후 접수한다
 1. 구비서류의 누락여부
 2. 구비서류의 가독성
②민원인이 제1항의 시스템 신청 외에 서면으로 신청한 경우 시스템사용자는 접수 즉시 시스템에 입력하여야 한다.
③대규모 굴착공사 등과 관련한 도로점용·연결허가 신청서를 접수할 때 전자설계도서의 출력이 어려운 경우 시스템사용자는 해당 민원인에게 서면자료를 요청할 수 있다.

제10조(실적보고) 적용대상기관은 시스템 운영실적을 별지 제1호 서식에 따라 매분기 익월 5일까지 시스템관리자에게 보고하여야 한다.

제11조(정보공개) <삭제>

제12조(설계도서 보관) 도로관리청은 시스템을 이용하여 도로점용·연결허가 설계도서를 보관 및 관리한다.

제13조(재검토기한) 「훈령·예규 등의 발령 및 관리에 관한 규정」(대통령훈령 제248호)에 따라 **이 훈령 대하여 2016년 7월 1일을 기준으로 매 3년이 되는 시점(매 3년째의 6월 30일까지를 말한다)마다 그 타당성을 검토하여 개선 등의 조치를 하여야 한다.**

도로점용시스템 운영규정 [별지 제1호서식]

도로점용·연결허가 실적보고(분기)

☐ 보고일시 :

☐ 보고내용 :

(매분기말 기준, 단위 ; 건)

허가유형	허가신청	시스템 입력	시스템 미입력*	비 고
합 계				
사전심사				
허가신청				
허가변경				
권리의무승계				
허가기간연장				
공사완료확인				
기 타				

* 시스템 미입력 사항은 별지로 작성

        작 성 자   직급   성명   (인)

        확 인 자   직위   성명   (인)

<별지 : 도로점용시스템 미입력 현황>

구분	신청번호·허가번호	허가유형	점용면적 (㎡)	미입력 사유	입력 예정일
1					
2					
3					
4					
5					

※ 미입력사유는 구체적으로 상세설명

② 도로와 다른 시설의 연결에 관한 규칙

[시행 2014.12.29.] [국토교통부령 제159호, 2014.12.29., 일부개정]

제1조(목적) 이 규칙은 「도로법」 제52조에 따라 도로에 다른 도로, 통로, 그 밖의 시설을 연결시키려는 경우의 허가기준, 허가절차, 설치기준과 그 밖에 필요한 사항을 정하여 교통의 안전과 원활한 소통을 확보하고 도로 구조를 보전함을 목적으로 한다. <개정 2014.7.15.>
[전문개정 2010.9.15.]

제2조(정의) 이 규칙에서 사용하는 용어의 뜻은 다음 각 호와 같다. <개정 2014.12.29.>
1. "변속차로"란 자동차를 가속시키거나 감속시키기 위하여 설치하는 차로를 말한다.
2. "테이퍼"란 주행하는 자동차의 차로 변경을 원활하게 유도하기 위하여 차로가 분리되는 구간이나 차로가 접속되는 구간에 설치하는 삼각형 모양의 차도 부분을 말한다.
3. "부대시설"이란 주행하는 자동차의 안전을 위하여 도로에 설치하는 방호울타리, 낙석방지시설, 사설(私設) 안내표지, 노면표시 및 분리대 등을 말한다.
4. "부가차로"란 변속차로로 연결되는 사업부지 사이에 설치하는 차로를 말한다.
5. "교차로"란 세갈래교차로, 네갈래교차로, 회전교차로, 입체교차로 등 둘 이상의 도로가 교차되거나 접속되는 공간을 말한다.
6. 삭제 <2014.12.29.>
7. "연결로"란 입체교차하는 도로에서 서로 교차하는 도로를 연결하거나 서로 높이 차이가 있는 도로를 연결해 주는 도로를 말한다.
8. "측도(側道)"란 자동차가 도로 주변으로 출입할 수 있도록 본선 차도에 병행하여 설치하는 도로를 말한다.
9. "교통섬"이란 자동차의 안전하고 원활한 교통처리나 보행자 도로횡단의 안전을 확보하기 위하여 교차로 또는 차도의 분기점 등에 설치하는 섬 모양의 시설을 말한다.
10. "길어깨"란 도로를 보호하고 비상시에 이용하기 위하여 차도에 접속하여 설치하는 도로의 부분을 말한다.

11. "연석(緣石)"이란 보도 등과 차도의 경계선에 연접하여 설치하는 경계석을 말한다.
[전문개정 2010.9.15.]

제3조(적용 범위) ① 이 규칙은 「도로법」(이하 "법"이라 한다) 제12조제1항에 따른 일반국도(법 제23조제2항이 적용되는 일반국도는 제외한다. 이하 "일반국도"라 한다)의 차량 진행 방향의 우측으로 진입하거나 진출할 수 있도록 다른 도로, 통로 또는 그 밖의 시설(이하 "다른 시설"이라 한다)을 도로의 차량 진행 방향의 우측에 연결(교차에 의한 연결은 제외한다)하는 경우에 적용한다. <개정 2014.7.15., 2014.12.29.>
② 제1항에 따라 연결하는 경우 외에는 「도로의 구조·시설기준에 관한 규칙」에서 정하는 바에 따른다. 다만, 이 경우에도 연결허가의 신청은 제4조제1항 및 제2항에 따른다.
[전문개정 2010.9.15.]

제4조(연결허가의 신청 등) ① 법 제52조제1항에 따라 일반국도에 다른 시설을 연결하려면 별지 제1호서식의 도로와 다른 시설의 연결허가신청서를 도로관리청(이하 "관리청"이라 한다)에 제출하여야 한다. <개정 2014.7.15., 2014.12.29.>
② 제1항에 따른 도로와 다른 시설의 연결허가신청서에는 다음 각 호의 서류를 첨부하여야 한다. <개정 2014.12.29.>
1. 연결계획서
2. 변속차로, 부가차로, 회전차로(이하 "변속차로등"이라 한다) 및 부대시설 등의 설계도면(점용장소의 면적은 1/1,200 이상의 평면도에 도로 중심선에서의 좌우거리 및 위치를 표시한다)
3. 주요 지하매설물 관리자의 의견서(주요 지하매설물이 있는 점용지역에서 연결공사를 하는 경우에만 해당한다)
③ 제2항제1호에 따른 연결계획서에는 다음 각 호의 사항이 포함되어야 한다.
1. 사업 개요(목적, 규모, 기간 및 투자계획과 필요한 경우 교통수요 분석 등을 포함할 것)
2. 변속차로등의 설치계획
3. 부대시설의 설치계획
4. 연결공사 중의 안전관리대책 및 교통관리대책
5. 도로 연결의 목적이 되는 시설물의 법정 주차 대수(시설물이 있는 경우

에 한정한다)

④ 제2항제2호에 따른 변속차로등의 설계도면의 작성은 별표 1 및 별표 2에서 정하는 작성요령과 설치방법에 따라야 한다.

⑤ 일반국도에 다른 시설을 연결시키려는 자는 제1항에 따른 연결허가를 신청하기 전에 관리청에 연결을 신청하려는 도로의 구간이 제6조에 따른 연결허가 금지구간에 해당하는지에 대한 확인을 요청할 수 있다. 이 경우 요청을 받은 관리청은 특별한 사유가 없으면 이에 따라야 한다. <개정 2014.12.29.>

⑥ 제1항에 따른 연결허가를 신청한 자가 연결허가를 받은 후 연결허가기간을 연장하거나 허가내용을 변경하려면 별지 제2호서식의 연결허가기간 연장신청서 또는 별지 제3호서식의 연결허가 변경신청서(변경내용 관계 도서를 첨부하여야 한다)를 관리청에 제출하여야 한다. <개정 2014.12.29.>
[전문개정 2010.9.15.]

제5조(도시지역 등에서의 연결허가 기준) ① 관리청은 「국토의 계획 및 이용에 관한 법률」 제6조제1호에 따른 도시지역(이하 "도시지역"이라 한다)에서 일반국도에 다른 시설을 연결하려는 경우로서 일반국도가 다음 각 호의 어느 하나에 해당하는 경우에는 해당 계획에 적합하도록 허가(제4조제6항에 따른 연장허가 및 변경허가를 포함한다. 이하 같다)하여야 한다. <개정 2012.4.13., 2014.12.29.>

1. 해당 일반국도가 「국토의 계획 및 이용에 관한 법률」 제2조제4호에 따른 도시·군관리계획(이하 "도시·군관리계획"이라 한다)에 따라 정비되어 있는 경우
2. 도로와 다른 시설의 연결허가신청일에 해당 일반국도에 대하여 「국토의 계획 및 이용에 관한 법률」 제85조에 따른 단계별 집행계획 중 제1단계 집행계획이 수립되어 있는 경우

② 관리청은 시공 중인 일반국도에 다른 시설을 연결하려는 경우에는 해당 도로공사에 지장을 주지 아니하는 범위에서 허가할 수 있다. 이 경우 관리청은 그 연결허가구간에 대하여 별지 제4호서식에 따른 도로와 다른 시설의 연결허가 신청구간 도로시설물 현황조서(도로시설물의 물량 및 사업비에 대한 산출 근거자료와 시공물량 사진을 첨부한다)를 작성하고 설계를 변경하는 등 필요한 조치를 하여야 한다. <개정 2014.12.29.>
[전문개정 2010.9.15.]

제6조(연결허가의 금지구간) 관리청은 다음 각 호의 어느 하나에 해당하는

일반국도의 구간에 대해서는 다른 시설의 연결을 허가해서는 아니된다. 다만, 제1호, 제2호, 제5호 및 제6호는 도시지역에 있는 일반국도로서 제5조제1항 각 호의 어느 하나에 해당하는 경우에는 적용하지 아니한다. <개정 2012.4.13., 2014.12.29.>

1. 곡선반지름이 280미터(2차로 도로의 경우에는 140미터) 미만인 곡선구간의 안쪽 차로 중심선에서 장애물까지의 거리가 별표 3에서 정하는 최소거리 이상이 되지 아니하여 시거(視距)를 확보하지 못하는 경우의 안쪽 곡선구간
2. 종단(縱斷) 기울기가 평지는 6퍼센트, 산지는 9퍼센트를 초과하는 구간. 다만, 오르막 차로가 설치되어 있는 경우 오르막 차로의 바깥쪽 구간에 대해서는 연결을 허가할 수 있다.
3. 일반국도와 다음 각 목의 어느 하나에 해당하는 도로를 연결하는 교차로에 대하여 별표 4에 따른 교차로 연결 금지구간 산정 기준에서 정한 금지구간 이내의 구간. 다만, 일반국도로서 제5조제1항 각 호의 어느 하나에 해당하거나 5가구 이하의 주택과 농어촌 소규모 시설(「건축법」 제14조에 따라 건축신고만으로 건축할 수 있는 소규모 축사 또는 창고 등을 말한다)의 진출입로를 설치하는 경우에는 별표 4 제2호 및 제3호에 따른 제한거리를 금지구간에 포함하지 아니한다.
   가. 「도로법」 제2조제1호에 따른 도로
   나. 「농어촌도로 정비법」 제4조에 따른 면도(面道) 중 2차로 이상으로 설치된 면도
   다. 2차로 이상이며 그 차도의 폭이 6미터 이상이 되는 도로
   라. 관할 경찰서장 등 교통안전 관련 기관에 대한 의견조회 결과, 도로 연결에 따라 교통의 안전과 소통에 현저하게 지장을 초래하는 것으로 인정되는 도로
4. 삭제 <2014.12.29.>
5. 터널 및 지하차도 등의 시설물 중 시설물의 내부와 외부 사이의 명암 차이가 커서 장애물을 알아보기 어려워 조명시설 등을 설치한 경우로서 다음 각 목의 어느 하나에 해당하는 구간
   가. 설계속도가 시속 60킬로미터 이하인 일반국도: 해당 시설물로부터 300미터 이내의 구간
   나. 설계속도가 시속 60킬로미터를 초과하는 일반국도: 해당 시설물로부터 350미터 이내의 구간

6. 교량 등의 시설물과 근접되어 변속차로를 설치할 수 없는 구간

7. 버스 정차대, 측도 등 주민편의시설이 설치되어 이를 옮겨 설치할 수 없거나 옮겨 설치하는 경우 주민 통행에 위험이 발생될 우려가 있는 구간

[전문개정 2010.9.15.]

제7조(변속차로등의 포장 등) ① 변속차로등은 접속되는 도로부분을 수직으로 잘라낸 부분에 그 도로의 포장과 같은 강도를 유지할 수 있는 두께 및 재료로 포장을 하여야 한다.

② 변속차로등은 노면의 배수에 지장이 없도록 그 횡단(橫斷) 기울기가 접속되는 도로와 같거나 그 도로보다 완만하게 포장을 하여야 한다.

[전문개정 2010.9.15.]

제8조(변속차로) 변속차로는 다음 각 호의 기준에 적합하게 설치하여야 한다. <개정 2014.12.29.>

1. 길이는 별표 5에서 정한 기준 이상으로 할 것
2. 폭은 3.25미터 이상으로 할 것
3. 자동차의 진입과 진출을 원활하게 유도할 수 있도록 노면표시를 할 것
4. 사업부지에 접하는 변속차로의 접속부는 곡선반지름이 12미터 이상인 곡선으로 처리할 것. 다만, 별표 2에서 정한 곡선반지름이 있는 경우에는 그에 따른다.
5. 성토부, 절토부 등 비탈면의 기울기는 접속되는 도로와 같거나 그 도로보다 완만하게 설치할 것

[전문개정 2010.9.15.]

제8조의2(부가차로) 부가차로는 다음 각 호의 기준에 적합하게 설치하여야 한다. <개정 2014.12.29.>

1. 길이는 특별한 사정이 없으면 500미터 이하로 할 것
2. 폭은 3미터 이상으로 할 것
3. 사업부지와 부가차로의 접속부는 곡선반지름이 12미터 이상인 곡선으로 처리할 것. 다만, 별표 2에서 정한 곡선반지름이 있는 경우에는 그에 따른다.

[전문개정 2010.9.15.]

제9조(배수시설) 배수시설은 다음 각 호의 기준에 적합하게 설치하여야 한다. <개정 2014.12.29.>

1. 노면의 빗물 등을 처리할 수 있도록 길어깨의 바깥쪽에 연석을 설치할

것
2. 기존의 배수체계에 지장이 없도록 연결할 것
3. 접속되는 도로의 배수시설이 변속차로등의 설치로 인하여 매립될 경우에는 기존의 배수관보다 큰 규격의 배수관을 설치하여 배수처리에 지장이 없도록 하고, U형 측구(側溝) 등 배수시설이 이미 정비되어 있는 경우에는 배수처리에 지장이 없도록 같은 단면의 배수관을 설치할 수 있으며, 배수시설에 퇴적되는 토사 등을 쉽게 제거하기 위하여 20미터 이내의 일정한 간격으로 뚜껑이 있는 맨홀을 설치할 것
4. 변속차로등으로 연결되는 시설물의 오수(汚水) 또는 빗물이 접속되는 도로로 흘러가지 않도록 배수시설을 별도로 설치할 것. 이 경우 배수시설은 격자형 철제 뚜껑이 있는 유효 폭 30센티미터 이상, 유효 깊이 60센티미터 이상의 U형 콘크리트 측구로 할 것

[전문개정 2010.9.15.]

제10조(분리대) 분리대는 다음 각 호의 기준에 적합하게 설치하여야 한다. <개정 2014.12.29.>
1. 변속차로의 진출입부를 제외한 사업부지의 전면에는 자동차의 무질서한 진출입을 방지할 수 있도록 접속되는 도로의 길어깨 바깥쪽에 분리대를 설치할 것
2. 분리대는 화단, 방호울타리, 교통섬(별표 2 제3호가목 및 제4호가목에 따른 변속차로 등의 설치의 경우에 한정한다) 또는 그 밖에 이와 유사한 공작물로 설치하되, 안전사고를 예방하기 위하여 필요한 경우에는 변속차로의 진입부에 충격흡수시설을 설치할 것
3. 분리대는 높이 0.3미터(교통섬은 0.12미터) 이상으로 설치하되, 시거장애가 없도록 할 것
4. 분리대를 화단으로 설치할 경우 그 폭은 1미터 이상으로 하고 그 분리대 노면에 빗물 등이 고이지 않도록 하되, 필요한 경우에는 변속차로등의 배수시설과는 별도로 폭 30센티미터 이상의 격자형 철제 뚜껑이 있는 U형 콘크리트 측구를 설치할 것
5. 야간에 운전자가 분리대를 알아볼 수 있도록 분리대에 빛을 강하게 반사할 수 있는 반사지를 붙이거나 시선유도표지등을 설치할 것
6. 기존에 설치된 변속차로와 연결하여 다른 시설의 변속차로를 추가로 설치할 때에는 연결된 시설을 통합된 하나의 시설로 보아 그것에 적합한 연속된 분리대를 설치할 것

[전문개정 2010.9.15.]

제11조(변속차로등의 길어깨) 길어깨는 다음 각 호의 기준에 적합하게 설치하여야 한다. <개정 2014.12.29.>
  1. 변속차로의 길어깨는 접속되는 도로의 길어깨와 동등한 구조로 폭 1미터 이상으로 설치할 것. 다만, 길어깨가 보도로도 이용되는 경우에는 보도의 폭을 확보할 수 있도록 하여야 한다.
  2. 변속차로등의 노면이 변속차로등으로 연결되는 시설물의 주차공간으로 잠식될 우려가 있는 경우에는 길어깨 바깥쪽에 연석, 방호울타리 등을 설치할 것
  3. 변속차로의 길어깨에는 폭 0.25미터 이상의 측대를 설치할 것
  4. 변속차로의 길어깨 바깥쪽에는 방호울타리 등을 설치할 수 있는 보호 길어깨를 확보할 것
[전문개정 2010.9.15.]

제12조(부대시설) 변속차로등의 부대시설은 다음 각 호의 기준에 적합하게 설치하여야 한다. <개정 2014.12.29.>
  1. 방호울타리, 낙석 방지시설 등의 안전시설은 현지의 여건이나 비탈면의 지형조건에 맞게 설치할 것
  2. 변속차로등의 노면표시는 접속되는 도로와 같은 규격으로 하고 분리대가 설치되지 않은 부분 등에는 안전지대표시를 할 것
[전문개정 2010.9.15.]

제13조(공사시행) 해당 변속차로등을 제외하고 차량의 진출입로가 없는 경우에는 공사시행의 효율성을 높이고 공사용 차량의 안전한 진출입을 위하여 모든 시설공사 중에서 변속차로등의 공사를 먼저 시행하여야 한다.
[전문개정 2010.9.15.]

제14조 삭제 <2002.4.27.>

부칙 <건설교통부령 제204호, 1999.8.9.>
①(시행일) 이 규칙은 1999년 8월 9일부터 시행한다.
②(다른 도로등에 관한 경과조치) 이 규칙 시행 당시 종전의 규정에 의하여 연결허가를 받았거나 연결허가를 신청중인 다른 도로등에 관하여는 종전의 규정에 의한다.

③(도로연결 재허가에 관한 경과조치) 이 규칙 시행당시 종전의 규정에 의하여 허가기간이 정하여진 도로연결허가를 받은 시설이 허가기간이 만료되어 새로 허가를 받아야 하는 경우 시설물의 용도에 변경이 없는 경우에 한하여 종전의 규정을 적용하여 허가할 수 있다. 다만, 도로의 여건 변화로 인하여 교통의 안전과 소통에 현저한 지장을 초래할 우려가 있는 경우에는 이 규칙을 적용한다. <신설 2005.12.30.>

부칙 <건설교통부령 제314호, 2002.4.27.>
①(시행일) 이 규칙은 공포한 날부터 시행한다.
②(연결로 등의 설치 등에 관한 적용례) 제6조제3호 단서, 제8조의2, 별표 2, 별표 4 및 별표 5의 개정규정은 이 규칙 시행후 최초로 연결허가를 신청하는 연결로등부터 적용한다.

부칙 <건설교통부령 제375호, 2003.10.8.>
①(시행일) 이 규칙은 공포한 날부터 시행한다.
②(도시지역안의 도로에 관한 적용례) 제6조의 개정규정은 이 규칙 시행후 최초로 연결허가를 신청하는 분부터 적용한다.

부칙 <건설교통부령 제486호, 2005.12.30.>
①(시행일) 이 규칙은 공포한 날부터 시행한다.
②(연결허가금지구간 등에 관한 적용례) 제6조, 별표 4, 별표 4의2, 별표 5의 개정규정은 이 규칙 시행 후 최초로 연결허가를 신청하는 분부터 적용한다.

부칙 <국토해양부령 제10호, 2008.5.13.>
제1조 (시행일) 이 규칙은 공포한 날부터 시행한다.
제2조 (도시지역 등에서의 연결허가 기준 등에 관한 적용례) 제5조, 제6조 및 별표 2의 개정규정은 이 규칙 시행 후 최초로 연결허가를 신청하는 분부터 적용한다.

부칙 <제282호, 2010. 9.15>

제1조(시행일) 이 규칙은 2010년 9월 23일부터 시행한다.

제2조(배수시설에 관한 적용례) 제9조의 개정규정은 이 규칙 시행 후 최초로 연결허가를 신청하는 경우부터 적용한다.

부칙 <제159호, 2014.12.29.>
이 규칙은 공포한 날부터 시행한다.

[별표 1] <개정 2010.9.15>

변속차로등의 설계도면 작성요령(제4조제4항관련)

도 면 명	작 성 요 령
위 치 도	1/50,000(또는 1/25,000) 축척의 지형도에 연결 시설물의 위치 표시
평 면 도	연결부 주변의 지형·지물을 1/1,200 이상 축척으로 작성(접속되는 도로의 중앙선, 포장 끝선, 길어깨선, 도로부지 경계선, 접도구역선, 「도로의 구조·시설 기준에 관한 규칙」 제32조제3항에 따른 도류화시설, 배수시설, 분리대, 그 밖의 시설물의 위치 등을 표시. 다만, 도로대장 또는 국가지리정보체계구축 기본계획에 따라 제작된 기본도가 있는 경우에는 이와 연계하여 작성)
종단면도	세로 방향 1/1,200 이상, 가로 방향 1/100 이상 축척으로 작성[측점(測點)은 20미터 간격으로 하되, 땅의 표면 높이가 급격히 변하는 지점을 추가 측점으로 설치]
횡단면도	측점마다 1/100 이상 축척으로 작성(배수시설, 분리대, 도로의 중심선, 도로부지 및 접도구역의 경계선 등을 표시. 횡단면의 범위는 시공계획 폭 양쪽으로 연결 시설물의 영향이 미치는 부분까지 포함)
구조물도	각종 구조물의 규격과 위치를 명확히 알 수 있도록 정확한 치수로 표시하여 작성
부 대 공 사 도	변속차로등과 관련하여 설치되는 부대시설(방호시설, 노면표시 등)에 대한 상세도 작성

[별표 2] <개정 2014.12.29.>

변속차로등의 설치방법(제4조제4항 관련)

1. 직접식 변속차로 설치

 가. 1개소 연결의 경우

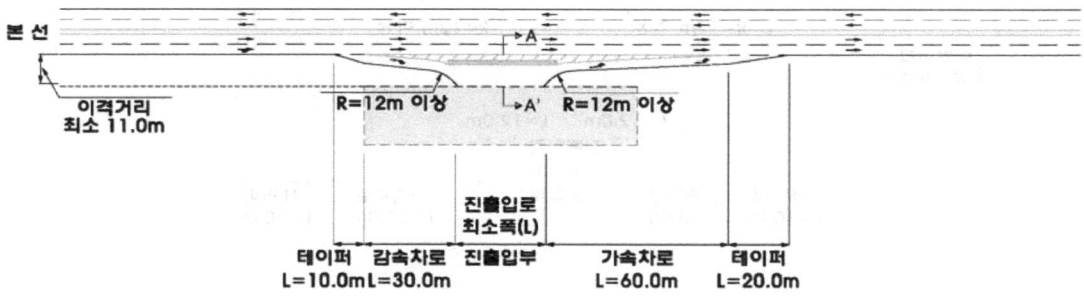

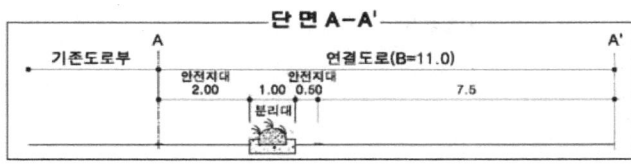

 나. 2개소 이상 연결의 경우

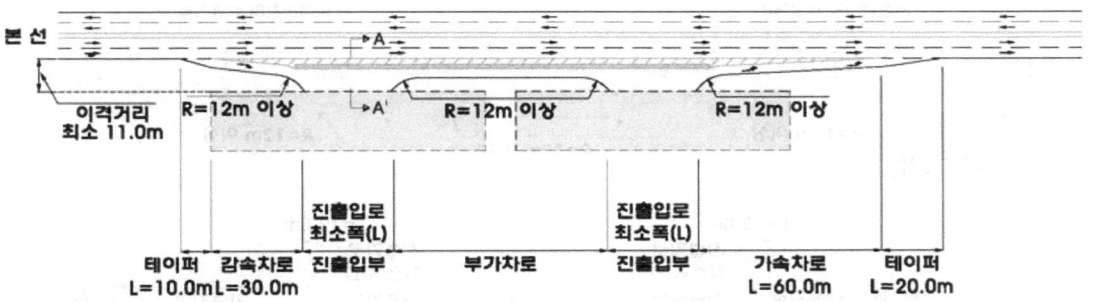

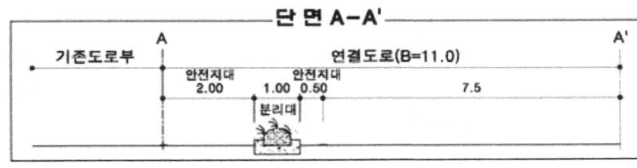

2. 평행식 변속차로 설치

가. 1개소 연결의 경우

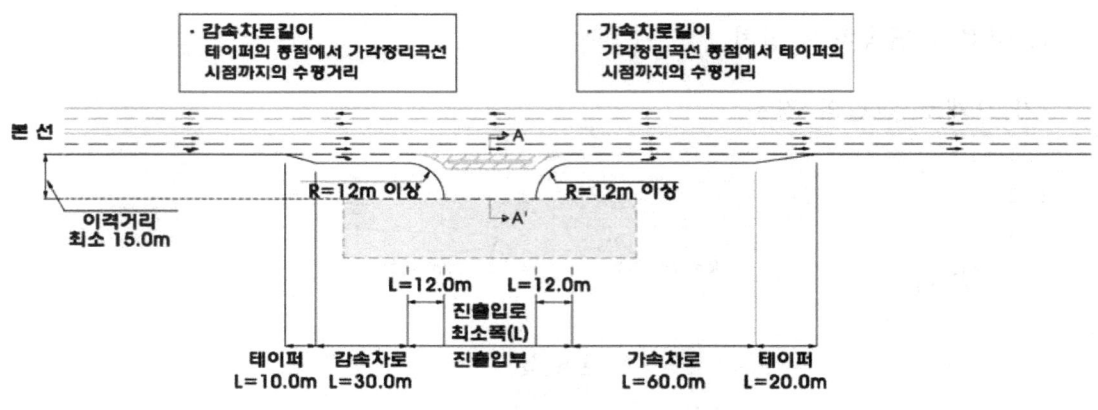

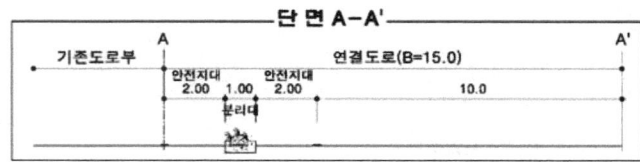

나. 2개소 이상 연결의 경우

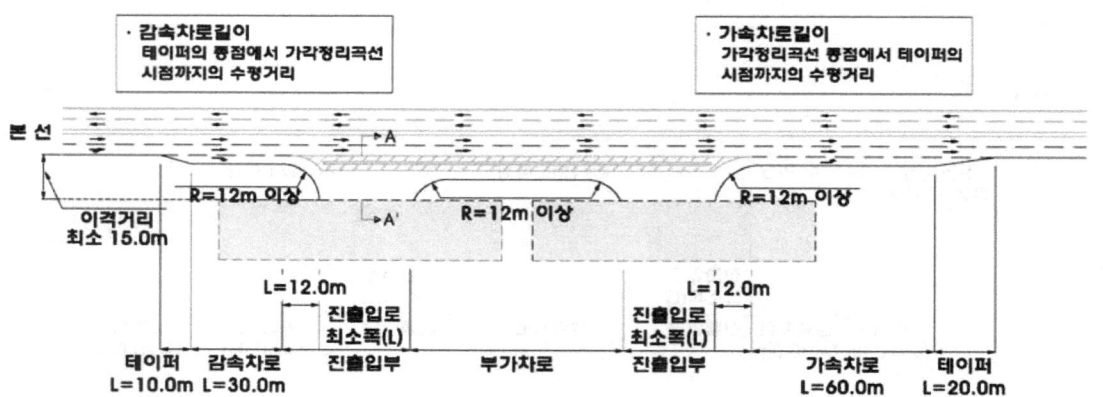

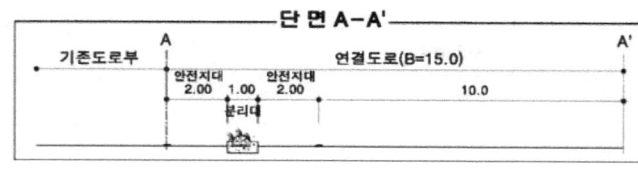

3. 평행식 감속차로와 직접식 가속차로 설치

가. 1개소 연결의 경우

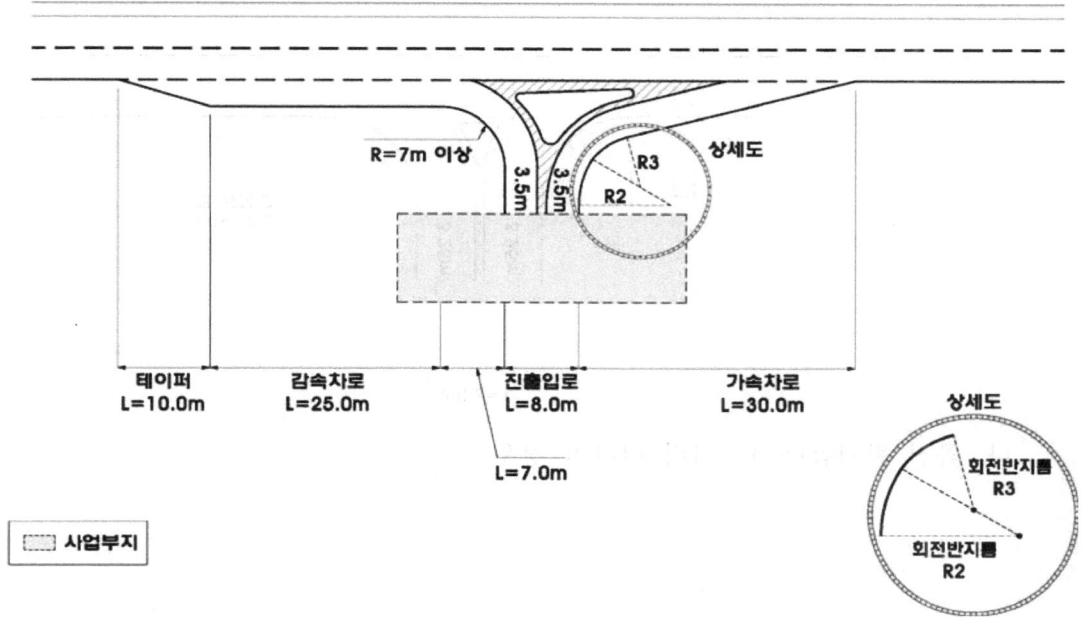

나. 2개소 이상 연결의 경우

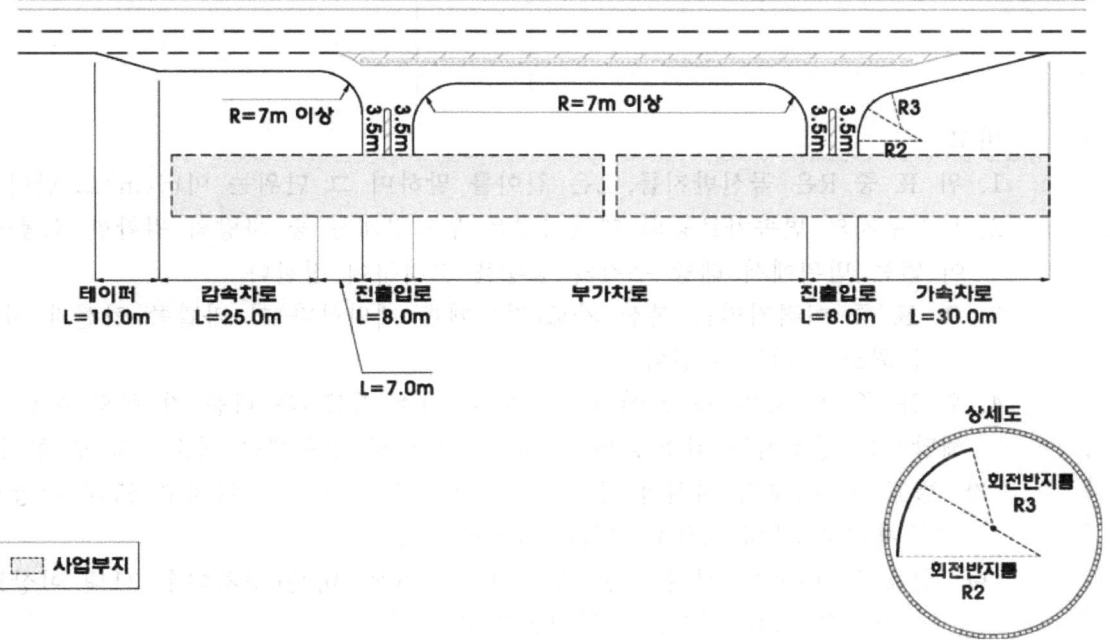

4. 도로의 모서리곡선화를 통한 변속차로 대체(代替) 설치
 가. 곡선 반지름(R_4) 5미터 이상인 경우

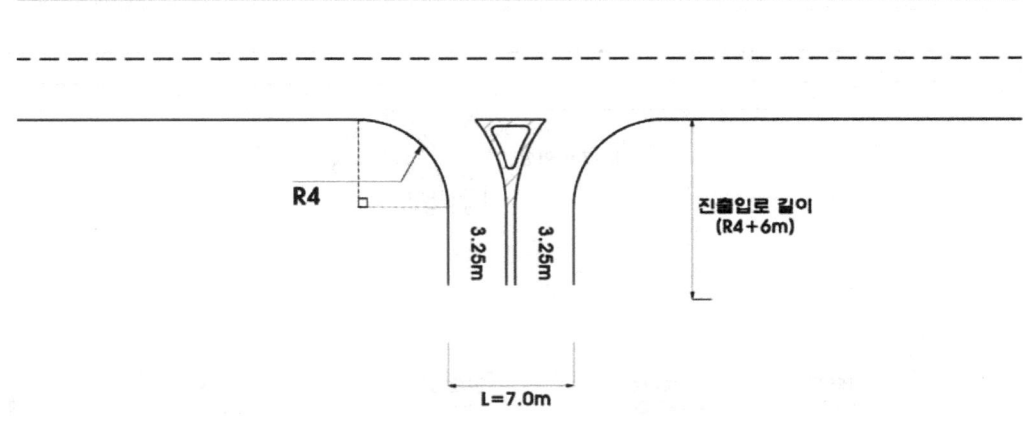

 나. 곡선 반지름(R_4) 3미터 이하인 경우

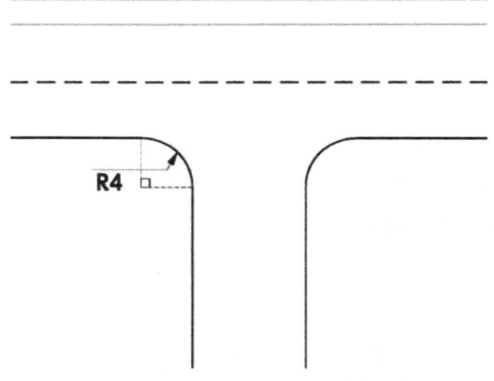

비고
1. 위 표 중 R은 곡선반지름, L은 길이를 말하며 그 단위는 미터(m)로 한다.
2. 사업부지와 변속차로등의 연결지점은 부지경계선 중 차량의 원활한 소통에 지장이 없는 범위에서 해당 부지의 상황을 고려하여 정한다.
3. 위 표 중 이격거리는 본선 차도(길어깨를 제외한다)의 바깥쪽 차선과 사업부지 간의 최소 거리를 말한다.
4. 위 표 중 제1호와 제2호에서 진출입로 최소 폭(L)은 다음 각 목의 어느 하나에 해당하는 경우에는 최소 20m로 하고, 그 밖의 경우에는 최소 10m로 한다.
  가. 별표 5 제1호의 시설란 중 가목, 나목, 마목, 바목(주차대수 51대 이상), 사목(주차대수 51대 이상), 아목(101가구 이상)
  나. 별표 5 제2호의 시설란 중 가목, 나목, 마목, 바목(주차대수 31대 이상), 사목(주차대수 51대 이상), 아목(101가구 이상)

5. 위 표 중 제3호가목과 제4호가목은 분리대를 교통섬의 형태로 설치할 수 있다.
6. 위 표 중 제3호에서 곡선 반지름 R_2, R_3의 크기는 가속차로의 길이에 따라 결정되며 그 최소 길이는 다음 표와 같다.

가속차로의 길이(미터)	R_2(미터)	R_3(미터)
30	10	7
25	7	5
20	7	5

[별표 3] <개정 2014.12.29.>

<u>곡선구간의 곡선반지름 및 장애물까지의 최소거리</u>(제6조제1호관련)

(단위 : 미터)

구 분	4 차 로 이 상				2 차 로		
곡선반경	260	240	220	200	120	100	80
최소거리	7.5	8	8.5	9	7	8	9

비고 : 최소거리는 곡선구간의 안쪽차로 중심선에서 장애물까지의 최소거리를 말한다.

[별표 4] <개정 2014.12.29.>

교차로 연결 금지구간 산정 기준(제6조제3호 관련)

1. 변속차로가 설치되지 않았거나 설치계획이 없는 평면교차로의 연결 금지구간의 산정 기준은 다음 각 목과 같다.
   가. 연결 금지구간은 도로가 교차하는 물리적인 영역과 제한거리로 한다.
   나. 제한거리는 감속차선의 경우 차량의 정지선에서부터 산정하고, 가속차선의 경우 교차하는 도로의 연장선과 만나는 지점에서부터 산정하며, 최소길이는 다음 표와 같다.

설계속도 (킬로미터/시간)	제한거리의 최소길이(미터)	
	제5조제1항제1호 및 제2호에 따른 지역, 지구단위계획구역, 제2단계 집행계획 수립지역	그 밖의 지역
50	25	40
60	40	60
70	60	85
80	70	100

<예시도> 변속차로가 설치되지 않았거나 설치계획이 없는 평면교차로의 연결 금지구간

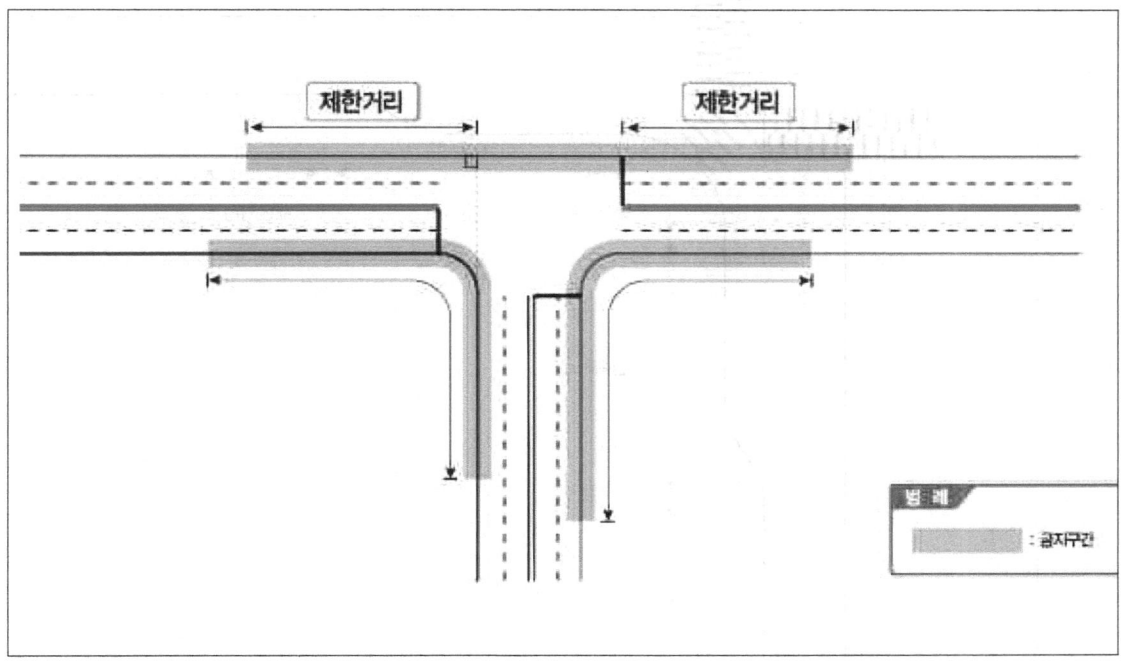

2. 변속차로가 설치되었거나 설치예정인 평면교차로의 연결 금지구간의 산정 기준은 다음 각 목과 같다.

가. 연결 금지구간은 본선 또는 교차도로에서 교차로로 진입하는 감속차로 테이퍼의 시작점부터 교차로를 지나 교차도로 또는 본선에 진입하는 가속차로 테이퍼의 종점까지의 범위와 제한거리로 한다.
나. 제한거리는 본선 또는 교차도로의 가속·감속차로 전방·후방에서부터 산정하며 최소길이는 다음 표와 같다.

구분	지구단위계획구역, 제2단계 집행계획 수립지역	그 밖의 지역
제한거리의 최소길이(미터)	10	20

다. 제5조제1항 각 호의 어느 하나에 해당하는 경우에는 제한거리를 적용하지 않는다.
라. 5가구 이하의 주택과 농어촌 소규모 시설(「건축법」 제14조에 따라 건축신고만으로 건축할 수 있는 소규모 축사 또는 창고 등을 말한다)의 진출입로를 설치하는 경우에는 제한거리를 적용하지 않는다.

<예시도> 변속차로가 설치되었거나 설치예정인 평면교차로의 연결 금지구간

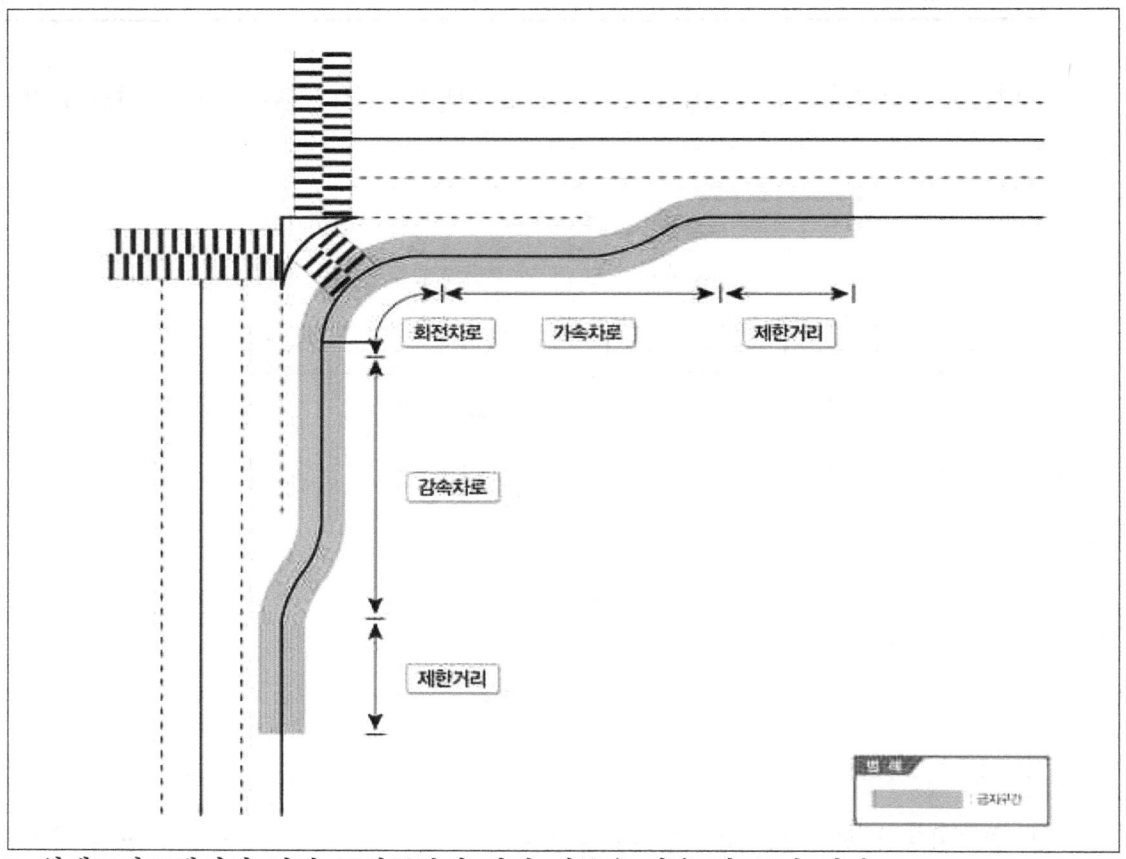

3. 입체교차로에서의 연결 금지구간의 산정 기준은 다음 각 목과 같다.

가. 연결 금지구간은 본선 또는 교차도로에서 입체교차로로 진입하는 감속차로 테이퍼의 시작점부터 연결로를 지나 교차도로 또는 본선의 가속차로 테이퍼의 종점까지의 범위와 제한거리로 한다.
나. 제한거리는 연결로가 접속된 본선 또는 교차도로의 연결로 접속부 전방·후방에서부터 산정하며 최소길이는 다음 표와 같다.

구분	4차로 이상	2차로
제한거리의 최소길이(미터)	60	45

다. 제5조제1항 각 호의 어느 하나에 해당하는 경우에는 제한거리를 적용하지 않는다.
라. 5가구 이하의 주택과 농어촌 소규모 시설(「건축법」 제14조에 따라 건축신고만으로 건축할 수 있는 소규모 축사 또는 창고 등을 말한다)의 진출입로를 설치하는 경우에는 제한거리를 적용하지 않는다.

<예시도> 입체교차로의 연결 금지구간

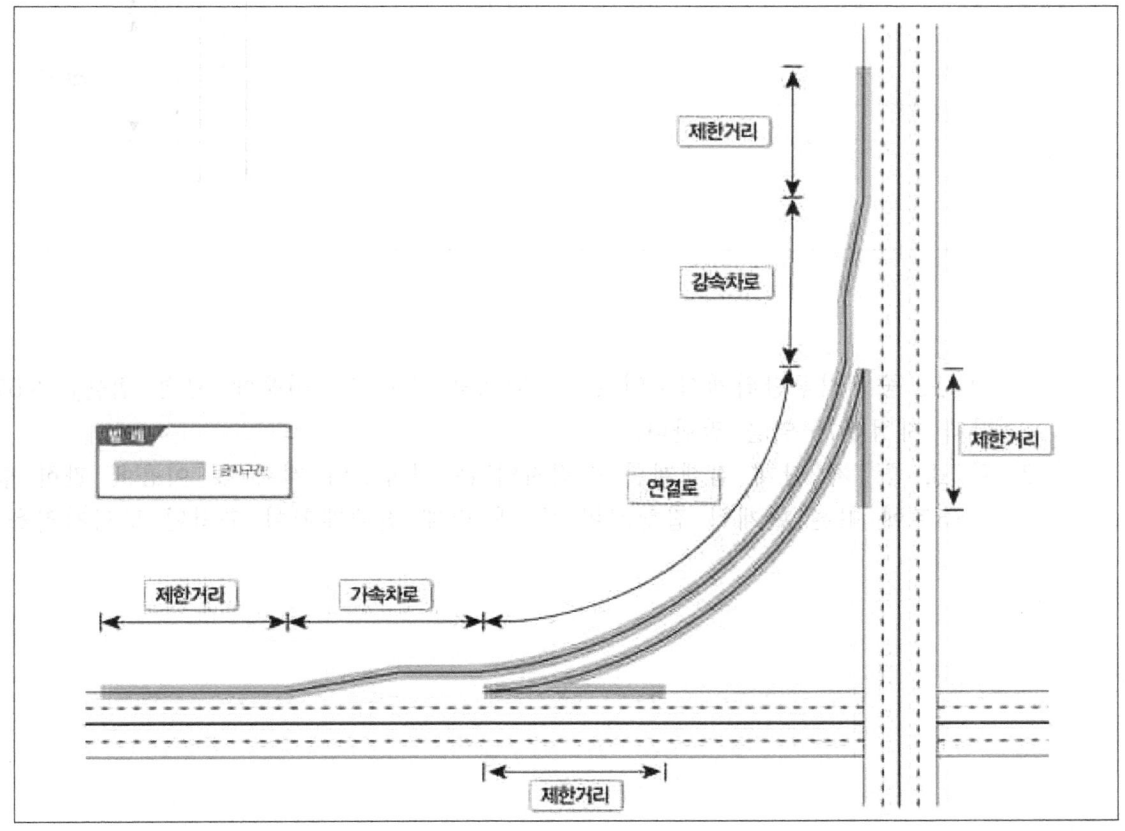

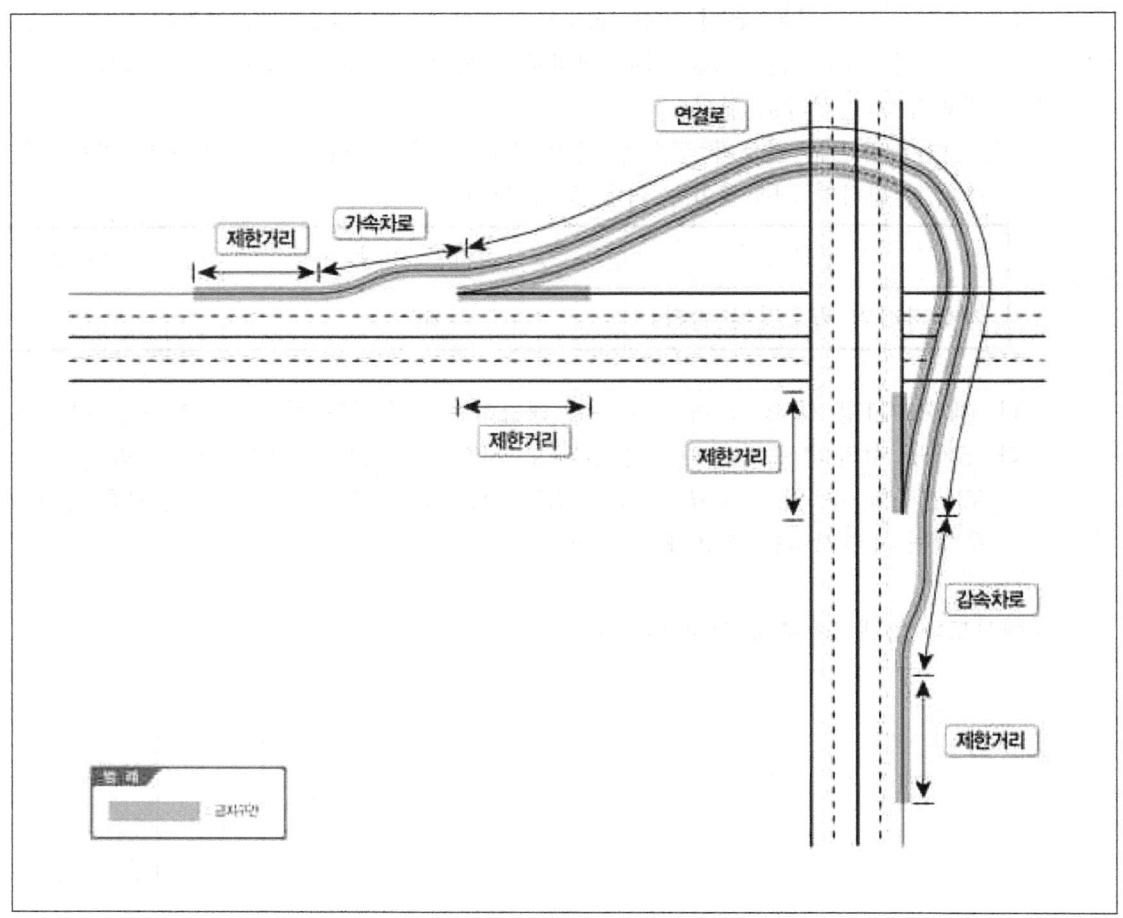

비고
1. 위 표 중 "지구단위계획구역"은 「국토의 계획 및 이용에 관한 법률」 제51조에 따라 지정된 구역을 말한다.
2. 위 표 중 "제2단계 집행계획 수립지역"은 「국토의 계획 및 이용에 관한 법률」 제85조에 따른 단계별 집행계획 중 제2단계 집행계획이 수립된 도시지역을 말한다.

[별표 5] <개정 2014.12.29.>

<u>변속차로의 최소길이</u>(제8조제1호 관련)

1. 지구단위계획구역, 제2단계 집행계획 수립지역 변속차로의 최소길이

(단위: 미터)

시 설	주차 대수 (가구수)	감속부의 길이		가속부의 길이	
		감속차로	테이퍼	가속차로	테이퍼
가. 공단 진입로 등	-	40 (25)	15 (10)	65 (45)	20 (15)
나. 휴게소·주유소 등	-	40 (25)	15 (10)	65 (45)	20 (15)
다. 자동차정비업소 등	-	25 (15)	10 (10)	직접식 가속차로 30(20)	
라. 사도·농로·마을 진입로 또는 그 밖에 이와 유사한 교통용 통로 등	통로 등의 폭이 6m 미만	도로모서리곡선화 (곡선반지름: 7m)			
	통로 등의 폭이 6m 이상	15 (10)	10 (10)	직접식 가속차로 25(20)	
마. 판매시설 및 일반 음식점 등	20대 이하	15 (10)	10 (10)	직접식 가속차로 25(20)	
	21대 이상 50대 이하	25 (15)	10 (10)	직접식 가속차로 30(20)	
	51대 이상	40 (25)	15 (10)	65 (45)	20 (15)
바. 주차장·건설기계 주기장·운수시설· 의료시설·운동시설 ·관람시설·집회시설 및 위락시설 등	20대 이하	도로모서리곡선화 (곡선반지름: 7m)			
	21대 이상 50대 이하	25 (15)	10 (10)	직접식 가속차로 30(20)	
	51대 이상	40 (25)	15 (10)	65 (45)	20 (15)
사. 공장·숙박시설· 업무시설·근린생활 시설 및 기타시설	20대 이하	도로모서리곡선화 (곡선반지름: 7m)			
	21대 이상 50대 이하	25 (15)	10 (10)	직접식 가속차로 30(20)	
	51대 이상	40 (25)	15 (10)	65 (45)	20 (15)
아. 주택 진입로 등	(5가구 이하)	도로모서리곡선화 (곡선반지름: 3m)			
	(20가구 이하)	도로모서리곡선화 (곡선반지름: 5m)			

	(100가구 이하)	25 (15)	10 (10)	직접식 가속차로 30(20)	
	(101가구 이상)	40 (25)	15 (10)	65 (45)	20 (15)
자. 농어촌 소규모 시설(소규모 축사 또는 창고 등)	-	도로모서리곡선화 (곡선반지름: 3m)			

비고

1. 위 표 중 "지구단위계획구역"은 「국토의 계획 및 이용에 관한 법률」 제51조에 따라 지정된 구역을 말한다.
2. 위 표 중 "제2단계 집행계획 수립지역"은 「국토의 계획 및 이용에 관한 법률」 제85조에 따른 단계별 집행계획 중 제2단계 집행계획이 수립된 도시지역을 말한다.
3. 위 표는 4차로 이상 도로에 대한 기준이다. 다만, ( )는 2차로 도로에 대한 기준을 말한다.
4. 연결로가 인접되어 변속차로가 중복된 경우 중복된 차로의 길이는 주차대수를 합산하여 그 합산된 주차 대수에 해당하는 길이로 하고, 주차대수를 적용할 수 없는 시설물과 중복되는 경우에는 그 중 큰 값을 기준으로 한다.
5. 위 표 라목의 주차 대수(가구수)란 중 '통로 등의 폭'은 통로 등에서 차량의 통행에 사용되는 부분(길어깨를 포함하고, 자전거도, 보도 등 그 밖의 시설은 제외한다)의 최소 폭으로 한다.
6. 위 표 마목부터 사목까지의 주차 대수를 산정할 때에는 「주차장법 시행령」 별표 1의 설치기준에 따른다.

2. 그 밖의 지역의 변속차로의 최소길이

(단위: 미터)

시 설	주차 대수 (가구 수)	감속부의 길이		가속부의 길이	
		감속차로	테이퍼	가속차로	테이퍼
가. 공단 진입로 등	-	45 (30)	15 (10)	90 (65)	30 (20)
나. 휴게소·주유소 등	-	45 (30)	15 (10)	90 (65)	30 (20)
다. 자동차정비업소 등	-	30 (20)	10 (10)	60 (40)	20 (20)
라. 사도·농로·마을진입로 또는 그 밖에 이와 유사한	-	20 (15)	10 (10)	40 (30)	20 (20)

	교통용 통로 등				
마. 판매시설 및 일반 음식점 등	10대 이하	20 (15)	10 (10)	40 (30)	20 (20)
	11대 이상 30대 이하	30 (20)	10 (10)	60 (40)	20 (20)
	31대 이상	45 (30)	15 (10)	90 (65)	30 (20)
바. 주차장·건설기계주기장·운수시설·의료시설·운동시설·관람시설·집회시설 및 위락시설 등	30대 이하	30 (20)	10 (10)	60 (40)	20 (20)
	31대 이상	45 (30)	15 (10)	90 (65)	30 (20)
사. 공장·숙박시설·업무시설·근린생활시설 및 기타 시설	20대 이하	20 (15)	10 (10)	40 (30)	20 (20)
	21대 이상 50대 이하	30 (20)	10 (10)	60 (40)	20 (20)
	51대 이상	45 (30)	15 (10)	90 (65)	30 (20)
아. 주택 진입로 등	(5가구 이하)	도로모서리의 곡선화(곡선반지름: 3미터)			
	(100가구 이하)	30 (20)	10 (10)	60 (40)	20 (20)
	(101가구 이상)	45 (30)	15 (10)	90 (65)	30 (20)
자. 농어촌 소규모 시설(소규모 축사 또는 창고 등)	-	도로 모서리의 곡선화(곡선반지름: 3미터)			

비고
1. 위 표는 4차로 이상 도로에 대한 기준이다. 다만, ( )는 2차로 도로에 대한 기준을 말한다.
2. 연결로가 인접되어 변속차로가 중복된 경우 중복된 차로의 길이는 주차 대수를 합산하여 그 합산된 주차 대수에 해당하는 길이로 하고, 주차 대수를 적용할 수 없는 시설물과 중복되는 경우에는 그 중 큰 값을 기준으로 한다.
3. 위 표 마목부터 사목까지의 주차 대수를 산정할 때에는 「주차장법 시행령」 별표 1의 설치기준에 따른다.

3 「도로법」 전면개정에 따른 도로법령 부칙

1. 도로법 부칙 <법률 제12248호, 2014.1.14.>

제1조(시행일) 이 법은 공포 후 6개월이 경과한 날부터 시행한다.
제2조(다른 법률의 폐지) 「고속국도법」은 폐지한다.
제3조(공공시설의 귀속에 관한 적용례) 제38조의 개정규정은 이 법 시행 전에 도로구역을 결정·고시하여 도로공사가 진행 중인 사업으로서 종래의 공공시설이 속한 관리청과 귀속에 관한 협의가 완료되지 아니한 공공시설에 대하여도 적용한다.
 [전문개정 2016.1.19.]
제4조(도로와 다른 시설의 연결 등에 관한 적용례) 제52조 및 제53조제2항부터 제5항까지의 개정규정은 이 법 시행 후 연결허가를 신청하는 경우부터 적용한다.
제5조(도로점용허가의 일반경쟁 적용에 관한 적용례) 제61조제3항 및 제4항의 개정규정은 이 법 시행 후 도로점용허가를 신청하는 경우부터 적용한다.
제6조(점용료 등의 납부방법에 관한 적용례) 제67조의 개정규정(제72조제4항 및 제117조제6항에 따라 준용되는 경우를 포함한다)은 이 법 시행 후 점용료, 변상금 또는 과태료를 부과하는 경우부터 적용한다.
제7조(점용료 감면에 관한 적용례) 제68조제4호 및 제6호의 개정규정은 이 법 시행 후 도로점용허가를 신청하는 경우부터 적용한다.
제8조(점용료 부과에 대한 이의신청에 관한 적용례) 제71조의 개정규정은 이 법 시행 후 점용료를 부과하는 경우부터 적용한다.
제9조(변상금 부과 등에 관한 적용례) 제72조제2항부터 제4항까지의 개정규정은 이 법 시행 후 도로관리청이 초과점용등의 사실을 도로 점용자에게 통보하는 경우부터 적용한다.
제10조(이행강제금 부과에 관한 적용례) 제100조의 개정규정은 이

법 시행 후 제40조제4항에 따른 조치명령을 하거나 제73조제1항·제2항에 따라 원상회복의 명령을 한 경우부터 적용한다.

제11조(도로정비 기본계획 등에 관한 경과조치) ① 이 법 시행 당시 도로관리청이 수립한 도로정비 기본계획은 도로관리청이 이 법에 따라 건설·관리계획을 수립하여 고시할 때까지 이 법에 따른 건설·관리계획으로 본다. 다만, 이 법 시행 당시 종전의 도로정비 기본계획이 수립된 날부터 10년이 경과한 경우 도로관리청은 이 법 시행일부터 1년 이내에 건설·관리계획을 수립하여 고시하여야 한다.

② 이 법 시행 당시 국토교통부장관이 수립한 대도시권 교통혼잡도로 개선사업계획과 행정청이 수립한 대도시권 교통혼잡도로 개선을 위한 세부 사업계획은 각각 이 법에 따라 수립된 것으로 본다.

제12조(도로정책심의회에 관한 경과조치) ① 이 법 시행 당시 대통령령에 따라 설치된 도로정책심의회는 이 법에 따른 도로정책심의위원회로 본다.

② 이 법 시행 당시 대통령령에 따라 설치된 도로정책심의회의 위원장, 부위원장 및 위원은 각각 이 법에 따른 도로정책심의위원회의 위원장, 부위원장 및 위원으로 본다.

제13조(도로 노선의 지정에 관한 경과조치) ① 이 법 시행 당시 종전의 규정 및 「고속국도법」에 따라 대통령령으로 노선을 정한 고속국도, 일반국도(우회국도를 포함한다), 지선 및 국가지원지방도와 종전의 규정에 따라 국토교통부령으로 노선을 정한 지정국도는 각각 이 법에 따라 지정·고시된 고속국도, 일반국도, 우회국도, 지선, 국가지원지방도 및 지정국도로 본다.

② 이 법 시행 당시 종전의 규정에 따라 특별시장·광역시장이 노선을 인정한 특별시도·광역시도는 각각 이 법에 따라 특별시장·광역시장이 지정·고시한 특별시도·광역시도로 본다.

③ 이 법 시행 당시 종전의 규정에 따라 도지사 또는 특별자치도

지사가 노선을 인정한 지방도는 이 법에 따라 도지사 또는 특별자치도지사가 지정·고시한 지방도로 본다.

④ 이 법 시행 당시 종전의 규정에 따라 시장(특별자치시장을 포함하며, 특별자치도의 경우에는 특별자치도지사를 말한다. 이하 이 항에서 같다)·군수·구청장이 노선을 인정한 시도·군도·구도는 각각 이 법에 따라 시장·군수·구청장이 지정·고시한 시도·군도·구도로 본다.

제14조(도로구역에 관한 경과조치) 이 법 시행 당시 도로관리청이 결정·고시한 도로구역은 이 법에 따라 결정·고시된 도로구역으로 본다.

제15조(접도구역에 관한 경과조치) 이 법 시행 당시 종전의 규정 또는 종전의 「고속국도법」에 따라 지정된 접도구역은 이 법에 따라 지정된 접도구역으로 본다.

제16조(사단법인 한국도로교통협회에 관한 경과조치) ① 이 법 시행 당시 「민법」 제32조에 따라 국토교통부장관의 허가를 받아 설립된 사단법인 한국도로교통협회(이하 "사단법인 한국도로교통협회"라 한다)는 제105조에 따른 협회로 본다. 이 경우 사단법인은 이 법 시행일부터 6개월 이내에 이 법의 요건에 적합하도록 정관 등을 변경하여 국토교통부장관의 인가를 받아야 한다.

② 제1항에 따라 국토교통부장관의 인가를 받은 사단법인은 이 법에 따른 협회의 설립과 동시에 「민법」 중 법인의 해산 및 청산에 관한 규정에도 불구하고 해산된 것으로 본다.

제17조(통행료의 징수폐지에 따른 경과조치) ① 법률 제5894호 도로법중개정법률(이하 이 조에서 "같은 법"이라 한다)의 시행일인 1999년 8월 9일 당시 공사 중인 교량 등에 대해서 유료도로로 하기 위하여 유료도로공사의 사전공고를 하도록 한 같은 법 시행 당시의 「유료도로법」 제6조제1항 본문에도 불구하고 같은 법 시행일부터 6개월 이내에 유료도로공사의 공고를 한 경우에는 이를 「유료도로법」에 따른 유료도로로 본다.

② 같은 법 시행 당시 종전의 제35조 및 제36조에 따라 통행료를 징수하고 있는 교량등은 「유료도로법」에 따른 유료도로로 본다.

제18조(국가지원지방도의 조사·설계에 관한 경과조치) 법률 제7103호 도로법중개정법률의 시행일인 2004년 7월 21일 당시 건설교통부장관이 조사·설계를 실시 중인 국가지원지방도사업의 조사·설계에 대하여는 같은 법률에 따른 제24조제3항의 개정규정에도 불구하고 종전의 규정에 따른다.

제19조(손궤자부담금에 관한 경과조치) 법률 제8124호 도로법 일부개정법률의 시행일인 2007년 3월 29일 당시 부과된 손궤자부담금에 관하여는 종전의 규정에 따른다.

제20조(의견청취 및 행위제한 등에 관한 경과조치) 법률 제11471호 도로법 일부개정법률의 시행일인 2012년 12월 2일 당시 결정된 도로구역에 대한 의견청취 및 행위제한에 관하여는 같은 법률에 따른 제24조의2 및 제24조의3의 개정규정에도 불구하고 종전의 규정에 따른다.

제21조(도로점용 안전사고 방지대책에 관한 경과조치) 법률 제11471호 도로법 일부개정법률의 시행일인 2012년 12월 2일 당시 도로의 점용허가를 받은 자의 도로점용 안전사고 방지대책에 관하여는 같은 법률에 따른 제38조제6항의 개정규정에도 불구하고 종전의 규정에 따른다.

제22조(처분 등에 관한 일반적 경과조치) 이 법 시행 당시 종전의 「도로법」 및 종전의 「고속국도법」에 따라 행정기관이 행한 행위나 행정기관에 대하여 행한 행위는 각각 이 법에 따라 행정기관이 행한 행위나 행정기관에 대하여 행한 행위로 본다.

제23조(벌칙 및 과태료에 관한 경과조치) 이 법 시행 전에 종전의 「도로법」 및 종전의 「고속국도법」을 위반한 행위에 대한 벌칙 및 과태료의 적용은 종전의 규정에 따른다.

제24조(다른 법률의 개정) (생략)

제25조(다른 법령과의 관계) 이 법 시행 당시 다른 법령에서 이 법

및 「고속국도법」 또는 그 규정을 인용하고 있는 경우 이 법 중 그에 해당하는 규정이 있는 때에는 종전의 규정을 갈음하여 이 법 또는 이 법의 해당 규정을 인용한 것으로 본다.

2. 도로법 시행령 부칙 <대통령령 제25456호, 2014.7.14.>

제1조(시행일) 이 영은 2014년 7월 15일부터 시행한다.

제2조(다른 법령의 폐지) 다음 각 호의 대통령령을 각각 폐지한다.
 1. 「고속국도 노선 지정령」
 2. 「고속국도법 시행령」
 3. 「국가지원지방도 노선 지정령」
 4. 「일반국도 노선 지정령」

제3조(위임국도 구간의 업무 등에 관한 경과조치) ① 별표 1에 해당하는 일반국도 구간으로서 대통령령 제21879호 도로법 시행령 일부개정령 시행 당시 국가가 일반국도 신설·개축과 수선 및 유지를 위한 공사계약을 체결하여 해당 공사(장기계속사업을 포함한다)를 시행 중에 있는 구간에 관한 업무에 대해서는 제29조 및 제100조의 개정규정에도 불구하고 국가가 해당 공사를 완료하는 날까지 종전의 규정(대통령령 제21879호 도로법 시행령 일부개정령으로 개정되기 전의 규정을 말한다. 이하 이 조에서 같다)에 따른다.

② 별표 1에 해당하는 일반국도 구간에 대통령령 제21879호 도로법 시행령 일부개정령 시행 당시 자동차전용도로인 일반국도가 새로 건설 중인 경우 기존 일반국도 구간에 관한 업무에 대해서는 제29조 및 제100조의 개정규정에도 불구하고 해당 자동차전용도로 공사가 완료되는 날까지 종전의 규정에 따른다.

제4조(지하실의 점용허가에 관한 경과조치) 대통령령 제24205호 도로법 시행령 일부개정령 시행 당시 점용허가를 받은 지하실에 대해서는 제55조제5호 및 별표 3 제5호의 개정규정에도 불구하

고 종전의 규정(대통령령 제24205호 도로법 시행령 일부개정령으로 개정되기 전의 규정을 말한다)에 따른다.

제5조(다른 법령의 개정) (생략)

제6조(다른 법령과의 관계) 이 영 시행 당시 다른 법령에서 다음 각 호의 어느 하나에 해당하는 법령 또는 그 규정을 인용하고 있는 경우 이 영 중 그에 해당하는 규정이 있을 때에는 종전의 규정을 갈음하여 이 영 또는 이 영의 해당 규정을 인용한 것으로 본다.

1. 「도로법 시행령」
2. 「고속국도 노선 지정령」
3. 「고속국도법 시행령」
4. 「국가지원지방도 노선 지정령」
5. 「일반국도 노선 지정령」

3. 도로법 시행규칙 부칙 <국토교통부령 제111호, 2014.7.15.>

제1조(시행일) 이 규칙은 2014년 7월 15일부터 시행한다.

제2조(접도구역 표주 설치에 관한 경과조치) 국토해양부령 제543호 도로법 시행규칙 일부개정령 시행 당시 종전의 규정(국토해양부령 제543호 도로법 시행규칙 일부개정령으로 개정되기 전의 규정을 말한다. 이하 이 조에서 같다)에 따라 접도구역에 설치되었거나 설치 중인 표주에 대해서는 별표 1의 개정규정에도 불구하고 종전의 규정에 따른다.

제3조(도로원표의 조정에 관한 경과조치) 건설교통부령 제209호 도로법시행규칙중개정령 시행 당시 종전의 규정(건설교통부령 제209호 도로법시행규칙중개정령으로 개정되기 전의 규정을 말한다. 이하 이 조에서 같다)에 따라 이미 설치되었거나 설치 중인 도로원표에 대해서는 별표 2의 개정규정에도 불구하고 종전의 규정을 따른다.

제4조(인식표지 설치에 관한 경과조치) 건설교통부령 제546호 도로법 시행규칙 일부개정령 시행 당시 종전의 규정(건설교통부령 제546호 도로법 시행규칙 일부개정령으로 개정되기 전의 규정을 말한다. 이하 이 조에서 같다)에 따라 설치되었거나 설치 중인 인식표지에 대해서는 별표 4의 개정규정에도 불구하고 종전의 규정에 따른다.

제5조(도로대장의 서식에 관한 경과조치) 건설교통부령 제372호 도로법시행규칙중개정령 시행 전에 종전의 규정(건설교통부령 제372호 도로법시행규칙중개정령으로 개정되기 전의 규정을 말한다)에 따라 작성된 도로대장은 별지 제22호서식의 개정규정에도 불구하고 계속하여 사용할 수 있다.

제6조(다른 법령의 개정) (생략)

제7조(다른 법령과의 관계) 이 규칙 시행 당시 다른 법령에서 「도로법 시행규칙」 또는 그 규정을 인용하고 있는 경우 이 규칙 중 그에 해당하는 규정이 있을 때에는 종전의 규정을 갈음하여 이 규칙 또는 이 규칙의 해당 규정을 인용한 것으로 본다.

4 도로법 시행령 별표1 (일반국도 위임대상구간)

[별표 1]

일반국도 위임대상 구간(제29조제1항 관련)

노선	대상 연장 (킬로미터)	대상 구간
제1호	총 4.1	
	4.1	경기도 평택시 진위면 갈곶리 ~ 경기도 평택시 진위면 신리
제2호	총 116.6	
	70.7	전라남도 신안군 장산면 오음리 ~ 전라남도 신안군 암태면 기동리
	45.9	전라남도 순천시 해룡면 복성리 ~ 전라남도 광양시 다압면 신원리
제3호	총 19.5	
	9.0	경기도 연천군 연천읍 동막리 ~ 경기도 연천군 신서면 도신리
	10.5	강원도 철원군 철원읍 대마리 ~ 강원도 철원군 철원읍 대마리
제5호	총 48.8	
	48.8	강원도 화천군 하남면 서오지리 ~ 강원도 철원군 김화읍 생창리
제6호	총 9.1	
	9.1	경기도 양평군 청운면 용두리 ~ 경기도 양평군 청운면 갈운리
제13호	총 128.5	
	14.6	충청남도 금산군 남일면 신정리 ~ 충청남도 금산군 금산읍 하옥리
	113.9	전라북도 남원시 대강면 방산리 ~ 전라북도 진안군 용담면 송풍리
제14호	총 78.8	
	30.6	경상남도 거제시 남부면 다대리 ~ 경상남도 거제시 일운면 옥림리
	48.2	경상북도 경주시 외동읍 녹동리 ~ 경상북도 포항시 오천읍 구정리
제15호	총 41.6	
	20.2	전라남도 화순군 동복면 읍애리 ~ 전라남도 화순군 북면 원리
	12.3	전라남도 고흥군 봉래면 신금리 ~ 전라남도 고흥군 포두면 옥강리
	9.1	전라남도 곡성군 오산면 선세리 ~ 전라남도 곡성군 오산면 운곡리
제17호	총 13.4	
	12.7	전라북도 남원시 금지면 귀석리 ~ 전라북도 남원시 주생면 중동리
	0.7	전라남도 곡성군 곡성읍 장선리 ~ 전라남도 곡성군 곡성읍 장선리
제18호	총 173.4	
	86.2	전라남도 진도군 고군면 고성리 ~ 전라남도 진도군 군내면 녹진리
	60.7	전라남도 장흥군 장흥읍 향양리 ~ 전라남도 보성군 문덕면 용암리
	26.5	전라남도 순천시 주암면 창촌리 ~ 전라남도 구례군 마산면 황전읍

노선	대상 연장 (킬로미터)	대상 구간
제19호	총 213.0	
	46.6	강원도 횡성군 횡성읍 영영포리 ~ 강원도 홍천군 서석면 풍암리
	43.8	충청북도 괴산군 청안면 부흥리 ~ 충청북도 충주시 살미면 세성리
	21.4	충청북도 충주시 동량면 용교리 ~ 충청북도 충주시 소태면 구룡리
	101.2	충청북도 영동군 학산면 봉소리 ~ 충청북도 청원군 미원면 기암리
제22호	총 54.8	
	4.2	전라남도 영광군 법성면 용덕리 ~ 전라남도 영광군 법성면 화천리
	30.0	전라남도 고창군 아산면 삼인리 ~ 전라남도 고창군 공음면 장곡리
	20.6	전라남도 순천시 주암면 창촌리 ~ 전라남도 순천시 서면 학구리
제24호	총 85.7	
	22.7	전라남도 신안군 임자면 진리 ~ 전라남도 무안군 해제면 유월리
	29.3	경상남도 함양군 함양읍 죽림리 ~ 경상남도 함양군 안의면 석천리
	33.7	경상남도 창녕군 고암면 중대리 ~ 경상남도 밀양시 부북면 운전리
제25호	총 43.3	
	15.7	충청북도 보은군 마로면 적암리 ~ 충청북도 보은군 보은읍 풍취리
	27.6	경상북도 상주시 내서면 능암리 ~ 경상북도 상주시 화남면 평온리
제26호	총 31.1	
	31.1	전라북도 군산시 옥서면 선연리 ~ 전라북도 김제시 백구면 영상리
제27호	총 12.0	
	12.0	전라남도 고흥군 금산면 오천리 ~ 전라남도 고흥군 금산면 대흥리
제28호	총 59.8	
	37.0	경상북도 의성군 의성읍 원당리 ~ 경상북도 군위군 고로면 화수리
	22.8	경상북도 영천시 신녕면 화서리 ~ 경상북도 영천시 청통면 호당리
제29호	총 87.7	
	64.4	충청남도 서천군 마서면 도삼리 ~ 충청남도 청양군 청양읍 읍내리
	16.8	전라남도 담양군 담양읍 객사리 ~ 전라남도 담양군 용면 용치리
	6.5	전라북도 순창군 복흥면 답동리 ~ 전라북도 순창군 쌍치면 금평리
제30호	총 29.2	
	23.9	전라북도 정읍시 태인면 태성리 ~ 전라북도 정읍시 산내면 종성리
	5.3	전라북도 임실군 강진면 용수리 ~ 전라북도 임실군 덕치면 회문리
제31호	총 104.2	
	35.7	강원도 양구군 남면(양구읍) 송청리 ~ 강원도 양구군 동면 임당리
	4.8	경상북도 청송군 진보면 진안리 ~ 경상북도 청송군 진보면 월전리
	63.7	경상북도 영양군 입암면 흥구리 ~ 경상북도 봉화군 법전면 어지리

노선	대상 연장 (킬로미터)	대상 구간
제32호	총 59.4	
	25.0	충청남도 공주시 유구읍 녹천리 ~ 충청남도 공주시 우성면 동대리
	15.9	충청남도 태안군 소원면 모항리 ~ 충청남도 태안군 태안읍 남문리
	18.5	충청남도 예산군 예산읍 주교리 ~ 충청남도 예산군 신양면 차동리
제34호	총 63.3	
	39.5	경상북도 청송군 진보면 월전리 ~ 경상북도 영덕군 영덕읍 덕곡리
	23.8	경상북도 안동군 임하면 천전리 ~ 경상북도 청송군 진보면 진안리
제37호	총 59.3	
	34.7	전라북도 무주군 무풍면 삼거리 ~ 전라북도 무주군 부남면 가당리
	24.6	경상남도 거창군 거창읍 송정리 ~ 경상남도 거창군 고제면 개명리
제39호	총 40.0	
	1.7	경기도 김포시 고촌면 전호리 ~ 경기도 김포시 고촌면 전호리
	8.9	경기도 양주시 장흥면 울대리 ~ 경기도 양주시 장흥면 일영리
	29.4	충청남도 부여군 은산면 신대리 ~ 충청남도 공주시 신풍면 산정리
제40호	총 114.1	
	19.2	충청남도 부여군 외산면 만수리 ~ 충청남도 부여군 구룡면 태양리
	24.1	충청남도 부여군 부여읍 가증리 ~ 충청남도 공주시 이인면 주봉리
	27.5	충청남도 당진군 합덕면 소소리 ~ 충청남도 홍성군 갈산면 상촌리
	33.0	충청남도 홍성군 갈산면 상촌리 ~ 충청남도 보령군 주포면 봉당리
	10.3	충청남도 보령군 성주면 성주리 ~ 충청남도 보령군 미산면 도화담리
제45호	총 10.8	
	10.8	경기도 광주시 중부면 상번천리 ~ 경기도 광주시 남종면 이석리
제46호	총 26.7	
	26.7	강원도 양구군 남면 용하리 ~ 강원도 인제군 남면 신남리
제47호	총 18.1	
	18.1	강원도 철원군 서면 자등리 ~ 강원도 철원군 김화읍 학사리
제56호	총 185.5	
	125.9	강원도 철원군 김화읍 학사리 ~ 강원도 홍천군 내면 율전리
	59.6	강원도 홍천군 내면 율전리 ~ 강원도 양양군 양양읍 월리
제58호	총 23.2	
	23.2	경상남도 밀양시 부북면 전사포리 ~ 경상남도 밀양시 상동면 옥산리

노선	대상 연장 (킬로미터)	대상 구간
제59호	총 408.2	
	60.3	강원도 정선군 북평면 숙암리 ~ 강원도 양양군 서면 논화리
	40.5	강원도 영월군 남면 창원리 ~ 강원도 정선군 북평면 숙암리
	18.0	충청북도 단양군 대강면 방곡리 ~ 충청북도 단양군 단성면 중방리
	31.3	충청북도 단양군 단양읍 상진리 ~ 충청북도 단양군 영춘면 유암리
	82.2	경상북도 성주군 수륜면 백운리 ~ 경상북도 의성군 다인면 덕미리
	118.0	경상남도 하동군 금성면 갈사리 ~ 경상남도 합천군 가야면 야천리
	57.9	경상북도 예천군 풍양면 홍천리 ~ 경상북도 문경시 동로면 적성리
제67호	총 23.2	
	23.2	경상북도 칠곡군 왜관읍 왜관리 ~ 경상북도 군위군 군위읍 수서리
제75호	총 69.1	
	58.9	경기도 가평군 청평면 고성리 ~ 강원도 화천군 사내면 사창리
	10.2	강원도 화천군 사내면 삼일리 ~ 강원도 화천군 사내면 사창리
제77호	총 272.8	
	47.2	충청남도 태안군 고남면 고남리 ~ 충청남도 태안군 태안읍 남문리
	28.7	전라남도 강진군 마량면 마량리 ~ 전라남도 완도군 완도읍 가용리
	24.2	전라남도 완도군 완도읍 가용리 ~ 전라남도 완도군 군외면 원동리
	58.9	전라남도 해남군 북평면 남창리 ~ 전라남도 해남군 황산면 남리리
	21.6	전라남도 영광군 백수읍 대전리 ~ 전라남도 영광군 홍농읍 월암리
	0.6	전라남도 고창군 상하면 용대리 ~ 전라남도 고창군 상하면 용대리
	35.2	전라남도 고흥군 포두면 남성리 ~ 전라남도 고흥군 도양읍 봉암리
	15.0	전라남도 고흥군 남양면 침교리 ~ 전라남도 보성군 조성면 조성리
	7.6	전라남도 장흥군 안양면 수양리 ~ 전라남도 장흥군 용산면 접정리
	33.8	경상남도 고성군 하이면 덕호리 ~ 경상남도 통영군 도산면 법송리
제79호	총 81.2	
	1.6	경상남도 의령군 의령읍 무전리 ~ 경상남도 의령군 의령읍 정암리
	79.6	경상남도 함안군 군북면 월촌리 ~ 경상남도 창녕군 유어면 부곡리
제82호	총 13.2	
	13.2	경기도 화성시 우정읍 멱우리 ~ 경기도 화성시 팔탄면 가재리
제87호	총 57.5	
	40.8	경기도 포천시 내촌면 내리 ~ 강원도 철원군 철원읍 대마리
	16.7	강원도 철원군 동송읍 오지리 ~ 강원도 철원군 철원읍 대마리
제88호	총 38.5	
	23.8	경상북도 울진군 온정면 외선미리 ~ 경상북도 울진군 평해읍 평해리
	14.7	경상북도 영양군 일원면 문암리 ~ 경상북도 영양군 수비면 본신리

5 **도로법 시행령 별표2 (도로점용기준)**(제54조제5항 관련)

도로점용허가의 기준(제54조제5항 관련) <개정 2014.11.24>

1. 점용장소
 가. 도로에 설치하는 점용물은 도로비탈면(비탈면이 없는 경우에는 길가 쪽)의 끝 부분에 설치하되, 보도가 있는 도로의 경우에는 차도 쪽의 보도에 설치하여야 한다. 다만, 도로의 구조 또는 교통에 현저한 지장을 미칠 우려가 있다고 인정되는 경우에는 분리대·교차로, 그 밖에 이와 유사한 부분에 이를 설치할 수 있다.
 나. 도로가 교차·접속 또는 굴곡되는 부분에는 점용물을 설치해서는 아니 된다. 다만, 전선 및 전주에 대해서는 그러하지 아니하다.
 다. 점용물을 지하에 설치하는 경우에는 다음의 기준에 적합하여야 한다.
  1) 점용물은 다른 점용물과 뒤섞이지 않게 설치하되, 공사시행 또는 안전에 지장이 없는 한 다른 점용물에 가까운 곳에 설치할 것
  2) 점용물은 가능한 한 지면에 가까운 곳에 설치할 것
 라. 점용물이 전주·전선 또는 공중전화소인 경우에는 다음의 기준에 적합하여야 한다.
  1) 도로 외에는 설치할 만한 장소가 없을 것
  2) 동일 노선의 전주는 도로와 평행하게 설치하고, 보도가 없는 도로의 경우로서 그 건너편 쪽에 점용물이 있는 경우에는 이와 8미터 이상의 거리를 띄울 것. 다만, 도로가 교차·접속 또는 굴곡되는 경우에는 그러하지 아니하다.
  3) 지상에 설치하는 전선은 도로노면에서 6미터(통신용 전선의 경우에는 4.5미터) 이상의 높이로 설치할 것. 다만, 보도의 윗부분에 설치하는 경우에는 노면에서 5미터(통신용 전선의 경우에는 3미터) 이상의 높이로 할 수 있다.
  4) 이미 설치되어 있는 전선에 새로 전선을 가설하는 경우에는 서로 뒤섞이지 않게 할 것
  5) 지하에 전선을 매설하는 경우(도로를 횡단하여 매설하는 경우는 제외한다)에는 차도 및 길어깨 외의 부분의 지하에 매설할 것. 다만, 부득이한 경우에는 전선의 본선에 한정하여 차도 및 길어깨 부분의 지하에 매설할 수 있다.
  6) 지하에 설치하는 전선의 상단부는 차도의 지하인 경우에는 0.8미터 이상, 보도의 지하인 경우에는 0.6미터 이상을 노면으로부터 띄울 것. 다만, 「환경친화적 자동차의 개발 및 보급 촉진에 관한 법률」 제2조제3호에 따른 전기자동차의 충전시설을 설치하는 경우 또는 도로공사의 시행 및 도로안전에 지장이 없는 경우에는 그러하지 아니한다.
  7) 전선을 교량에 설치하는 경우에는 보의 양쪽 또는 상판의 밑에 설치할 것
 마. 점용물이 수도관·하수도관·가스관·전기관 또는 전기통신관인 경우에는 다음의 기준에 적합하여야 한다.
  1) 도로 외에는 설치할 만한 장소가 없을 것
  2) 수도관·하수도관·가스관·전기관 또는 전기통신관을 매설하는 경우(도로를 횡

단하여 매설하는 경우는 제외한다)에는 보도 및 도로비탈면의 지하에 매설할 것. 다만, 부득이한 경우에는 본선에 한정하여 차도 및 길어깨 부분의 지하에 매설할 수 있다.
- 3) 수도관·가스관·전기관 또는 전기통신관의 본선을 매설하는 경우에는 그 윗부분과 노면까지의 거리를 다음과 같이 할 것. 다만, 공사시행에 따라 부득이한 경우에는 0.6미터 이상으로 한다.
    - 가) 수도관: 1.2미터 이상
    - 나) 가스관·전기관: 1.0미터 이상
    - 다) 전기통신관: 0.8미터 이상
- 4) 하수도관의 본선을 매설하는 경우에는 그 윗부분과 노면까지의 거리를 3미터(공사시행으로 인하여 부득이한 경우에는 1미터) 이상으로 할 것
- 5) 수도관·하수도관·가스관·전기관 또는 전기통신관을 교량에 설치하는 경우에는 보의 양측 또는 상판 밑에 설치할 것
- 6) 통신구 또는 작업구(맨홀)는 차도 바깥쪽에 설치하여야 하며, 길어깨 또는 보도에 설치할 경우에는 그 높이를 길어깨 또는 보도와 같은 높이로 하는 등 안전대책을 수립하여 교통의 안전이나 보행자의 통행에 지장을 주지 않을 것

바. 점용물이 송유관인 경우에는 다음의 기준에 적합하여야 한다.
- 1) 송유관은 지하에 매설할 것. 다만, 지형상황, 그 밖의 부득이한 사유가 있는 경우에는 지상(터널 안의 경우는 제외한다)에 설치할 수 있다.
- 2) 송유관을 지하에 매설하는 경우(도로를 횡단하여 매설하는 경우는 제외한다)에는 원칙적으로 차량하중의 영향이 적은 장소에 매설하되, 송유관과 도로경계선 사이에는 안전거리를 둘 것
- 3) 송유관을 도로노면의 지하에 매설하는 경우 그 깊이는 다음과 같이 할 것
    - 가) 시가지에서 방호구조물에 의하여 송유관을 보호하는 경우에는 해당 방호구조물의 윗부분을 노면으로부터 1.5미터(공사시행으로 인하여 부득이한 경우에는 1.2미터) 이상 띄우고, 방호구조물에 의하여 송유관을 보호하지 않는 경우에는 송유관의 윗부분을 노면으로부터 1.8미터 이상 띄울 것
    - 나) 시가지 외의 지역에서는 송유관의 윗부분(방호구조물에 의하여 송유관을 보호하는 경우에는 해당 방호구조물의 윗부분을 말한다)을 노면으로부터 1.5미터(공사시행으로 인하여 부득이한 경우에는 1.2미터) 이상 띄울 것
- 4) 송유관을 도로노면 외의 지하에 매설하는 경우에는 송유관의 상단부에서 지면까지의 거리를 1.2미터(방호구조물에 의하여 송유관을 보호하는 경우에는 시가지에서는 0.9미터, 시가지 외의 지역에서는 0.6미터) 이상 띄울 것
- 5) 송유관을 지상에 설치하는 경우에는 송유관의 맨 밑부분을 노면으로부터 5미터 이상 띄울 것
- 6) 송유관을 교량에 설치하는 경우에는 보의 양측 또는 상판 밑에 설치할 것

사. 점용물을 고가도로의 노면 밑에 설치하는 경우에는 다음의 기준에 적합하여야 한다. 이 경우 고가도로의 노면 밑에 다른 도로가 있는 경우에는 그 도로의 점용에 지장을 주지 않아야 된다.

1) 고가도로의 구조보전에 지장이 없는 곳에 설치할 것
2) 전주・전선・공중전화소・수도관・하수도관・가스관・전기통신관을 고가도로의 노면 밑에 설치할 경우에는 부득이한 사유가 있을 것
3) 송유관은 고가도로의 노면 밑의 지하부분에 매설할 것. 다만, 지형상황, 그 밖의 부득이한 사유가 있는 경우에는 고가도로 밑의 보 또는 상판 밑에 붙여 설치할 수 있다.
아. 점용물이 사설안내표지(도로관리청이 아닌 자가 자신이 관리하는 시설물을 안내하기 위하여 도로관리청으로부터 도로점용허가를 받아 도로구역에 설치하는 안내표지를 말한다. 이하 같다)인 경우에는 국토교통부장관이 정하는 기준에 적합하여야 한다.

2. 점용기간
제55조제1호부터 제5호까지, 제7호, 제9호 및 제10호에 따른 점용물의 점용기간은 10년 이내로 하고, 그 밖의 점용물의 점용기간은 3년 이내로 한다. 점용기간이 만료되어 갱신할 때에도 또한 같다.

3. 점용물의 구조
가. 지상에 설치하는 점용물의 구조는 다음의 기준에 적합하여야 한다.
1) 도괴(倒壞)・낙하・벗겨짐・오손(汚損)・화재・하중・누수 등에 의하여 도로의 구조안전 또는 교통에 지장을 주지 않을 것
2) 전주의 디딤쇠는 도로방향과 평행되게 설치할 것
3) 가설점포 등은 도로의 교통에 지장을 주지 않는 범위에서 최소한의 규모로 설치할 것
나. 지하에 설치하는 점용물의 구조는 다음의 기준에 적합하여야 한다.
1) 견고하고 내구력이 있으며, 다른 점용물에 지장을 주지 않을 것
2) 차도에 매설하는 경우에는 도로의 구조안전에 지장을 주지 않을 것
다. 점용물을 교량 또는 고가도로에 붙여 설치하는 경우에는 교량 또는 고가도로의 구조안전에 지장을 주지 않는 것이라야 한다.

4. 공사방법
가. 점용물의 유지에 지장을 미치지 않도록 필요한 조치를 할 것
나. 도로 한쪽을 통행할 수 있도록 하여 가능한 한 도로교통에 지장을 주지 않도록 하고, 1개 차로 이상 차로의 통행을 막는 경우에는 교통소통대책을 수립할 것. 이 경우 교통소통대책의 수립에 필요한 사항은 고속국도 및 일반국도에 대해서는 국토교통부장관이 정하고, 그 밖의 도로에 대해서는 해당 도로관리청이 속하는 지방자치단체의 조례로 정한다.
다. 공사현장에는 울타리 또는 덮개를 설치하고, 야간에는 적색등 또는 황색등을 켜는 등 도로교통의 위험방지를 위하여 필요한 조치를 할 것

5. 공사의 시기
 가. 다른 점용공사 또는 도로공사의 시기를 고려할 것
 나. 가능한 한 야간시간대 등 교통량이 가장 적은 시간대에 공사를 할 것

6. 도로의 복구
 가. 굴착공사에 따른 원상복구공사는 도로의 구조와 기능이 굴착공사를 시행하기 전과 같이 유지되도록 하되, 사용재료·다짐도 등 품질관리는 도로공사표준시방서·도로포장설계 및 시공지침과 「건설기술 진흥법」에 따른 품질검사기준 등에 부합되도록 하여야 한다.
 나. 도로관리청은 아스팔트 포장도로를 복구할 때에는 노면을 평탄하게 개선하고 도로 이용자의 편의를 증진시키기 위하여 굴착공사시행자에게 굴착면 주변의 표층을 깎아낸 후에 복구하게 할 수 있다.
 다. 나목에 따른 복구의 범위는 도로 가로방향으로는 굴착된 해당 차로의 전체 폭, 세로방향으로는 굴착면으로부터 0.5미터를 초과할 수 없다. 다만, 차선 표시가 없는 도로로서 포장된 폭이 5미터 미만인 경우에는 전체를 한 개 차로로 보며, 포장된 폭이 5미터 이상 8미터 미만인 경우에는 포장된 폭 중앙에 차선이 있는 것으로 본다.
 라. 비포장도로의 표면은 기존 도로와 같은 재료 및 두께로 표면을 마무리하여 굴착 전의 노면상태로 복구시켜야 한다.

7. 매설물의 위치 표시
 가. 굴착공사를 착공하기 전에 도로굴착지점을 표시하기 위한 표지 등은 다음의 기준에 적합하게 설치하여야 한다.
  1) 설계도서대로 도로를 굴착하여 점용물이 매설될 수 있도록 도로굴착지점을 표시하는 표지 등을 설치하고 도로관리청의 확인을 받은 후 시공할 것
  2) 주요지하매설물 및 일반매설물이 가스관과 같은 선형시설인 경우에는 그 매설물의 바로 위에, 작업구(맨홀)와 같이 면적형 시설인 경우에는 굴착지점 경계선의 안팎에 설치할 것
 나. 굴착공사를 준공한 후 주요지하매설물 및 일반매설물의 위치를 표시할 때에는 매설물 위의 지상에 표지 등을 설치하여야 한다. 이 경우 표지 등은 주요지하매설물 및 일반매설물의 관리자가 유지·관리하여야 한다.
 다. 가목 및 나목에 따른 표지 등의 설치기준에 관하여 필요한 사항은 국토교통부령으로 정한다.

⑥ 「사설안내표지 설치 및 관리 지침」 (국토교통부 예규 제104호, 2016.11.26.)

1. 목적

본 규정은 도로구역내에 설치하는 각종 사설안내표지의 규격, 설치 및 관리 등에 관하여 필요한 사항을 구체적으로 규정함으로써 사설안내표지의 난립을 방지하고 도로이용자의 편의와 교통안전을 도모함을 목적으로 한다.

2. 사설안내표지의 정의

사설안내표지는 주요 공공시설, 공용시설 또는 관광·휴양시설 등의 관리주체가 당해 시설물을 안내하기 위하여 도로구역 내에 설치하는 표지를 말한다.

3. 사설안내표지의 설치 대상

다음 각 호의 시설 중 해당 도로관리청이 다수의 도로이용자를 위한 안내표지가 필요하다고 인정하는 시설

<표 6-1> 사설안내표지의 설치 대상

구 분	시설의 종류
산업·교통 분야	• 산업입지및개발에관한법률에의한 국가·일반·도시첨단산업단지 • 유통산업발전법에 의한 공동집배송센터 및 대규모점포 • 물류시설의개발및운영에관한법률에 의한 물류터미널 • 농수산물유통및가격안정에관한법률에 의한 농수산물종합유통센터 • 여객자동차운수사업법에 의한 여객자동차터미널 • 항공법에 의한 공항 • 항만법에 의한 지정항만 및 지방항만 • 철도법에 의한 역 • 주차장법에 의한 노외주차장 • 도로법령에 의거 도로연결허가를 받은 휴게소 (대형승합차 10대 이상의 부설주차장을 갖춘 관광휴게시설에 한함) • 중소기업진흥에 관한 법률에 의한 중소기업 협동화사업을 위한 단지

구 분	시설의 종류
관광·휴양 분야	▪ 관광진흥법에 의한 관광지 ▪ 온천법에 의한 온천원보호지구 ▪ 국토의계획및이용에관한법률에 의한 유원지 ▪ 도시공원및녹지등에관한법률에 의한 규모 1만㎡ 이상의 공원 ▪ 문화재보호법에 의한 시·도지정문화재 또는 문화재자료로 지정된 건축물, 사적지, 명승지 등 관광명소 ▪ 관광진흥법에 의한 전문휴양업, 종합휴양업 또는 종합유원시설업으로 등록된 관광시설 ▪ 개별법에 근거한 농촌체험마을 등의 체험마을 ▪ 「관광진흥법」제70조에 따라 지정된 관광특구에서 「공연법」에 따라 등록된 공연장
공공·공용 분야	▪ 국가기관, 지방자치단체, 공공기관의 운영에 관한 법률에 의한 공공기관 ▪ 국가 또는 지방자치단체가 국민생활의 복지증진을 위하여 설치하는 공공·문화체육시설(도서관, 시민회관, 종합운동장 등) ▪ 박물관 및 미술관 진흥법에 의거 등록된 제1종 박물관 및 미술관 ▪ 종합사회복지관 ▪ 초중등교육법 또는 고등교육법에 의한 학교 및 유아교육법에 의한 유치원 ▪ 「영유아보육법」제2조제3호에 따라 설치된 어린이집 ▪ 대사관, 영사관 등 주한 외국공관 및 국제기구 ▪ 장사등에관한법률에 의한 공설묘지·공설화장시설·공설봉안시설 및 같은 법 제14조제1항제4호의 묘지 ▪ 의료법에 의한 종합병원 및 응급의료에관한법률에 의한 응급의료시설을 갖춘 일반병원 ▪ 노인복지법 및 제34조제1호의 노인요양시설 ▪ 사단법인 또는 재단법인으로 등록된 종교단체의 사찰, 성당, 교회, 순교기념지로써 당해시설물이 500㎡이상 ▪ 체육시설의설치·이용에관한법률에 의한 등록체육시설 ▪ 청소년활동진흥법에 의한 청소년수련원, 청소년야영장 및 유스호스텔 ▪ 관광진흥법에 의한 관광호텔 및 휴양콘도미니엄 ▪ 주택법에 의한 300세대 이상의 공동주택

4. 적용기준 및 적용범위

가. 사설안내표지는 이를 설치하고자 하는 시설의 관리주체 또는 소유자가 해당 도로를 관리하는 도로관리청의 허가를 받아 설치하되, 도로구역내의 사설안내표지는 이용자의 편의제공 및 교통안전과 밀접한 관계가 있으므로 극히 제한적으로 설치 허가

해야 한다.

나. 도로법(이하 '법'이라 한다) 제25조에 의한 도로구역내에서 사설안내표지를 설치하고자 할 때 본 규정을 적용한다. 단 자동차전용도로에는 사설안내표지를 설치할 수 없다.

다. 공공시설물에 대한 안내표지로서 전국적으로 통일된 기준을 정하여 운영하는 경우에는 표지판의 형태, 도안, 색상, 상징그림 등을 해당 기준에 따라 설치할 수 있다. 단, 주변환경 및 교통안전, 미풍양속에 저해되지 않아야 한다.

5. 사설안내표지의 크기

가. 사설안내표지의 크기는 시설물의 종류·특성 및 외래이용객을 위한 부설주차장의 규모에 따라 도로관리청의 판단에 의해 아래의 기준이하의 규격으로 설치 허가하여야 한다.
  - 1,200㎜×850㎜ : 국가기관 및 지방자치단체(광역시·도, 군·구청)
  - 1,200㎜×550㎜ : 사설안내표지판을 단독으로 설치시
  - 1,200㎜×350㎜ : 사설안내표지판을 연립으로 설치하는 경우

나. 글자수가 비교적 많아서 정해진 규격에 표기하기 어려운 경우나, 당해 도로관리청이 안내하고자 하는 시설의 특성 및 규모상 필요하다고 인정하여 규격확대가 필요한 경우에는 표지판의 가로·세로의 규격을 20% 내외에서 조정할 수 있다.
단, 도시지역 외의 지역에 위치한 왕복 4차로 이상의 도로변에 사설 관광지표지를 설치하는 경우에는 도로관리청의 판단에 따라 표지판의 가로·세로 규격을 50% 범위내에서 확대할 수 있다.

6. 사설안내표지의 색상 및 조명

가. 표지판의 바탕색상은 규칙에 정한 녹색, 청색 등 각종 도로표지의 색상과 혼동을 일으킬 우려가 있는 색채나 적색을 사용하여

서는 안된다. 또한 관광시설을 안내하는 경우에는 관광지표지와 동일한 갈색 바탕의 표지판(이하 '사설관광지표지'라 한다)을 사용하여야 한다

나. 지주 및 표지판의 바탕 또는 글씨에 교통안전을 위해 야광 도료나 반사지를 사용하여서는 안된다. 단, 관공서 등 공공시설 안내표지 및 사설관광지표지는 필요에 따라 사용할 수 있다.

다. 간판의 조명을 사용하여서는 안된다.

라. 관공서 등의 공공시설은 흰색바탕에 청색글자를 사용하는 것을 원칙으로 한다.

마. 지주는 일반표지의 지주와 동일한 검은 회색 또는 스텐재질을 사용한다.

7. 안내문안 및 도안

가. 표지판의 안내문안은 시설(지역)명, 상징마크, 방향 및 거리 이외의 문자를 표기하여서는 안된다.

나. 표지판의 도안과 색상은 설치하고자 하는 자의 신청에 의하여 당해 도로관리청이 미관·풍치를 저해하지 않는 범위내에서 허가한다.

다. 상징마크의 경우 기술표준원에서 고시된(KS A 0901) 시설관련 상징그림 사용을 원칙으로 한다.

8. 설치장소 및 표시방법

가. 사설안내표지의 설치장소는 도로표지의 기능발휘에 방해하지 않도록 선정하고, 특히 보행인의 통행에 불편을 초래하지 않는 장소에 설치한다.

나. 사설안내표지는 안내하고자 하는 시설의 주요 진입로(사도 등)와 도로법상의 도로가 만나는 교차점 주변의 도로변에 1개소에 한하여 설치할 수 있다.
단, 왕복 4차로 이상인 도시지역 외의 지역의 도로에서는 교차점 전방 200~250m 지점의 양측 도로변에 각 1개소의 진입로 예고표지를 추가 설치할 수 있다.

다. 나목의 규정에도 불구하고 도시지역 외의 지역에 위치한 사설관광지표지의 경우에는 당해 관광명소 또는 관광시설 로부터 반경 10km 범위내에서 주요 진입로와 동급 이상의 도로가 교차되는 지점에 주행방향별로 각 1개소씩 추가 설치할 수 있다.
단, 최대 5개소를 초과할 수 없다. 도시지역 내에 위치한 사설관광지표지는 당해 관광지로부터 반경 5km 범위내에 있는 주요 진입도로의 교차점 등 적절한 위치에 5개소 이내로 주행방향의 오른쪽 길옆에 설치한다.

9. 설치방법

가. 복주식 또는 편지식으로 복합설치하고, 시가지내에서는 편지식으로 설치할 수 있다.

나. 동일지역내에 2개소 이상 시설이 있고 동일 진입로를 이용하는 경우와 동일장소에 2개 이상의 표지판을 설치하는 경우, 하나의 지주이용 간판에 통합하여 연립으로 설치하여야 한다.
이 경우 1개의 표지판의 크기는 최소의 규격으로 설치하되 연립표지 전체의 크기는 주변경관과 지형지물을 감안하여 시설유형별 크기를 당해 도로관리청이 정한다.

다. 지주를 이용하여 사설안내표지를 설치할 경우에는 규칙에서 정한 각종 도로표지의 기능을 저해하지 않도록 설치하여야 한다.

(1) 건물밀집지역이 아닌 교외부에서는 길어깨 끝단보다 표지의

차도측 끝단이 차도 바깥쪽으로 최소한 50센티미터 이상 되도록 설치하여야 한다.

(2) 보도가 설치된 시가지부에서는 측구를 포함한 포장면 끝단보다 표지의 차도측 끝단이 차도 바깥쪽으로 최소한 20센티미터 이상 되도록 설치하여야 한다.

(3) 표지판의 높이는 표지의 하단부가 노면보다 최소한 2.5 m 이상 높게 설치하여야 한다.

(4) 1), 2)의 규정에도 불구하고 기존도로의 길어깨 폭이 협소한 경우에는 변경하여 설치하되 차량이나 보행인의 통행에 지장을 초래하지 않도록 적정한 높이를 유지하여 설치하여야 한다.

라. 지주를 이용하지 않는 특수형식의 사설안내표지는 차량이나 보행인의 통행에 지장을 초래하지 않는 범위내에서 적절히 설치하여야 한다.

10. 허가대상의 제한

가. 본 규정 제2항에 해당되는 시설로서 공공성, 공익성 및 편리성이 있는 경우로만 제한하며 광고성이 내포되어 있는 사설안내표지는 허가하여서는 안된다.

11. 설치허가 절차

도로구역내의 사설안내표지의 설치허가는 법 제23조에 따라 해당 도로를 관리하는 도로관리청이 하며, 허가절차는 법 제61조의 도로점용허가에 따른다.

12. 허가신청서 처리

가. 피허가자는 법 제61조에 의해 도로점용허가 신청서를 해당 도로관리청에 제출하여야 한다.

나. 신청서를 접수한 당해 도로관리청은 현지를 조사하고 관련부서의 의견을 청취한 후 제4항에 의거 허가대상 사설안내표지인 경우에만 허가한다.

다. 도로관리청은 도로의 공사에 따른 철거 등 필요한 조건을 부여할 수 있고 필요한 경우 허가내용을 변경하여 허가할 수 있다.

라. 허가시에는 사설안내표지 허가번호를 부여하고 피허가자로 하여금 당해 표지판의 뒷면 우측(또는 좌측)하단에 허가받은 사항을 명시토록 하여야 한다.

  (1) 허가번호 부여방법 : ○○ 시·군　　94　　95

　　　　(허가행정청명)　(최초허가년도)　(그해의 허가일련번호)

  (2) 표기방법은 흰색바탕에 검정글씨로 <그림 6-1>과 같이 허가사항을 표기하여 육안으로 쉽게 볼 수 있도록 한다.

  (3) 설치방법은 도료를 사용하여 표기하거나 라벨 등 별도의 재료를 이용할 수 있으며, 그 크기는 15cm×10cm를 표준으로 하고 표지판의 크기·높이에 따라 적절히 조정할 수 있다.

<그림 6-1> 허가사항 표기방법

허가번호	과천시-00-123
허가기간	'00.10.12～'02.03.25
시 설 명	과천시립도서관
표지규격	1,200mm×300mm
전화번호	02-504-7717

마. 도로관리청은 도로점용료 부과 및 징수절차에 의거 점용료를 징수하여야 한다.

13. 사설안내표지의 관리

가. 사설안내표지판의 관리는 노후, 탈색, 훼손 등 도로변 경관을 저해하지 않도록 피허가자가 관리하여야 한다.

나. 사설안내표지의 내용을 변경하고자 할 때에는 당해 도로관리청의 허가를 받아야 한다.

다. 도로관리청은 사설안내표지의 상태를 조사하여 유지관리가 불량한 경우에는 피허가자에게 시정조치를 요구하여야 하며, 피허가자가 이를 이행하지 않을 때에는 허가취소, 철거 등 제재를 가할 수 있다.

14. 사설안내표지에 대한 기록유지

도로관리청은 본 규정에 의거 관내 사설안내표지의 설치 및 유지관리에 관한 제반사항을 사설안내표지대장 서식에 따라 작성하여 보존하여야 한다.

15. 도로관리청의 별도 관리지침 운영

가. 도로관리청은 관내 도로구역내 사설안내표지의 연립설치가 용이하도록 통일된 지주형태 및 표지판과 지주와의 결합방법 등에 대한 표준 모델을 규정할 수 있다.

나. 관내 시설 유형별 통일된 디자인을 적용하도록 할 경우 적색을 제외한 녹색 및 청색, 또는 오렌지색 등의 다양한 색상을 사용하게 할 수 있으며 도로관리청은 지주의 난립을 방지하기 위해 도로시설물 관리자와 협의하여 벽, 가로등 등의 지주를 활용하도록 유도할 수 있다.

다. 도로관리청은 지역 특성에 따라 사설안내표지의 난립을 방지하기 위해 국토해양부에서 정한 허가대상, 설치방법 등에 대하여 추가 제한 규정을 설정하여 허가 할 수 있다.

라. 도로관리청은 관내 도로구역 내에 이미 설치된 사설안내표지에 대한 개선 및 정비방안을 지속적으로 수립·관리하여야 한다.

16. 경과조치

가. 이 규정의 시행전에 이미 설치 허가된 사설안내표지는 이 규정에 의한 사설안내표지로 본다.

나. 도로관리청은 허가기간이 만료되어 재허가시에는 본 규정에 의거 설치허가 하여야 한다.

17. 유효기간

이 예규는 「훈령·예규 등의 발령 및 관리에 관한 규정」(대통령훈령 제334호)에 따라 이 예규를 발령한 후의 법령이나 현실 여건의 변화 등을 검토해야 하는 2019년 11월 25일까지 효력을 가진다.

시설 안내 표지대장

<전면>

허가번호	00군-94-001						허가일자	
설치위치	노선번호							
	도	시(군)	읍(면)	리	번지	피허가자	허가기간	
		시	구	동			성명	
	지점	Km	시점에서 종점방향 종점에서 시점방향				주소	
차도측	길어깨(보도)의 측 m		차도(보도)로 부터의 높이 m			표지판규격 m	가로 세로	색상
위치도						사진		

<후면>

표지판의 변동현황			지주의 변동현황		
일 자	내 용	조치결과	일 자	내 용	조치결과
관리현황					

7 진출입로 공동사용 처리지침 (건교부 도관58710-822, 2003.11.28)

가. 현 황
○ 각종 사업장의 진·출입로 개설을 위한 도로연결 허가시

- 최초 점용신청자에게 도로구역안의 연결로 등에 일반인의 통행을 제한하지않고 타 사업자와 중첩되는 연결로 부분은 공동으로 사용토록 허가조건으로 명시

- 그러나 각 도로관리청에서는 신규 도로점용신청자가 기존 도로점용자와 연결로의 중첩(공동사용)이 발생하게 되는 구간에 대해 공동사용키로 사전합의를 한 경우에만 도로연결을 허가

□ 문제점

○ 기존도로연결허가 연접구간에 신규 연결허가신청자가 있을시

- 기존 도로점용자가 연결로 공동사용에 대한 합의를 거부하여 허가지연 및 경제적 부담 등 애로사항 발생

○ 기존 연결로에 대한 설치비용 산출시 증빙서류 또는 산출근거 부재로 신규 신청자와 기점용자간 시설비분담액에 대한 이견 발생

□ 개선방안

○ 기존 도로점용자가 공동사용에 대한 합의 거부시 신규 신청자가 적정 시설비 분담액을 법원에 공탁하고 허가를 신청하는 경우 도로연결을 허가(붙임1)

○ 공동사용 진출입로(변속차로)의 공사비에 대한 시설별 분담처리요령 방안을 마련하여 적용(붙임2)

ㅇ 적정 공사비 산출

 - 연결로를 구성하는 구조물별 물량에 공종별 단가를 적용하여 공사비 산출
 - 산출한 공사비에 공사낙찰율 88%(최적낙찰율)를 곱하여 적정 공사비로 활용

붙임 : 1. 도로연결허가 업무 흐름도   1부
　　　 2. 시설비분담액 산출 처리요령 1부   끝.

[붙임1]

도로연결허가 업무 흐름도

○ (공동사용에 따른 조정등)

① 인근 시설물과 연결로의 중복구간이 발생하는 경우에 공동사용에 따른 연결로의 시설비 분담금액은 당사자간 합의를 원칙으로 한다.
② 공동사용에 대한 합의 거부시 시설비 분담금액을 법원에 공탁하는 경우, 당사자간 합의한 것으로 본다.

[붙임2]

시설비분담액 산출 처리요령

구분	1안	2안
방법	각 시설물 상호간 연결로 중첩구간의 설치비용(현시점)을 중첩 사용자의 수로 나누어 분담	연결로 전체구간의 설치비용을 각 시설물별 변속차로의 최소길이(규칙별표5)에 따라 분담
산출 공식	분담비용 = $\dfrac{\text{중첩구간별 설치비용}}{\text{중첩구간별 사용자수}}$ ※ 각각의 중첩 구간별로 산출	분담비용 = 전체 연결로등의 설치비용 × $\dfrac{(\text{시설물별 변속차로 최소길이}+\text{진출입부길이})}{\Sigma(\text{시설물별 변속차로 최소길이}+\text{진출입부길이})}$
검토	○ 중첩구간별 이해 당사자수 적음 ○ 이해당사자가 소수일때 편리	○ 각 시설물별 위치 및 연결허가 시점과 관계없이 공평분담 가능 ○ 공동사용자 수가 많아질 경우 분담비의 계산이 다소 복잡
채택	●	

[공동사용 구간별 비용분담 예시도]

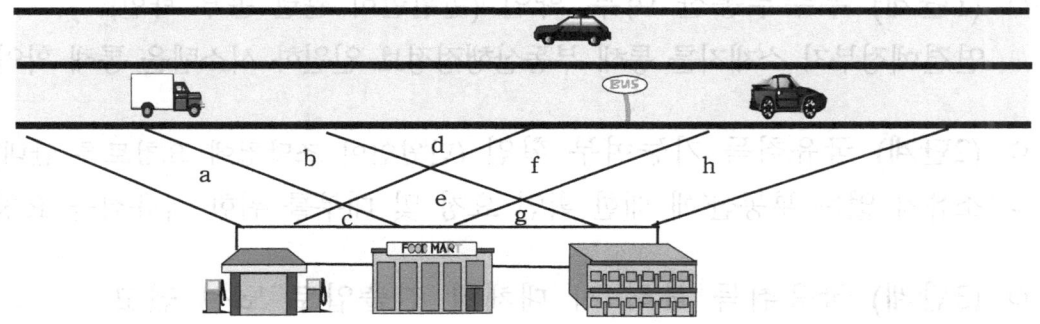

⑧ 무주부동산 도로연결허가 처리지침 (도로운영과-4340, 2015.11.12)

□ 지침마련 배경
- ○ 도로법 제52조제2항에 따라 도로에 다른 시설을 연결시키려는 자는 해당시설을 사용할 수 있는 권원을 직접 확보하여야 하나, 소유자 확인이 되지 않아 권원확보가 어려운 무주부동산의 연결허가 처리를 위한 지침 제정임

□ 적용범위 및 처리방향
- ○ (적용범위) 미등기·주소불명 등 소유자 확인이 되지 않아 권원확보가 어려운 무주부동산*에 대한 도로연결허가 처리

  * (무주부동산) 소유자가 없는 부동산을 말하며, 등기부등본·지적공부에 등기·등록된 사실이 없거나, 그 밖에 소유자를 확인할 수 없는 재산으로서 국가가 그 사실을 인지하지 못하고 있는 재산 (「국유재산법 시행령」 제75조제2항)

- ○ (처리방향) 진출입로 설치를 위한 무주부동산 권원확보의 다양한 관련정보를 민원인에게 충실히 안내함으로서 국민만족도 제고

  * 지침 제정전에는 민원인이 무주부동산 권원확보 등을 직접 확인해야 하는 등 불편

□ 처리 요령
- ○ (1단계) 무주부동산 여부 확인 (민원인이 관련 공부 확인)
- - 연결예정부지 소재지를 통해 부동산행정정보 일원화 시스템을 통해 확인

- ○ (2단계) 국유취득 가능여부 확인 (민원인이 조달청에 요청토록 안내)
- - '소유자 없는 부동산'에 대한 확인 요청 및 대부를 위한 국유취득 요청

- ○ (3단계) 국유취득 불허 시 대체할 진출입로 노선 권고

붙임 : 무주부동산 도로연결허가 처리 요령 1부.

| 붙임 | 무주부동산 도로연결허가 처리 요령 |

□ **무주부동산 도로연결허가 안내**

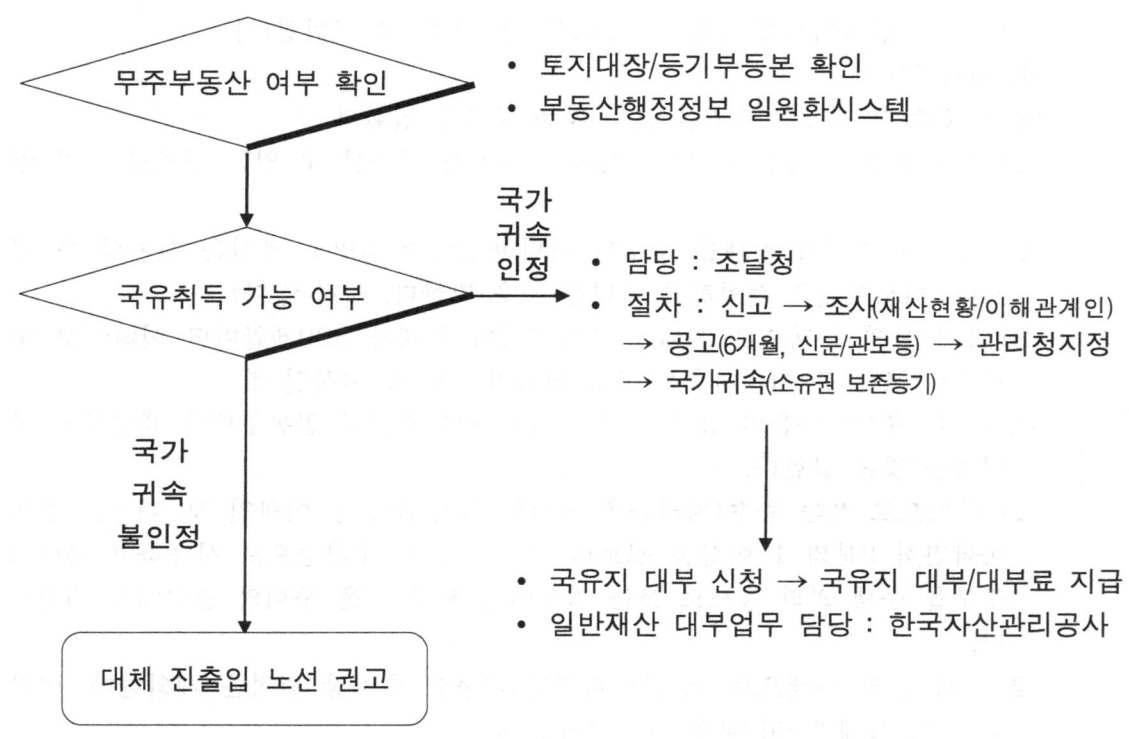

□ **무주부동산**(국유재산법 시행령 제75조제2항)

- 무주부동산은 크게 무주재산과 불명재산으로 구분

무주재산(유형)	불명재산(유형)
① 상속인이 없는 재산 ② 부재자의 재산으로 권리를 승계할 자가 없는 재산 ③ 그 밖에 소유자를 확인할 수 없는 재산	① 등기부, 기타 공부에 등기·등록된 사실이 없는 재산 ② 공유수면 매립토지로서 이해관계인이 없어 소유권 취득 절차를 밟지 않은 재산 ③ 공부에 등기·등록되지 않은 공공용재산으로 공공목적에 사용되지 아니한 재산인 누락재산 ④ 공부의 멸실·망실 등으로 등기 혹은 등록사실을 확인할 수 없는 재산 ⑤ 공부상 소유자란에 '미상', '불명'으로 적혀있거나 곤란으로 되어 있는 등 소유자를 확인할 수 없는 재산

⑨ 건축법 시행령 별표1 (용도별 건축물의 종류)

[별표 1] <개정 2016.7.19.>

용도별 건축물의 종류(제3조의5 관련)

1. 단독주택[단독주택의 형태를 갖춘 가정어린이집·공동생활가정·지역아동센터 및 노인복지시설(노인복지주택은 제외한다)을 포함한다]
 가. 단독주택
 나. 다중주택: 다음의 요건을 모두 갖춘 주택을 말한다.
  1) 학생 또는 직장인 등 여러 사람이 장기간 거주할 수 있는 구조로 되어 있는 것
  2) 독립된 주거의 형태를 갖추지 아니한 것(각 실별로 욕실은 설치할 수 있으나, 취사시설은 설치하지 아니한 것을 말한다. 이하 같다)
  3) 1개 동의 주택으로 쓰이는 바닥면적의 합계가 330제곱미터 이하이고 주택으로 쓰는 층수(지하층은 제외한다)가 3개 층 이하일 것
 다. 다가구주택: 다음의 요건을 모두 갖춘 주택으로서 공동주택에 해당하지 아니하는 것을 말한다.
  1) 주택으로 쓰는 층수(지하층은 제외한다)가 3개 층 이하일 것. 다만, 1층의 바닥면적 2분의 1 이상을 필로티 구조로 하여 주차장으로 사용하고 나머지 부분을 주택 외의 용도로 쓰는 경우에는 해당 층을 주택의 층수에서 제외한다.
  2) 1개 동의 주택으로 쓰이는 바닥면적(부설 주차장 면적은 제외한다. 이하 같다)의 합계가 660제곱미터 이하일 것
  3) 19세대(대지 내 동별 세대수를 합한 세대를 말한다) 이하가 거주할 수 있을 것
 라. 공관(公館)
2. 공동주택[공동주택의 형태를 갖춘 가정어린이집·공동생활가정·지역아동센터·노인복지시설(노인복지주택은 제외한다) 및 「주택법 시행령」 제3조제1항에 따른 원룸형 주택을 포함한다]. 다만, 가목이나 나목에서 층수를 산정할 때 1층 전부를 필로티 구조로 하여 주차장으로 사용하는 경우에는 필로티 부분을 층수에서 제외하고, 다목에서 층수를 산정할 때 1층의 전부 또는 일부를 필로티 구조로 하여 주차장으로 사용하고 나머지 부분을 주택 외의 용도로 쓰는 경우에는 해당 층을 주택의 층수에서 제외하며, 가목부터 라목까지의 규정에서 층수를 산정할 때 지하층을 주택의 층수에서 제외한다.
 가. 아파트: 주택으로 쓰는 층수가 5개 층 이상인 주택
 나. 연립주택: 주택으로 쓰는 1개 동의 바닥면적(2개 이상의 동을 지하주차장

으로 연결하는 경우에는 각각의 동으로 본다) 합계가 660제곱미터를 초과하고, 층수가 4개 층 이하인 주택
  다. 다세대주택: 주택으로 쓰는 1개 동의 바닥면적 합계가 660제곱미터 이하이고, 층수가 4개 층 이하인 주택(2개 이상의 동을 지하주차장으로 연결하는 경우에는 각각의 동으로 본다)
  라. 기숙사: 학교 또는 공장 등의 학생 또는 종업원 등을 위하여 쓰는 것으로서 1개 동의 공동취사시설 이용 세대 수가 전체의 50퍼센트 이상인 것(「교육기본법」 제27조제2항에 따른 학생복지주택을 포함한다)
3. 제1종 근린생활시설
  가. 식품·잡화·의류·완구·서적·건축자재·의약품·의료기기 등 일용품을 판매하는 소매점으로서 같은 건축물(하나의 대지에 두 동 이상의 건축물이 있는 경우에는 이를 같은 건축물로 본다. 이하 같다)에 해당 용도로 쓰는 바닥면적의 합계가 1천 제곱미터 미만인 것
  나. 휴게음식점, 제과점 등 음료·차(茶)·음식·빵·떡·과자 등을 조리하거나 제조하여 판매하는 시설(제4호너목 또는 제17호에 해당하는 것은 제외한다)로서 같은 건축물에 해당 용도로 쓰는 바닥면적의 합계가 300제곱미터 미만인 것
  다. 이용원, 미용원, 목욕장, 세탁소 등 사람의 위생관리나 의류 등을 세탁·수선하는 시설(세탁소의 경우 공장에 부설되는 것과 「대기환경보전법」, 「수질 및 수생태계 보전에 관한 법률」 또는 「소음·진동관리법」에 따른 배출시설의 설치 허가 또는 신고의 대상인 것은 제외한다)
  라. 의원, 치과의원, 한의원, 침술원, 접골원(接骨院), 조산원, 안마원, 산후조리원 등 주민의 진료·치료 등을 위한 시설
  마. 탁구장, 체육도장으로서 같은 건축물에 해당 용도로 쓰는 바닥면적의 합계가 500제곱미터 미만인 것
  바. 지역자치센터, 파출소, 지구대, 소방서, 우체국, 방송국, 보건소, 공공도서관, 건강보험공단 사무소 등 공공업무시설로서 같은 건축물에 해당 용도로 쓰는 바닥면적의 합계가 1천 제곱미터 미만인 것
  사. 마을회관, 마을공동작업소, 마을공동구판장, 공중화장실, 대피소, 지역아동센터(단독주택과 공동주택에 해당하는 것은 제외한다) 등 주민이 공동으로 이용하는 시설
  아. 변전소, 도시가스배관시설, 통신용 시설(해당 용도로 쓰는 바닥면적의 합계가 1천제곱미터 미만인 것에 한정한다), 정수장, 양수장 등 주민의 생활에 필요한 에너지공급·통신서비스제공이나 급수·배수와 관련된 시설
  자. 금융업소, 사무소, 부동산중개사무소, 결혼상담소 등 소개업소, 출판사 등

일반업무시설로서 같은 건축물에 해당 용도로 쓰는 바닥면적의 합계가 30제곱미터 미만인 것

4. 제2종 근린생활시설

 가. 공연장(극장, 영화관, 연예장, 음악당, 서커스장, 비디오물감상실, 비디오물소극장, 그 밖에 이와 비슷한 것을 말한다. 이하 같다)으로서 같은 건축물에 해당 용도로 쓰는 바닥면적의 합계가 500제곱미터 미만인 것

 나. 종교집회장[교회, 성당, 사찰, 기도원, 수도원, 수녀원, 제실(祭室), 사당, 그 밖에 이와 비슷한 것을 말한다. 이하 같다]으로서 같은 건축물에 해당 용도로 쓰는 바닥면적의 합계가 500제곱미터 미만인 것

 다. 자동차영업소로서 같은 건축물에 해당 용도로 쓰는 바닥면적의 합계가 1천제곱미터 미만인 것

 라. 서점(제1종 근린생활시설에 해당하지 않는 것)

 마. 총포판매소

 바. 사진관, 표구점

 사. 청소년게임제공업소, 복합유통게임제공업소, 인터넷컴퓨터게임시설제공업소, 그 밖에 이와 비슷한 게임 관련 시설로서 같은 건축물에 해당 용도로 쓰는 바닥면적의 합계가 500제곱미터 미만인 것

 아. 휴게음식점, 제과점 등 음료·차(茶)·음식·빵·떡·과자 등을 조리하거나 제조하여 판매하는 시설(너목 또는 제17호에 해당하는 것은 제외한다)로서 같은 건축물에 해당 용도로 쓰는 바닥면적의 합계가 300제곱미터 이상인 것

 자. 일반음식점

 차. 장의사, 동물병원, 동물미용실, 그 밖에 이와 유사한 것

 카. 학원(자동차학원·무도학원 및 정보통신기술을 활용하여 원격으로 교습하는 것은 제외한다), 교습소(자동차교습·무도교습 및 정보통신기술을 활용하여 원격으로 교습하는 것은 제외한다), 직업훈련소(운전·정비 관련 직업훈련소는 제외한다)로서 같은 건축물에 해당 용도로 쓰는 바닥면적의 합계가 500제곱미터 미만인 것

 타. 독서실, 기원

 파. 테니스장, 체력단련장, 에어로빅장, 볼링장, 당구장, 실내낚시터, 골프연습장, 놀이형시설(「관광진흥법」에 따른 기타유원시설업의 시설을 말한다. 이하 같다) 등 주민의 체육 활동을 위한 시설(제3호마목의 시설은 제외한다)로서 같은 건축물에 해당 용도로 쓰는 바닥면적의 합계가 500제곱미터 미만인 것

 하. 금융업소, 사무소, 부동산중개사무소, 결혼상담소 등 소개업소, 출판사 등

일반업무시설로서 같은 건축물에 해당 용도로 쓰는 바닥면적의 합계가 500제곱미터 미만인 것(제1종 근린생활시설에 해당하는 것은 제외한다)
거. 다중생활시설(「다중이용업소의 안전관리에 관한 특별법」에 따른 다중이용업 중 고시원업의 시설로서 국토교통부장관이 고시하는 기준에 적합한 것을 말한다. 이하 같다)로서 같은 건축물에 해당 용도로 쓰는 바닥면적의 합계가 500제곱미터 미만인 것
너. 제조업소, 수리점 등 물품의 제조·가공·수리 등을 위한 시설로서 같은 건축물에 해당 용도로 쓰는 바닥면적의 합계가 500제곱미터 미만이고, 다음 요건 중 어느 하나에 해당하는 것
 1) 「대기환경보전법」, 「수질 및 수생태계 보전에 관한 법률」 또는 「소음·진동관리법」에 따른 배출시설의 설치 허가 또는 신고의 대상이 아닌 것
 2) 「대기환경보전법」, 「수질 및 수생태계 보전에 관한 법률」 또는 「소음·진동관리법」에 따른 배출시설의 설치 허가 또는 신고의 대상 시설이나 귀금속·장신구 및 관련 제품 제조시설로서 발생되는 폐수를 전량 위탁처리하는 것
더. 단란주점으로서 같은 건축물에 해당 용도로 쓰는 바닥면적의 합계가 150제곱미터 미만인 것
러. 안마시술소, 노래연습장

5. 문화 및 집회시설
가. 공연장으로서 제2종 근린생활시설에 해당하지 아니하는 것
나. 집회장[예식장, 공회당, 회의장, 마권(馬券) 장외 발매소, 마권 전화투표소, 그 밖에 이와 비슷한 것을 말한다]으로서 제2종 근린생활시설에 해당하지 아니하는 것
다. 관람장(경마장, 경륜장, 경정장, 자동차 경기장, 그 밖에 이와 비슷한 것과 체육관 및 운동장으로서 관람석의 바닥면적의 합계가 1천 제곱미터 이상인 것을 말한다)
라. 전시장(박물관, 미술관, 과학관, 문화관, 체험관, 기념관, 산업전시장, 박람회장, 그 밖에 이와 비슷한 것을 말한다)
마. 동·식물원(동물원, 식물원, 수족관, 그 밖에 이와 비슷한 것을 말한다)

6. 종교시설
가. 종교집회장으로서 제2종 근린생활시설에 해당하지 아니하는 것
나. 종교집회장(제2종 근린생활시설에 해당하지 아니하는 것을 말한다)에 설치하는 봉안당(奉安堂)

7. 판매시설
가. 도매시장(「농수산물유통 및 가격안정에 관한 법률」에 따른 농수산물도매

시장, 농수산물공판장, 그 밖에 이와 비슷한 것을 말하며, 그 안에 있는 근린생활시설을 포함한다)
  나. 소매시장(「유통산업발전법」 제2조제3호에 따른 대규모 점포, 그 밖에 이와 비슷한 것을 말하며, 그 안에 있는 근린생활시설을 포함한다)
  다. 상점(그 안에 있는 근린생활시설을 포함한다)으로서 다음의 요건 중 어느 하나에 해당하는 것
   1) 제3호가목에 해당하는 용도(서점은 제외한다)로서 제1종 근린생활시설에 해당하지 아니하는 것
   2) 「게임산업진흥에 관한 법률」 제2조제6호의2가목에 따른 청소년게임제공업의 시설, 같은 호 나목에 따른 일반게임제공업의 시설, 같은 조 제7호에 따른 인터넷컴퓨터게임시설제공업의 시설 및 같은 조 제8호에 따른 복합유통게임제공업의 시설로서 제2종 근린생활시설에 해당하지 아니하는 것
8. 운수시설
  가. 여객자동차터미널
  나. 철도시설
  다. 공항시설
  라. 항만시설
  마. 삭제 <2009.7.16>
9. 의료시설
  가. 병원(종합병원, 병원, 치과병원, 한방병원, 정신병원 및 요양병원을 말한다)
  나. 격리병원(전염병원, 마약진료소, 그 밖에 이와 비슷한 것을 말한다)
10. 교육연구시설(제2종 근린생활시설에 해당하는 것은 제외한다)
  가. 학교(유치원, 초등학교, 중학교, 고등학교, 전문대학, 대학, 대학교, 그 밖에 이에 준하는 각종 학교를 말한다)
  나. 교육원(연수원, 그 밖에 이와 비슷한 것을 포함한다)
  다. 직업훈련소(운전 및 정비 관련 직업훈련소는 제외한다)
  라. 학원(자동차학원·무도학원 및 정보통신기술을 활용하여 원격으로 교습하는 것은 제외한다)
  마. 연구소(연구소에 준하는 시험소와 계측계량소를 포함한다)
  바. 도서관
11. 노유자시설
  가. 아동 관련 시설(어린이집, 아동복지시설, 그 밖에 이와 비슷한 것으로서 단독주택, 공동주택 및 제1종 근린생활시설에 해당하지 아니하는 것을 말한다)
  나. 노인복지시설(단독주택과 공동주택에 해당하지 아니하는 것을 말한다)
  다. 그 밖에 다른 용도로 분류되지 아니한 사회복지시설 및 근로복지시설

12. 수련시설
 가. 생활권 수련시설(「청소년활동진흥법」에 따른 청소년수련관, 청소년문화의집, 청소년특화시설, 그 밖에 이와 비슷한 것을 말한다)
 나. 자연권 수련시설(「청소년활동진흥법」에 따른 청소년수련원, 청소년야영장, 그 밖에 이와 비슷한 것을 말한다)
 다. 「청소년활동진흥법」에 따른 유스호스텔
 라. 「관광진흥법」에 따른 야영장 시설로서 제29호에 해당하지 아니하는 시설
13. 운동시설
 가. 탁구장, 체육도장, 테니스장, 체력단련장, 에어로빅장, 볼링장, 당구장, 실내낚시터, 골프연습장, 놀이형시설, 그 밖에 이와 비슷한 것으로서 제1종 근린생활시설 및 제2종 근린생활시설에 해당하지 아니하는 것
 나. 체육관으로서 관람석이 없거나 관람석의 바닥면적이 1천제곱미터 미만인 것
 다. 운동장(육상장, 구기장, 볼링장, 수영장, 스케이트장, 롤러스케이트장, 승마장, 사격장, 궁도장, 골프장 등과 이에 딸린 건축물을 말한다)으로서 관람석이 없거나 관람석의 바닥면적이 1천 제곱미터 미만인 것
14. 업무시설
 가. 공공업무시설: 국가 또는 지방자치단체의 청사와 외국공관의 건축물로서 제1종 근린생활시설에 해당하지 아니하는 것
 나. 일반업무시설: 다음 요건을 갖춘 업무시설을 말한다.
  1) 금융업소, 사무소, 결혼상담소 등 소개업소, 출판사, 신문사, 그 밖에 이와 비슷한 것으로서 제1종 근린생활시설 및 제2종 근린생활시설에 해당하지 않는 것
  2) 오피스텔(업무를 주로 하며, 분양하거나 임대하는 구획 중 일부 구획에서 숙식을 할 수 있도록 한 건축물로서 국토교통부장관이 고시하는 기준에 적합한 것을 말한다)
15. 숙박시설
 가. 일반숙박시설 및 생활숙박시설
 나. 관광숙박시설(관광호텔, 수상관광호텔, 한국전통호텔, 가족호텔, 호스텔, 소형호텔, 의료관광호텔 및 휴양 콘도미니엄)
 다. 다중생활시설(제2종 근린생활시설에 해당하지 아니하는 것을 말한다)
 라. 그 밖에 가목부터 다목까지의 시설과 비슷한 것
16. 위락시설
 가. 단란주점으로서 제2종 근린생활시설에 해당하지 아니하는 것
 나. 유흥주점이나 그 밖에 이와 비슷한 것
 다. 「관광진흥법」에 따른 유원시설업의 시설, 그 밖에 이와 비슷한 시설(제2

종 근린생활시설과 운동시설에 해당하는 것은 제외한다)
라. 삭제 <2010.2.18>
마. 무도장, 무도학원
바. 카지노영업소
17. 공장
  물품의 제조·가공[염색·도장(塗裝)·표백·재봉·건조·인쇄 등을 포함한다] 또는 수리에 계속적으로 이용되는 건축물로서 제1종 근린생활시설, 제2종 근린생활시설, 위험물저장 및 처리시설, 자동차 관련 시설, 자원순환 관련 시설 등으로 따로 분류되지 아니한 것
18. 창고시설(위험물 저장 및 처리 시설 또는 그 부속용도에 해당하는 것은 제외한다)
가. 창고(물품저장시설로서 「물류정책기본법」에 따른 일반창고와 냉장 및 냉동 창고를 포함한다)
나. 하역장
다. 「물류시설의 개발 및 운영에 관한 법률」에 따른 물류터미널
라. 집배송 시설
19. 위험물 저장 및 처리 시설
  「위험물안전관리법」, 「석유 및 석유대체연료 사업법」, 「도시가스사업법」, 「고압가스 안전관리법」, 「액화석유가스의 안전관리 및 사업법」, 「총포·도검·화약류 등 단속법」, 「유해화학물질 관리법」 등에 따라 설치 또는 영업의 허가를 받아야 하는 건축물로서 다음 각 목의 어느 하나에 해당하는 것. 다만, 자가난방, 자가발전, 그 밖에 이와 비슷한 목적으로 쓰는 저장시설은 제외한다.
가. 주유소(기계식 세차설비를 포함한다) 및 석유 판매소
나. 액화석유가스 충전소·판매소·저장소(기계식 세차설비를 포함한다)
다. 위험물 제조소·저장소·취급소
라. 액화가스 취급소·판매소
마. 유독물 보관·저장·판매시설
바. 고압가스 충전소·판매소·저장소
사. 도료류 판매소
아. 도시가스 제조시설
자. 화약류 저장소
차. 그 밖에 가목부터 자목까지의 시설과 비슷한 것
20. 자동차 관련 시설(건설기계 관련 시설을 포함한다)
가. 주차장
나. 세차장

다. 폐차장
라. 검사장
마. 매매장
바. 정비공장
사. 운전학원 및 정비학원(운전 및 정비 관련 직업훈련시설을 포함한다)
아. 「여객자동차 운수사업법」, 「화물자동차 운수사업법」 및 「건설기계관리법」에 따른 차고 및 주기장(駐機場)

21. 동물 및 식물 관련 시설
가. 축사(양잠・양봉・양어시설 및 부화장 등을 포함한다)
나. 가축시설[가축용 운동시설, 인공수정센터, 관리사(管理舍), 가축용 창고, 가축시장, 동물검역소, 실험동물 사육시설, 그 밖에 이와 비슷한 것을 말한다]
다. 도축장
라. 도계장
마. 작물 재배사
바. 종묘배양시설
사. 화초 및 분재 등의 온실
아. 식물과 관련된 마목부터 사목까지의 시설과 비슷한 것(동・식물원은 제외한다)

22. 자원순환 관련 시설
가. 하수 등 처리시설
나. 고물상
다. 폐기물재활용시설
라. 폐기물 처분시설
마. 폐기물감량화시설

23. 교정 및 군사 시설(제1종 근린생활시설에 해당하는 것은 제외한다)
가. 교정시설(보호감호소, 구치소 및 교도소를 말한다)
나. 갱생보호시설, 그 밖에 범죄자의 갱생・보육・교육・보건 등의 용도로 쓰는 시설
다. 소년원 및 소년분류심사원
라. 국방・군사시설

24. 방송통신시설(제1종 근린생활시설에 해당하는 것은 제외한다)
가. 방송국(방송프로그램 제작시설 및 송신・수신・중계시설을 포함한다)
나. 전신전화국
다. 촬영소
라. 통신용 시설
마. 그 밖에 가목부터 라목까지의 시설과 비슷한 것

25. 발전시설
발전소(집단에너지 공급시설을 포함한다)로 사용되는 건축물로서 제1종 근린

생활시설에 해당하지 아니하는 것
26. 묘지 관련 시설
 가. 화장시설
 나. 봉안당(종교시설에 해당하는 것은 제외한다)
 다. 묘지와 자연장지에 부수되는 건축물
27. 관광 휴게시설
 가. 야외음악당
 나. 야외극장
 다. 어린이회관
 라. 관망탑
 마. 휴게소
 바. 공원·유원지 또는 관광지에 부수되는 시설
28. 장례식장[의료시설의 부수시설(「의료법」 제36조제1호에 따른 의료기관의 종류에 따른 시설을 말한다)에 해당하는 것은 제외한다]

비고
 1. 제3호 및 제4호에서 "해당 용도로 쓰는 바닥면적"이란 부설 주차장 면적을 제외한 실(實) 사용면적에 공용부분 면적(복도, 계단, 화장실 등의 면적을 말한다)을 비례 배분한 면적을 합한 면적을 말한다.
 2. 비고 제1호에 따라 "해당 용도로 쓰는 바닥면적"을 산정할 때 건축물의 내부를 여러 개의 부분으로 구분하여 독립한 건축물로 사용하는 경우에는 그 구분된 면적 단위로 바닥면적을 산정한다. 다만, 다음 각 목에 해당하는 경우에는 각 목에서 정한 기준에 따른다.
  가. 제4호너목에 해당하는 건축물의 경우에는 내부가 여러 개의 부분으로 구분되어 있더라도 해당 용도로 쓰는 바닥면적을 모두 합산하여 산정한다.
  나. 동일인이 둘 이상의 구분된 건축물을 같은 세부 용도로 사용하는 경우에는 연접되어 있지 않더라도 이를 모두 합산하여 산정한다.
  다. 구분 소유자(임차인을 포함한다)가 다른 경우에도 구분된 건축물을 같은 세부 용도로 연계하여 함께 사용하는 경우(통로, 창고 등을 공동으로 활용하는 경우 또는 명칭의 일부를 동일하게 사용하여 홍보하거나 관리하는 경우 등을 말한다)에는 연접되어 있지 않더라도 연계하여 함께 사용하는 바닥면적을 모두 합산하여 산정한다.
 3. 「청소년 보호법」 제2조제5호가목8) 및 9)에 따라 여성가족부장관이 고시하는 청소년 출입·고용금지업의 영업을 위한 시설은 제1종 근린생활시설 및 제2종 근린생활시설에서 제외한다.
 4. 국토교통부장관은 별표 1 각 호의 용도별 건축물의 종류에 관한 구체적인 범위를 정하여 고시할 수 있다.

10 주차장법 시행령 별표1 (부설주차장)

[별표 1] <개정 2016.7.19.>

부설주차장의 설치대상 시설물 종류 및 설치기준(제6조제1항 관련)

시 설 물	설 치 기 준
1. 위락시설	○ 시설면적 100㎡당 1대(시설면적/100㎡)
2. 문화 및 집회시설(관람장은 제외한다), 종교시설, 판매시설, 운수시설, 의료시설(정신병원·요양병원 및 격리병원은 제외한다), 운동시설(골프장·골프연습장 및 옥외수영장은 제외한다), 업무시설(외국공관 및 오피스텔은 제외한다), 방송통신시설 중 방송국, 장례식장	○ 시설면적 150㎡당 1대(시설면적/150㎡)
3. 제1종 근린생활시설[「건축법 시행령」 별표 1 제3호바목 및 사목(공중화장실, 대피소, 지역아동센터는 제외한다)은 제외한다], 제2종 근린생활시설, 숙박시설	○ 시설면적 200㎡당 1대(시설면적/200㎡)
4. 단독주택(다가구주택은 제외한다)	○ 시설면적 50㎡ 초과 150㎡ 이하: 1대 ○ 시설면적 150㎡ 초과: 1대에 150㎡를 초과하는 100㎡당 1대를 더한 대수 [1+{(시설면적-150㎡)/100㎡}]
5. 다가구주택, 공동주택(기숙사는 제외한다), 업무시설 중 오피스텔	○ 「주택건설기준 등에 관한 규정」 제27조제1항에 따라 산정된 주차대수. 이 경우 다가구주택 및 오피스텔의 전용면적은 공동주택의 전용면적 산정방법을 따른다.
6. 골프장, 골프연습장, 옥외수영장, 관람장	○ 골프장: 1홀당 10대(홀의 수×10) ○ 골프연습장: 1타석당 1대(타석의 수×1) ○ 옥외수영장: 정원 15명당 1대(정원/15명) ○ 관람장: 정원 100명당 1대(정원/100명)
7. 수련시설, 공장(아파트형은 제외한다), 발전시설	○ 시설면적 350㎡당 1대(시설면적/350㎡)

8. 창고시설	○ 시설면적 400㎡당 1대(시설면적/400㎡)
9. 학생용 기숙사	○ 시설면적 400㎡당 1대(시설면적/400㎡)
10. 그 밖의 건축물	○ 시설면적 300㎡당 1대(시설면적/300㎡)

비고

1. 시설물의 종류는 다른 법령에 특별한 규정이 없으면 「건축법 시행령」 별표 1에 따르되, 다음 각 목의 어느 하나에 해당하는 시설물을 건축하거나 설치하려는 경우에는 부설주차장을 설치하지 않을 수 있다.

   가. 제1종 근린생활시설 중 변전소·양수장·정수장·대피소·공중화장실, 그 밖에 이와 유사한 시설

   나. 종교시설 중 수도원·수녀원·제실(祭室) 및 사당

   다. 동물 및 식물 관련 시설(도축장 및 도계장은 제외한다)

   라. 방송통신시설(방송국, 전신전화국, 통신용 시설 및 촬영소만을 말한다) 중 송신·수신 및 중계시설

   마. 주차전용건축물(노외주차장인 주차전용건축물만을 말한다)에 주차장 외의 용도로 설치하는 시설물(판매시설 중 백화점·쇼핑센터·대형점과 문화 및 집회시설 중 영화관·전시장·예식장은 제외한다)

   바. 「도시철도법」에 따른 역사(「철도건설법」 제2조제7호에 따른 철도건설사업으로 건설되는 역사를 포함한다)

   사. 「건축법 시행령」 제6조제1항제4호에 따른 전통한옥 밀집지역 안에 있는 전통한옥

2. 시설물의 시설면적은 공용면적을 포함한 바닥면적의 합계를 말하되, 하나의 부지 안에 둘 이상의 시설물이 있는 경우에는 각 시설물의 시설면적을 합한 면적을 시설면적으로 하며, 시설물 안의 주차를 위한 시설의 바닥면적은 그 시설물의 시설면적에서 제외한다.

3. 시설물의 소유자는 부설주차장(해당 시설물의 부지에 설치하는 부설주차장은 제외한다)의 부지의 소유권을 취득하여 이를 주차장전용으로 제공해야 한다. 다만, 주차전용건축물에 부설주차장을 설치하는 경우에는 그 건축물의 소유권을 취득해야 한다.

4. 용도가 다른 시설물이 복합된 시설물에 설치해야 하는 부설주차장의 주차대수는 용도가 다른 시설물별 설치기준에 따라 산정(위 표 제5호의 시설물은 주차대수의 산정대상에서 제외하되, 비고 제8호에서 정한 기준을 적용하여 산정된 주차대수는 따로 합산한다)한 소수점 이하 첫째자리까지의 주차대수를 합하

여 산정한다. 다만, 단독주택(다가구주택은 제외한다. 이하 이 호에서 같다)의 용도로 사용되는 시설의 면적이 50제곱미터 이하인 경우 단독주택의 용도로 사용되는 시설의 면적에 대한 부설주차장의 주차대수는 단독주택의 용도로 사용되는 시설의 면적을 100제곱미터로 나눈 대수로 한다.

5. 시설물을 용도변경하거나 증축함에 따라 추가로 설치해야 하는 부설주차장의 주차대수는 용도변경하는 부분 또는 증축으로 인하여 면적이 증가하는 부분(이하 "증축하는 부분"이라 한다)에 대해서만 설치기준을 적용하여 산정한다. 다만, 위 표 제5호에 따른 시설물을 증축하는 경우에는 증축 후 시설물의 전체면적에 대하여 위 표 제5호에 따른 설치기준을 적용하여 산정한 주차대수에서 증축 전 시설물의 면적에 대하여 증축 시점의 위 표 제5호에 따른 설치기준을 적용하여 산정한 주차대수를 뺀 대수로 한다.

6. 설치기준(위 표 제5호에 따른 설치기준은 제외한다. 이하 이 호에서 같다)에 따라 주차대수를 산정할 때 소수점 이하의 수(시설물을 증축하는 경우 먼저 증축하는 부분에 대하여 설치기준을 적용하여 산정한 수가 0.5 미만일 때에는 그 수와 나중에 증축하는 부분들에 대하여 설치기준을 적용하여 산정한 수를 합산한 수의 소수점 이하의 수. 이 경우 합산한 수가 0.5 미만일 때에는 0.5 이상이 될 때까지 합산해야 한다)가 0.5 이상인 경우에는 이를 1로 본다. 다만, 해당 시설물 전체에 대하여 설치기준(시설물을 설치한 후 법령·조례의 개정 등으로 설치기준 또는 설치제한기준이 변경된 경우에는 변경된 설치기준 또는 설치제한기준을 말한다)을 적용하여 산정한 총주차대수가 1대 미만인 경우에는 주차대수를 0으로 본다.

7. 용도변경되는 부분에 대하여 설치기준을 적용하여 산정한 주차대수가 1대 미만인 경우에는 주차대수를 0으로 본다. 다만, 용도변경되는 부분에 대하여 설치기준을 적용하여 산정한 주차대수의 합(2회 이상 나누어 용도변경하는 경우를 포함한다)이 1대 이상인 경우에는 그러하지 아니하다.

8. 단독주택 및 공동주택 중 「주택건설기준 등에 관한 규정」이 적용되는 주택에 대해서는 같은 규정에 따른 기준을 적용한다.

9. 승용차와 승용차 외의 자동차를 함께 주차하는 부설주차장의 경우에는 승용차 외의 자동차의 주차가 가능하도록 하여야 하며, 승용차 외의 자동차를 더 많이 주차하는 부설주차장의 경우에는 그 이용 빈도에 따라 승용차 외의 자동차의 주차에 적합하도록 승용차 외의 자동차를 주차할 주차장을 승용차용 주차장과 구분하여 설치해야 한다. 이 경우 주차대수의 산정은 승용차를 기준으로 한다.

10. 「장애인·노인·임산부 등의 편의증진 보장에 관한 법률 시행령」 제4조 또는 「교통약자의 이동편의 증진법 시행령」 제12조에 따라 장애인전용 주차구역을 설치해야 하는 시설물에는 부설주차장 설치기준에 따른 부설주차장 주차대수의 2퍼센트부터 4퍼센트까지의 범위에서 장애인의 주차수요를 고려하여 지방자치단체의 조례로 정하는 비율 이상을 장애인전용 주차구획으로 구분·설치해야 한다. 다만, 부설주차장의 설치기준에 따른 부설주차장의 주차대수가 10대 미만인 경우에는 그러하지 아니하다.
11. 제6조제2항에 따라 지방자치단체의 조례로 부설주차장 설치기준을 강화 또는 완화하는 때에는 시설물의 시설면적·홀·타석·정원을 기준으로 한다.
12. 경형자동차의 전용주차구획으로 설치된 주차단위구획은 전체 주차단위구획 수의 10퍼센트까지 부설주차장 설치기준에 따라 설치된 것으로 본다.
13. 2008년 1월 1일 전에 설치된 기계식주차장치로서 다음 각 목에 열거된 형태의 기계식주차장치를 설치한 주차장을 다른 형태의 주차장으로 변경하여 설치하는 경우에는 변경 전의 주차대수의 2분의 1에 해당하는 주차대수를 설치하더라도 변경 전의 주차대수로 인정한다.
    가. 2단 단순승강 기계식주차장치: 주차구획이 2층으로 되어 있고 위층에 주차된 자동차를 출고하기 위하여는 반드시 아래층에 주차되어 있는 자동차를 출고해야 하는 형태로서, 주차구획 안에 있는 평평한 운반기구를 위·아래로만 이동하여 자동차를 주차하는 기계식주차장치
    나. 2단 경사승강 기계식주차장치: 주차구획이 2층으로 되어 있고 주차구획 안에 있는 경사진 운반기구를 위·아래로만 이동하여 자동차를 주차하는 기계식주차장치
14. 비고 제13호에 따라 기계식주차장치를 설치한 주차장을 변경하여 변경 전의 주차대수로 인정받은 후 해당 시설물의 용도변경 또는 증축 등으로 인하여 주차장을 추가로 설치해야 하는 경우에는 비고 제13호 각 목의 기계식주차장치를 설치한 주차장을 변경하면서 줄어든 주차대수도 포함하여 설치해야 한다.
15. "학생용 기숙사"란 기숙사 중 「초·중등교육법」 제2조 및 「고등교육법」 제2조에 따른 학교에 재학 중인 학생을 위한 기숙사를 말한다.

⑪ 소상공인 확인요령 (국토부 도로운영과-240, 2013.01.22)

1. 총괄 : 소상공인이 될 수 있는 대상

□ 「중소기업기본법」 및 「소기업·소상공인 특별법」에 따라 소상공인이 될 수 있는 대상은 **영리기업**(「상법」상 회사 또는 (개인)사업자)

   ○ 소상공인은 우선 「중소기업기본법」상 **중소기업 요건을 만족**하여야 함

중소기업이 될 수 있는 대상	중소기업이 될 수 없는 대상
■ 영리 목적의 (개인)사업자 - 음식점, 재래시장 상인, 개인사설 학원 등 영리 (개인)사업자 ■ 영리법인 - 「상법」에 따라 설립하는 주식회사·유한회사·합명회사 등 - 영리를 목적으로 하는 특별법인 (영농조합법인 등)	■ 비영리 목적의 (개인)사업자 ■ 비영리법인 및 단체, 조합, 협회 - 「민법」 및 특별법에 따라 설립하는 종교법인·학교법인·의료법인·사회복지법인·재단법인·비영리특별법인 (한국은행, 단위농협, 새마을금고 등)

□ 다음에 해당하는 기업은 업종관계 없이 **소상공인에서 제외**

1. 자산총액   5,000억원 이상
2. 자기자본(자산총액 - 부채총액)   1,000억원 이상
3. 3년간 평균 매출액   1,500억원 이상
4. 상호출자제한기업집단에 속하는 기업
   * 공정거래위원회 홈페이지(www.ftc.go.kr) 보도자료 확인
5. 자산총액 5,000억원 이상인 기업이 주식의 30% 이상을 직·간접적으로 소유하면서 최대주주인 기업

2. 소상공인의 범위

◆ 규모기준(상시 근로자수, 매출액 등)과
  독립성 기준(대기업의 자회사이거나 계열사 여부 등) **모두충족**
⇒ **개인사업자는 규모기준만 충족하면 됨**
⇒ **법인사업자는 규모기준과 독립성 기준 모두충족**

< 확인에 필요한 서류 >

개인사업자	법인사업자
① <첨부 3> 참고서식1 ② 직전년도 월별 원천징수이행상황신고서 1부 (다만, 필요시 매월 근로자 확인이 가능한 고용보험납부영수증 또는 임금 지급대장으로 대체가능) ③ 재무제표 또는 세법이 정하는 회계장부	① <첨부 3> 참고서식1, 2 ② 직전년도 월별 원천징수이행상황신고서 1부 (다만, 필요시 매월 근로자 확인이 가능한 고용보험납부영수증 또는 임금 지급대장으로 대체가능) ③ 직전 3개사업연도 감사보고서 (재무제표 또는 세법이 정하는 회계장부) ④ 주주명부 1부 ⑤ 연결재무제표 및 지분관계에 포함된 모든 기업의 ①, ②, ③에 해당하는 서류 ⑥ 지분관계도 1부(별지 2호로 대체)

1 규모기준(참고서식1 및 제출서류 활용) : **법인과 개인사업자 모두 적용**

○ **(기준)** 제조업, 건설업, 운수업, 광업 : 10인 미만
   기타 업종 : 5인 미만

○ **(확인)** 원천징수이행상황신고서상 매월 상시근로자수를 합하여 12로 나눈 인원이 규모기준을 만족하면 됨

 - 업종은 사업자등록증으로 판단하되 업태가 다양한 경우, 재표 재표 또는 회계장부상 **매출액이 가장 큰 업종이 주업종**

직전 사업연도가 12개월 이상인 기업	직전 사업연도의 매월 말일 현재 상시 근로자 수를 합하여 12로 나눈 인원
창업·합병·분할로 직전 사업연도가 12개월 미만인 기업	산정일이 속하는 달의 전달부터 소급하여 12개월이 되는 달까지 매월 말일 현재의 상시 근로자 수를 합하여 12로 나눈 인원
창업·합병·분할한 지 12개월 미만인 기업	창업일 또는 합병일이 속하는 달부터 산정일이 속하는 달의 전달까지 매월 말일 현재 상시 근로자 수를 합하여 해당 월수로 나눈 인원
창업·합병·분할한 지 1개월 미만인 기업	전달이 있는 경우 전달 말일 현재 상시 근로자 수 전달이 없는 경우 산정일 현재의 상시 근로자 수

◆ 상시근로자 정의(중소기업기본법 시행령 제5조) : 임금을 목적으로 근로를 제공하는 자중 다음자를 제외

  1. 임원 및 일용근로자
  2. 3개월 이내 기간을 정하여 근로하는 자
  3. 기업부설연구소 및 연구개발전담부서의 연구전담요원
  4. 1개월동안 근로시간이 60시간 미만인 자

2 **독립성 기준**(참고서식 2 및 제출서류 활용) : **법인만 적용**

< 다음중 **어느 하나에 해당**하는 경우 해당기업이 규모기준을 충족하더라도 **소상공인에 해당하지 않음** >

1. 「상호출자 제한기업 집단」에 속하는 회사

2. 자산총액 5,000억 원 이상인 법인(외국법인 포함)이 30% 이상의 지분을 직·간접적으로 소유하면서 최다출자자인 기업

3. 관계기업에 속하는 기업의 경우에는 출자비율에 해당하는 상시 근로자 수, 매출액 등을 합산하여 규모기준을 충족하지 못하는 기업

① **상호출자제한기업집단 현황**은 매월 초순에 **공정거래위원회 홈페이지**(www.ftc.go.kr) 보도자료를 통해 발표 → 확인필요

② 자산총액 5,000억 원 이상인 법인(외국법인 포함)이 30% 이상의 지분을 직·간접적으로 소유하는 경우의 **판단예**

- 직접소유는 모회사와 자회사, 자회사와 손자회사의 관계에 해당, 간접소유는 모회사가 자회사를 거쳐서 손자회사의 주식을 소유하는 것(간접소유의 산정방식은 「국제조세 조정에 관한 법률 시행령」 제2조제2항을 준용)

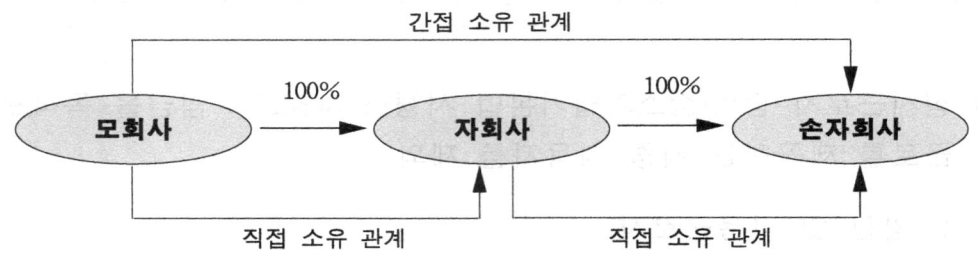

< 적용예 >

1. A기업(제조업)은 상시근로자 수 9명, 자본금 5,000만 원입니다. 2010년 3월 1일에 자산총액 1조 원인 기업이 60%의 주식을 인수한 경우 A사는 소상공인인가요?
  ☞ A기업은 소상공인 규모기준은 충족하지만, 자산총액 5,000억원이 넘는 기업이 주식의 30% 이상을 소유하면서 최다출자자이므로 '10.3.1일부터 소상공인이 아님

2. 규모기준을 충족하는 B기업의 주식을 자산총액 5,000억원 이상인 A기업이 35%, B기업의 대표이사가 65% 소유한 경우 B사는 소상공인인가요?
  ☞ A기업이 B기업의 주식을 30% 이상 소유하고 있지만 최다출자자가 아니므로 B기업은 소상공인입니다. 다만, B기업의 대표이사가 A기업의 임원이라면 A기업이 100% 소유한 사례로서 소상공인에 해당하지 않습니다.

3. A기업은 규모기준을 충족하는 유한회사입니다. 자산총액이 5,000억 원을 넘는 기업이 70%의 지분을 소유한 경우 A기업은 중소기업이 아닌가요?
  ☞ 2012년 1월 1일부터는 개인사업자외 모든 기업에 적용합니다. 따라서 A기업은 소상공인이 아니지만, 2011년 12월31일 이전부터 동 관계가 성립한 기업이라면 경과조치에 따라 2012년 12월 31까지는 소상공인으로 간주

4. 자산총액 5,000억 원 이상인 중소기업창업투자회사가 A기업의 주식을 60% 소유한 경우, A기업이 다른 범위기준 요건을 충족한다면 소상공인인가요?
  ☞ 자산총액 5,000억 원 이상인 법인이 「중소기업창업 지원법」에 따른 중소기업창업투자회사인 경우 30% 이상의 주식을 소유하더라도 A기업은 소상공인

5. 자산총액 1조 원인 「상법」상 회사인 사모집합투자기구가 A기업의 지분을 60% 인수한 경우, A기업은 소상공인인가요?
☞ 2010년 3월 16일 이전까지는 자산총액 5,000억 원 이상인 사모집합투자기구(회사에 한함)가 발행주식 총수의 30% 이상을 소유하면서 최다출자자인 주식회사의 경우 소상공인에 해당하지 않았으나, 2010년 3월 16일부터는 예외규정이 신설[「중소기업 범위 관련 운영요령(중소기업 청 고시 2012-02호) 참조]되어 사모집합투자기구가 주식을 소유한 경우에는 동 규정 이외의 다른 범위기준을 충족하면 소상공인입니다.

③ **관계기업에 속하는 기업** : 「중소기업기본법 시행령」 제3조의2

<개념> 어떤 기업이 다른 기업의 주식등을 소유하여 중요한 지배력을 행사할 수 있는 요건을 가진 경우, 지배·종속의 관계로 규정하고 이들 기업을 서로 독립된 기업이 아닌 하나의 기업으로 간주하여 **상시근로자수·매출액 등을 주식 등의 소유비율만큼 합산**하여 소상공인 여부를 판정

< 참고사항 >

1. **관계기업 제도**는 적용 방법이 복잡하므로 기업 및 중소기업지원기관에게 편의를 제공하고 업무효율을 높이기 위해서 동 제도에 따라 중소기업에 해당하지 아니하는 기업명단을 "중소기업 현황정보 시스템(http://sminfo.smba.go.kr)"을 통하여 게시하고 있습니다. 기업명단에 포함된 기업들은 해당 기업으로부터 확인 절차를 거쳐서 중소기업이 아닌 것으로 확정된 기업입니다. 다만, 중소기업청에서는 최대한 확보 가능한 자료를 토대로 기업명단을 게시하는 것으로서, 동 제도에 따라 중소기업에 해당하지 아니하는 기업이 관련자료 확보의 부족등으로 기업명단에서 누락되었다고 하여 중소기업으로 인정되는 것은 아닙니다. 따라서 일선 중소기업지원 실무자들께서는 기업명단에 포함되지 않은 기업의 경우 반드시 중소기업 확인에 필요한 자료를 기업으로부터 제출받아 개별 건별로 직접 확인하여야 합니다.

2. 중소기업 지원시책에 참여하고자 하는 기업은 해당 기업이 중소기업임을 지원기관에게 입증할 의무가 있으며, **관계기업이 있음에도 불구하고 이를 누락하는 등 허위자료를 제출**하여 중소기업으로 인정받은 경우 「중소기업기본법」 제28조 및 같은 법 시행령 18조에 따라 **500만원 이하의 과태료 부과** 등 각종 불이익을 받을 수 있음을 유의하시기 바랍니다.

■ **지배·종속 관계에 따른 관계기업 여부 판단 : <첨부1> 참고**

○ **관계기업**이란 「중소기업기본법 시행령」 제3조의2에 따른 **지배·종속의 관계**가 성립하는 기업집단을 말하며, 이 경우 지배기업은 「주식회사의 외부감사에 관한 법률」 제2조에 따른 **외부감사대상기업이어야 함**

○ 지배·종속 관계의 단순구조는 **지배기업이 종속기업의 주식등을 30% 이상 소유하면서 최다출자자인 경우**. 이 때 지배기업이 종속기업에 대한 직접적인 주식등 소유비율이 30% 미만이거나 최다출자자가 아니더라도, 지배기업의 특수관계자 또는 자회사가 종속기업의 주식등을 우회적으로 소유하고 있는 경우에는 이를 모두 합산하여 30% 이상이면서 최다출자자인지를 판단

  ※ 자회사 : 지배기업의 종속기업(제3조의2제1항제1호에 따른 종속기업만 해당)
  ※ 특수관계자
  가. 친족과 합산하여 지배기업의 주식등을 30% 이상 소유하면서 최다출자자인 개인
  나. 위의 '가'에 해당하는 개인의 친족[배우자(사실상 혼인관계에 있는 자를 포함), 6촌 이내의 혈족 및 4촌 이내의 인척

■ **관계기업의 상시근로자수 등 산정 : <첨부2> 참고**

※ 관계기업 간에 상시근로자수·자본금·매출액·자산총액·자기자본(이하 "상시근로자수등"이라 함)을 주식등의 소유 비율만큼 합산한 결과가 업종별 규모기준과 상한기준을 충족하지 못하는 경우에만 중소기업에서 제외

< 용어의 뜻 >

주식등의 소유 비율	실질적 지배	지배기업이 종속기업의 주식등을 50% 이상 소유
	형식적 지배	지배기업이 종속기업의 주식등을 50% 미만 소유
주식등의 소유 경로	직접 지배	지배기업이 자회사 또는 손자기업의 주식등을 직접 소유
	간접 지배	지배기업이 자회사를 통해 손자기업의 주식등을 소유

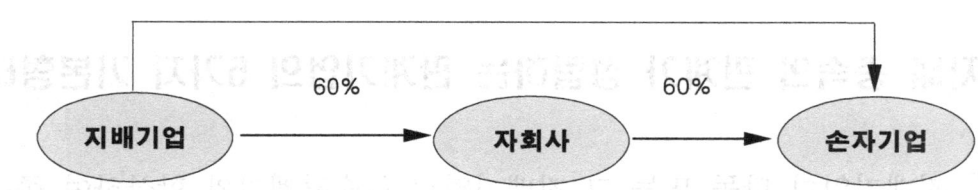

- 실질적 지배 : 지배기업과 자회사(60%), 자회사와 손자기업(60%)
- 형식적 지배 : 지배기업과 손자기업(40%)
- 직접 지배 : 지배기업과 자회사(60%), 자회사와 손자기업(60%), 지배기업과 손자기업(40%)
- 간접 지배 : 지배기업과 손자기업(60%)

　※ 자회사 : 지배기업의 종속기업　※ 손자기업 : 자회사의 종속기업

> **Tip** 합산기준은 상시근로자수 뿐 아니라 자본금, 매출액, 자산총액, 자기자본에도 동일하게 적용. 또한, 직전 사업연도 말일 현재 재무제표상의 금액을 기준으로 하며, 연결재무제표를 작성하는 기업이라도 개별재무제표상의 금액을 기준으로 합산. 한국채택국제회계기준(K-IFRS)에 따라 연결재무제표(주재무제표)를 작성하는 경우에도 연결재무제표가 아닌 개별재무제표를 기준으로 적용

<첨부1>

지배·종속의 관계가 성립하는 관계기업의 5가지 기본형태

1 지배기업이 단독 또는 그 지배기업의 특수관계자와 합산하여 종속기업의 주식등을 30% 이상 소유하면서 최다출자자인 경우(제3조의2제1항제1호 관련)

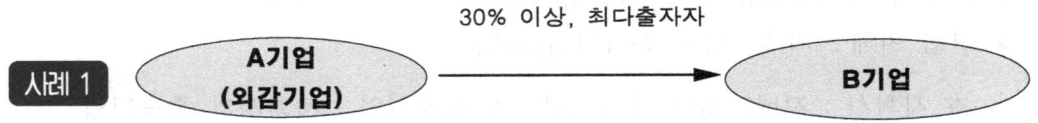

- A기업이 B기업의 주식등을 30% 이상 소유하면서 최다출자자이므로 지배·종속의 관계가 성립하며, A기업이 외부감사대상기업이므로 관계기업이 성립
- A기업(지배기업), B기업(종속기업)

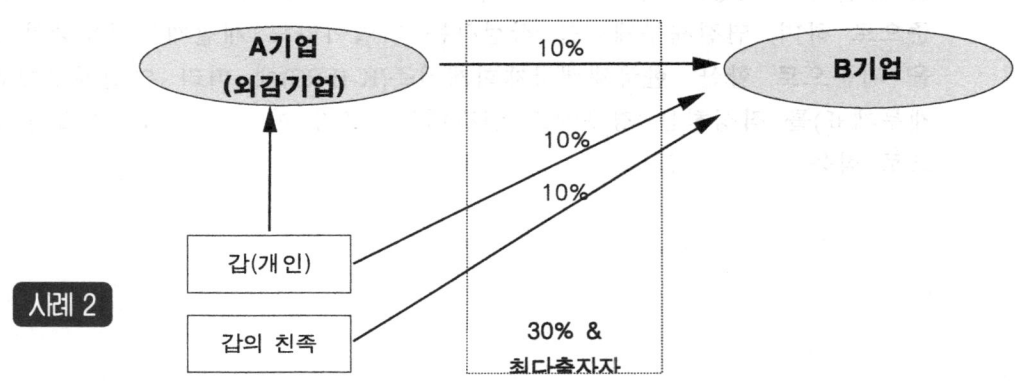

※ 갑(개인) : 친족과 합하여 지배기업의 지분을 30% 이상 소유하면서 최다출자자

- A기업이 특수관계자(갑 및 갑의 친족)와 합산하여 B기업의 주식등을 30% 이상 소유하면서 최다출자자이므로 지배·종속의 관계가 성립하며, A기업이 외부감사대상기업이므로 관계기업이 성립
- A기업(지배기업), B기업(종속기업)

사례 3

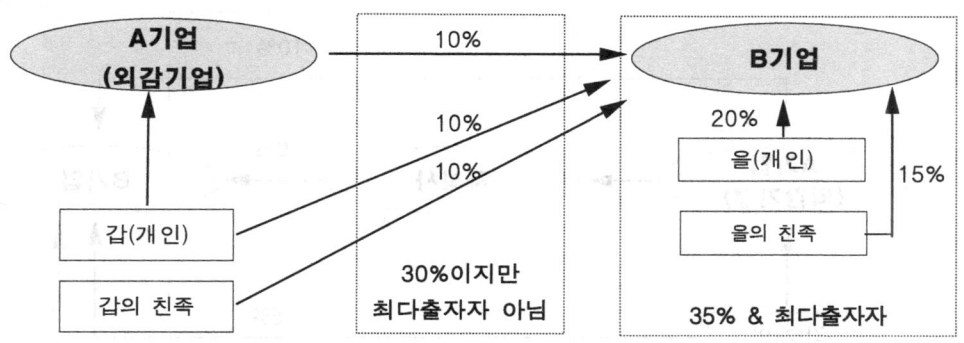

※ 갑(개인) : 친족과 합하여 지배기업의 지분을 30% 이상 소유하면서 최다출자자
※ 을(개인) 및 을의 친족 : A기업의 특수관계자가 아닌 자

- A기업이 특수관계자(갑 및 갑의 친족)와 합산하여 B기업의 주식등을 30% 이상을 소유하고 있지만,
- 을과 을의 친족이 합산하여 B기업의 주식등을 30% 이상 소유하면서 최다출자자이므로 A기업과 B기업은 지배·종속의 관계가 성립하지 않으며 관계기업이 성립하지 않음. 모든 사례에서 동일하게 적용

② 지배기업이 그 지배기업의 자회사와 합산하거나 특수관계자와 공동으로 합산하여 종속기업의 주식등을 30% 이상 소유하면서 최다출자자인 경우(제3조의2제1항제2호 관련)

  * 자회사 : 지배기업과의 관계가 제1호에 해당하는 종속기업(모든 사례에서 같음)

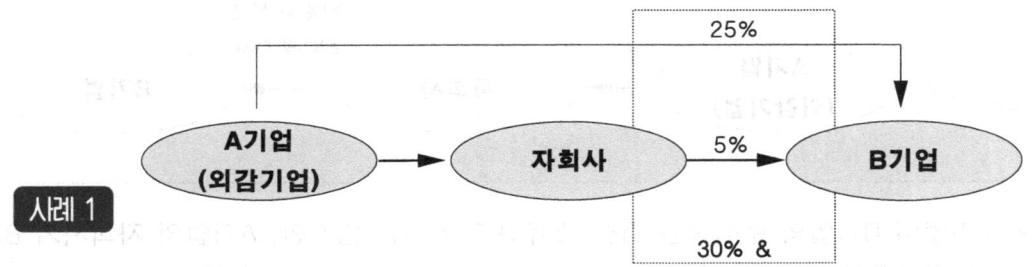

사례 1

- A기업이 자회사와 합산하여 B기업의 주식등을 30% 이상 소유하면서 최다출자자이므로 지배·종속의 관계가 성립, A기업이 외부감사대상기업이므로 관계기업이 성립
- A기업(지배기업), B기업(종속기업)
  ※ 자회사와 B기업 간에는 지배·종속의 관계가 성립하지 않지만, 두 기업 모두 A기업의 종속기업이므로 A기업, 자회사, B기업은 모두 관계기업임. 모든 사례에서 같음

사례 2

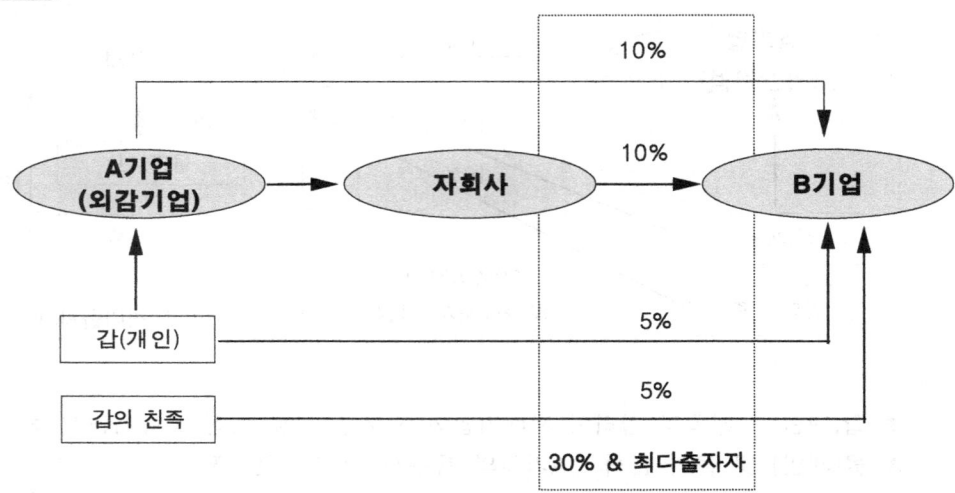

- A기업이 자회사 및 특수관계자와 합산하여 B기업의 주식등을 30% 이상 소유하면서 최다출자자이므로 지배·종속의 관계가 성립하며, A기업이 외부감사대상기업이므로 관계기업이 성립
- A기업(지배기업), B기업(종속기업)

③ 자회사가 단독으로 또는 다른 자회사와 합산하여 종속기업의 주식등을 30% 이상 소유하면서 최다출자자인 경우(제3조의2제1항제3호 관련)

사례 1

- A기업이 B기업의 주식등을 직접 소유하고 있지는 않지만, A기업의 자회사가 B기업의 주식등을 30% 이상 소유하면서 최다출자자이므로 지배·종속의 관계가 성립하며, A기업이 외부감사대상기업이므로 관계기업이 성립
- A기업의 종속기업(자회사 및 B기업), 자회사의 종속기업(B기업)
- B기업의 지배기업(A기업 및 자회사)

사례 2

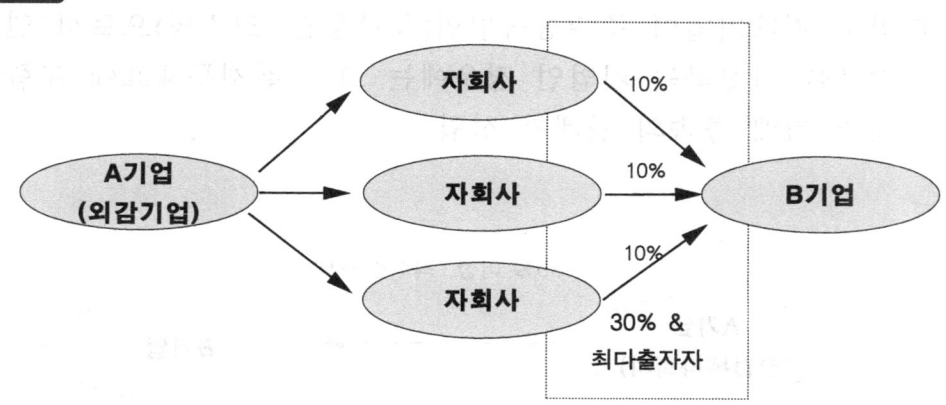

- A기업이 B기업의 주식등을 직접 소유하고 있지는 않지만, A기업의 자회사들이 합산하여 B기업의 주식등을 30% 이상 소유하면서 최다출자자이므로 지배·종속의 관계가 성립하며, A기업이 외부감사대상기업이므로 관계기업이 성립
- A기업(지배기업), B기업(종속기업)

④ 지배기업의 특수관계자가 지배기업의 자회사와 합산하여 종속기업의 주식등을 30% 이상 소유하면서 최다출자자인 경우(제3조의2제1항제4호 관련)

사례 1

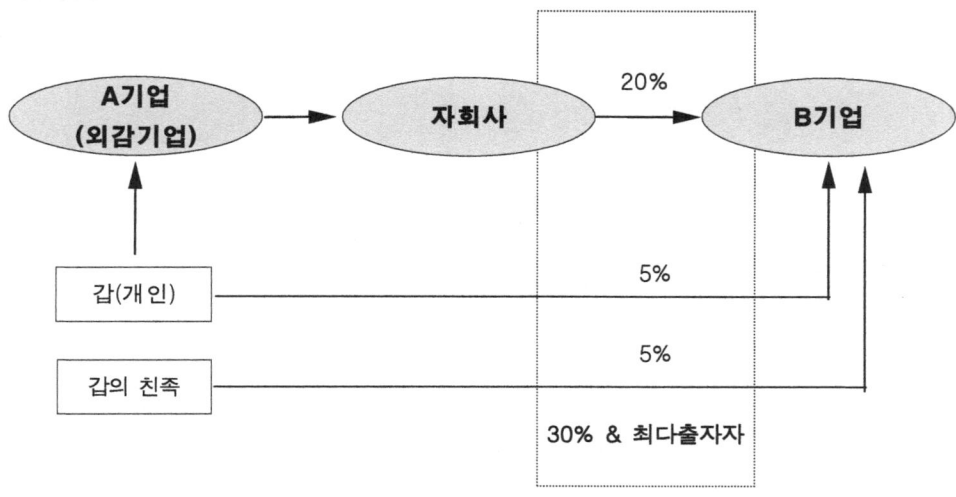

- A기업이 B기업의 주식등을 직접 소유하고 있지는 않지만, A기업의 자회사 및 특수관계자가 합산하여 B기업의 주식등을 30% 이상 소유하면서 최다출자자이므로 지배·종속의 관계가 성립, A기업이 외부감사대상기업이므로 관계기업이 성립
- A기업(지배기업), B기업(종속기업)

5 기업 간 주식등의 관계가 앞의 어느 하나의 사례에 해당하지 않더라도 지배기업이 주권상장법인(유가증권, 코스닥)으로서 연결재무제표를 작성하는 기업인 경우에는 그 연결재무제표에 포함되는 기업과 지배·종속의 관계가 성립

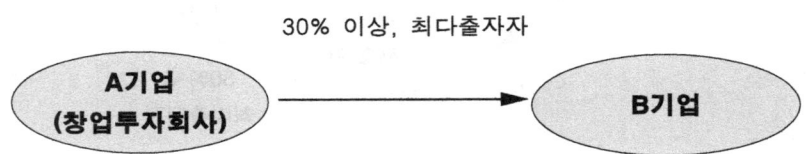

- A기업이 B기업의 주식등을 30% 이상 소유하면서 최다출자자이므로 제3조의2제1항에 따른 지배·종속의 관계가 성립하지만, A기업이 창업투자회사이므로 같은 조 제2항에 따라 예외가 인정되어 지배·종속의 관계로 보지 아니하며, 관계기업도 해당

<첨부2>

상시근로자수 등의 산정기준 사례

<산정방식의 기본 이해>

○ 지배기업이 종속기업(자회사 및 손자기업)을 직접 지배하는 경우 합산 방법
  - 실질적 지배(50% 이상 소유한 경우) : 100%로 간주하여 합산
  - 형식적 지배(50% 미만 소유한 경우) : 그 비율만큼 합산
○ 지배기업이 손자기업을 간접 지배하는 경우 합산 방법
  - 지배기업이 자회사를 실질적 지배한 경우 : 지배기업의 자회사 소유 비율을 100%로 간주하고, 자회사의 손자기업에 대한 소유비율과 곱한비율로 합산
  - 지배기업이 자회사를 형식적 지배한 경우 : 지배기업의 자회사에 대한 소유 비율과 자회사의 손자기업에 대한 소유비율을 곱한 비율로 합산

① 지배기업이 자회사를 실질적 지배로서 직접 지배하는 경우

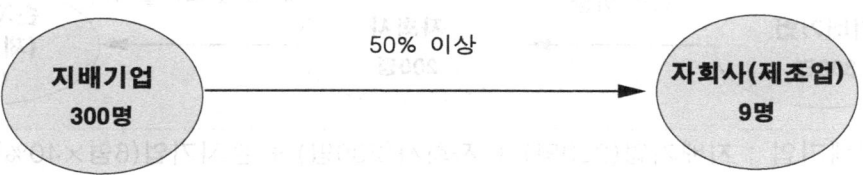

- 지배기업 : 지배기업(300명) + 자회사(9명) = 309명
- 자회사 : 자회사(9명) + 지배기업(300명) = 309명

② 지배기업이 자회사를 형식적 지배로서 직접 지배하는 경우

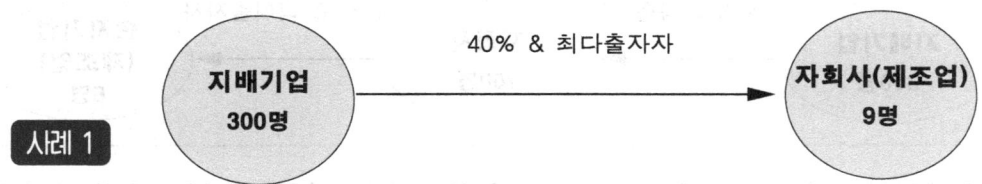

사례 1

- 지배기업 : 지배기업(300명) + 자회사(9명×40%) = 303.6명
- 자회사 : 자회사(9명) + 지배기업(300명×40%) = 129명

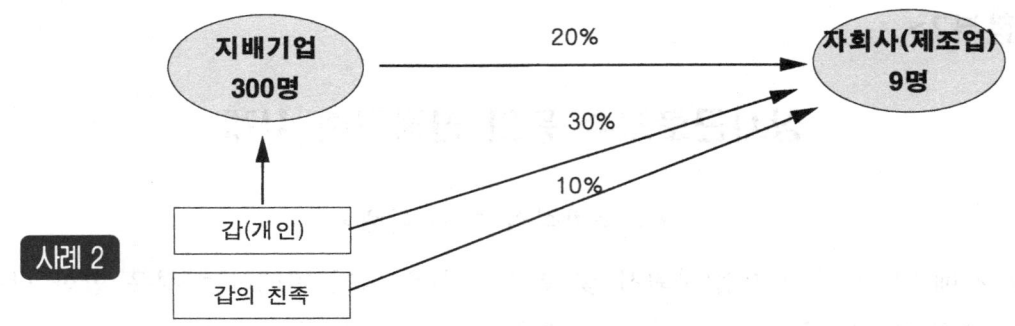

- 지배기업 : 지배기업(300명) + 자회사(9명×20%) = 301.8명
- 자회사 : 자회사(9명) + 지배기업(300명×20%) = 69명

* 관계기업의 상시근로자수등은 특수관계자의 지분을 제외하고 기업간의 지분 비율만으로 산정. 즉, 특수관계자가 소유한 주식등은 관계기업 성립여부에만 관여하며 상시근로자수등의 합산에서는 배제

③ 지배기업이 자회사를 실질적 지배하고 손자기업을 간접 지배하는 경우

- 지배기업 : 지배기업(300명) + 자회사(200명) + 손자기업(6명×40%)= 502.4명
  ※ 간접 소유 비율 : 100% × 40% = 40%
- 자회사 : 자회사(6명) + 지배기업(300명) + 손자기업(6명×40%) = 308.4명
- 손자기업 : 손자기업(6명) + 자회사(200명×40%) + 지배기업(300명×40%) = 206명

④ 지배기업이 자회사를 형식적 지배하고 손자기업을 간접 지배하는 경우

- 지배기업 : 지배기업(300명) + 자회사(200명×40%) + 손자기업(6명×16%)= 380.9명
  ※ 간접 소유 비율 : 40% × 40% = 16%
- 자회사 : 자회사(200명) + 모회사(300명×40%) + 손자기업(6명×40%) = 322.4명
- 손자기업 : 손자기업(6명) + 자회사(200명×40%) + 지배기업(300명×16%) = 134명

5 지배기업 및 자회사가 손자기업을 직접 또는 간접적으로 지배하는 경우

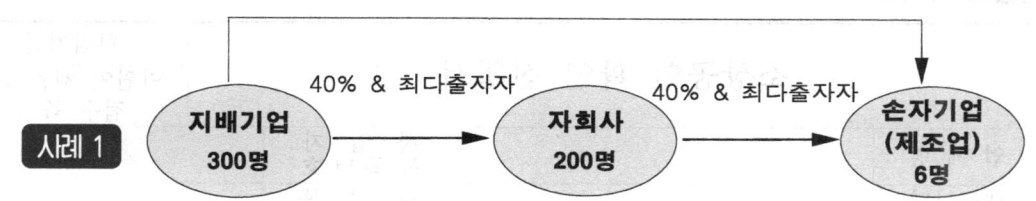

- 지배기업 : 지배기업(300명) + 자회사(200명×40%) + 손자기업(6명×46%)= 382.7명
- 자회사 : 자회사(200명) + 지배기업(300명×40%) + 손자기업(6명×40%) = 322.4명
- 손자기업 : 손자기업(6명) + 자회사(200명×40%) + 지배기업(300명×46%) = 224명
  ※ 지배기업과 손자기업 소유 비율 = 직접 30% + 간접16%(40%×40%) = 46%
  ※ 자회사와 손자기업 간에 지배·종속의 관계가 성립하므로 서로 합산합니다.

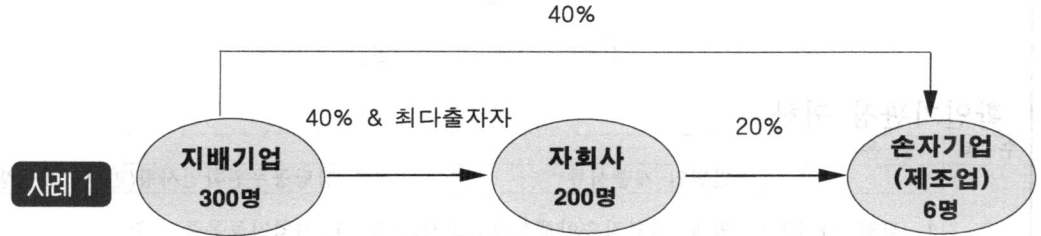

- 지배기업 : 지배기업(300명) + 자회사(200명×40%) + 손자기업(6명×48%)= 382.9명
- 자회사 : 자회사(200명) + 지배기업(300명×40%) = 320명
- 손자기업 : 손자기업(6명) + 지배기업(300명×48%) = 150명
  ※ 지배기업과 손자기업 소유 비율 = 직접 40% + 간접 8%(40%×20%) = 48%
  ※ 자회사와 손자기업간에는 지배·종속의 관계가 성립하지 않아서 서로 합산하지 않습니다.

6 지배기업과 종속기업이 상호 간에 주식 등을 소유하는 경우

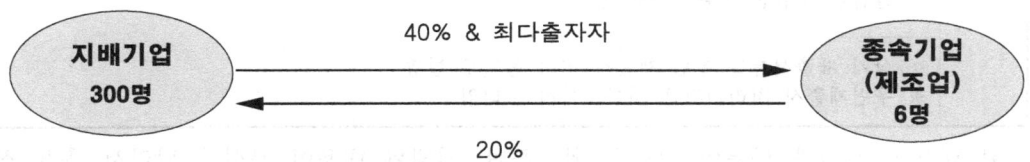

- 지배기업 : 지배기업(300명) + 종속기업(6명×40%) = 302.4명
- 종속기업 : 종속기업(6명) + 지배기업(300명×40%) = 126명
  ※ 지배기업과 종속기업이 상호 소유하고 있는 비율 중 높은 비율을 적용

< 첨부3 : 공공구매 입찰용 등에 사용중인 소상공인 확인서식 >

[참고서식1]

소상공인 확인 신청서				처리기간 민원인 제출서류 접수 즉시	
업체명		사업자등록번호			
대표자명		주업종			
주소		전화번호			
		FAX 번호			
상시근로자수	명	자본금	천원	매출액	천원
사업개시년도	년	용도	(도료점용료 감면)		

「중소기업기본법」 제2조(중소기업자의 범위), 「소기업 및 소상공인 지원을 위한 특별조치법」 시행령 제2조(소상공인의 범위등)에 의한 [·소상공인]임을 확인하여 주시기 바랍니다.

년   월   일

신청인   (인)

확인기관장 귀하

수수료	없 음	
	민원인 제출서류	담당공무원확인사항(민원인제출생략)
구비 서류	1. 직전 사업연도 월별 원천징수이행상황신고서(매월 근로자 확인이 가능한 서류) 원본 1부(사본은 세무사 등 적격자의 원본대조필 확인) - 지점자료 포함 2. 직전 3개사업연도 감사보고서(재무제표 또는 세법이 정하는 회계장부 1부) 원본 1부(사본은 세무사 등 적격자의 원본대조필 확인) 3. 주주명부 1부(법인에 한함)-사본은 원본대조필 확인 4. 연결재무제표 및 지분관계에 포함된 모든 기업의 1. 2. 3에 해당하는 서류 5. 지분관계도 1부(법인에 한함) 6. 사회적기업인증서-해당기업('12.1.26일부터 시행) ※ 2호 서류 제출시 국세청 홈택스 서비스를 통해 발급된 서류는 원본대조필 생략	1. 사업자등록증 사본 2. 법인등기부등본(법인에 한함)
	※ 상기 제출서류를 우편 제출시 필히 등기로 발송 ※ 우편제출시 처리기간은 서류도착시 부터임	

위 내용은 사실과 다름이 없음을 확인하며, 기재된 내용이 사실과 달라서 추후 신청 당시 중소기업이 아니었던 것으로 판명될 경우 旣지원 받은 내용의 무효 및 취소, 회수 등 일체의 사후조치에 대해 이의가 없음을 확인합니다.

년   월   일

제출자 : 회 사 명
대표이사 :   ㅇㅇㅇ (인)

[참고서식2]

주식 등 지분관계도(법인에 한함)

◇ **지분소유비율(단위 : %)** : 「중소기업기본법 시행령」제2조제3호, 제3조제1항제2호다목, 제3조의2 에 따라 당사와 관계기업에 속하는 기업의 주식 등 소유비율을 모두 표시

주주명＼기업명	당사	A법인	B법인	C법인	… 법인
당 사					
A법인					
B법인					
C법인					
… 법인					
개인					
개인의 친족					
기타					

◇ **상시근로자수 등 현황** : 당사와 관계기업에 속하는 기업 중 「중소기업기본법 시행령」제7조의4 및 별표2에 따라 상시근로자수등의 합산 대상이 되는 기업의 현황만을 기재

현황＼기업명	당사	A법인	B법인	C법인	… 법인	합계
법인번호						
상시근로자수(명)						
자본금(백만원)						
자본잉여금(백만원)						
매출액(백만원)						
자본총계(백만원)						
자산총액(백만원)						
직전 3개사업연도 평균매출액(백만원)						

◇ **상한기준 및 독립성 기준 현황** : 중소기업기본법시행령 제7조의2 적용

현 황	해당여부
상호출자제한기업집단에 속하는가?	
연결재무제표 사용 또는 지배·종속의 기업이 있는가?	
자산총액 5,000억원 이상인 기업이 발행주식 총수의 30%이상을 직접적, 간접적으로 소유한 최대주주인 기업이 있는가?	
상시근로자수 1,000명 이상에 속하는가?	
자산총액 5,000억원 이상에 속하는가?	
자기자본(자산총액-부채총액) 1,000억원 이상에 속하는가?	
직전 3개사업연도 평균 매출액 1,500억원 이상에 속하는 기업인가?	

위 내용은 사실과 다름이 없음을 확인하며, 기재된 내용이 사실과 달라서 추후 신청 당시 중소기업이 아니었던 것으로 판명될 경우 旣지원 받은 내용의 무효 및 취소, 회수 등 일체의 사후조치에 대해 이의가 없음을 확인합니다.

년 월 일

제출자 : 회 사 명
대표이사 : ○○○ (인)

12 장애인 편의시설의 종류 및 설치기준

(장애인·노인·임산부 등의 편의증진보장에 관한 법률 시행령)

[별표 2] <개정 2014.12.29.>

대상시설별 편의시설의 종류 및 설치기준(제4조관련)

1. 삭제 <2006.1.19>
2. 공 원

편의시설의 종류	설 치 기 준
가. 장애인 등의 출입이 가능한 출입구	공원 외부에서 내부로 이르는 출입구는 주출입구를 포함하여 적어도 하나 이상을 장애인등의 출입이 가능하도록 유효폭·형태 및 부착물 등을 고려하여 설치하여야 한다.
나. 장애인등의 통행이 가능한 보도	공원시설(공중이 직접 이용하는 시설에 한한다)에 접근할 수 있는 공원안의 보도중 적어도 하나는 장애인등이 통행할 수 있도록 유효폭·기울기와 바닥의 재질 및 마감 등을 고려하여 설치하여야 한다.
다. 장애인 등의 이용이 가능한 화장실	장애인 등이 편리하게 이용할 수 있도록 구조, 바닥의 재질 및 마감과 부착물 등을 고려하여 설치하되, 장애인용 대변기는 남자용 및 여자용 각 1개 이상을 설치하여야 하며, 영유아용 거치대 등 임산부 및 영유아가 안전하고 편리하게 이용할 수 있는 시설을 구비하여 설치하여야 한다.
라. 점자블록	공원과 도로 또는 교통시설을 연결하는 보도에는 점자블록을 설치하여야 한다.
마. 시각장애인 유도 및 안내설비	시각장애인의 공원이용 편의를 위하여 공원의 주출입구부근에 점자안내판·촉지도식 안내판·음성안내장치 또는 기타 유도신호장치를 설치할 수 있다.
바. 장애인등의 이용이 가능한 매표소·판매기 또는 음료대	매표소(장애인등의 이용이 가능한 자동발매기를 설치한 경우와 시설관리자등으로부터 별도의 상시서비스가 제공되는 경우를 제외한다)·판매기 및 음료대는 장애인등이 편리하게 이용할 수 있도록 형태·규격 및 부착물등을 고려하여 설치하여야 한다. 다만, 동일한 장소에 2곳 또는 2대이상을 각각 설치하는 경우에는 그중 1곳 또는 1대만을 장애인등의 이용을 고려하여 설치할 수 있다.
사. 장애인 등의 이용이 가능한 공원시설	(1) 「자연공원법」 제2조제10호에 따른 공원시설과 「도시공원 및 녹지 등에 관한 법률」 제2조제4호에 따른 공원시설에 대하여는 공원시설의 종류에 따라 제3호 및 제6호에 따른 공공건물 및 공중이용시설과 통신시설의 설치기준을 각각 적용한다. (2) 공원의 효용증진을 위하여 설치하는 주차장에는 장애인전

용 주차구역을 주차장법령이 정하는 설치기준에 따라 구분·설치하여야 한다.

3. 공공건물 및 공중이용시설
    가. 일반사항

편의시설의 종류	설 치 기 준
(1) 장애인등의 통행이 가능한 접근로	(가) 대상시설 외부에서 건축물의 주출입구에 이르는 접근로는 장애인등이 안전하고 편리하게 통행할 수 있도록 유효폭·기울기와 바닥의 재질 및 마감등을 고려하여 설치하여야 한다. (나) 접근로를 (가)의 주출입구에 연결하여 시공하는 것이 구조적으로 곤란하거나 주출입구보다 부출입구가 장애인등의 이용에 편리하고 안전한 경우에는 주출입구 대신 부출입구에 연결하여 접근로를 설치할 수 있다.
(2) 장애인전용 주차구역	(가) 부설주차장에는 장애인전용 주차구역을 주차장법령이 정하는 설치비율에 따라 장애인의 이용이 편리한 위치에 구분·설치하여야 한다. 다만, 부설주차장의 주차대수가 10대 미만인 경우를 제외하며, 산정된 장애인전용주차구역의 주차대수 중 소수점이하의 끝수는 이를 1대로 본다. (나) 자동차관련시설중 특별시장·광역시장·시장·군수 또는 구청장이 설치하는 노외주차장에는 장애인전용 주차구역을 주차장법령이 정하는 설치기준에 따라 장애인의 이용이 편리한 위치에 구분·설치하여야 한다.
(3) 높이차이가 제거된 건축물 출입구	(가) 건축물의 주출입구와 통로에 높이차이가 있는 경우에는 턱낮추기를 하거나 휠체어리프트 또는 경사로를 설치하여야 한다. (나) (가)의 주출입구의 높이차이를 없애는 것이 구조적으로 곤란하거나 주출입구보다 부출입구가 장애인등의 이용에 편리하고 안전한 경우에는 주출입구 대신 부출입구의 높이차이를 없앨 수 있다.
(4) 장애인등의 출입이 가능한 출입구 등	(가) 건축물의 주출입구와 건축물 안의 공중의 이용을 주목적으로 하는 사무실 등의 출입구(문) 중 적어도 하나는 장애인등의 출입이 가능하도록 유효폭·형태 및 부착물 등을 고려하여 설치하여야 한다. 이 경우 제7조의2제6호에 따른 국가 또는 지방자치단체의 청사(공중이 직접 이용하는 시설만 해당한다) 중 「건축법 시행령」 별표 1 제3호에 따른 제1종 근린생활시설에 해당하지 아니하는 시설의 경우에는 장애인등의 출입이 가능하도록 설치하는 출입구를 자동문 형태로 하여야 한다. (나) 교통시설의 승강장에 이르는 개찰구중 적어도 하나는 장애

		인등의 출입이 가능하도록 너비등을 고려하여 편리한 구조로 설치하여야 한다.
(5) 장애인등의 통행이 가능한 복도 등		(가) 복도는 장애인등의 통행이 가능하도록 유효폭, 바닥의 재질 및 마감과 부착물 등을 고려하여 설치하여야 한다. (나) 교통시설의 주출입구로부터 대합실 및 승강장에 이르는 통로는 유효폭, 바닥의 재질 및 마감과 부착물 등을 고려하여 설치하여야 한다.
(6) 장애인등의 통행이 가능한 계단, 장애인용 승강기, 장애인용 에스컬레이터, 휠체어리프트, 경사로 또는 승강장		(가) 장애인등이 건축물의 1개층에서 다른 층으로 편리하게 이동할 수 있도록 그 이용에 편리한 구조로 계단을 설치하거나 장애인용 승강기, 장애인용 에스컬레이터, 휠체어리프트 또는 경사로를 1대 또는 1곳이상 설치하여야 한다. 다만, 장애인등이 이용하는 시설이 1층에만 있는 경우에는 그러하지 아니하다. (나) (가)의 건축물중 6층 이상의 연면적이 2천제곱미터 이상인 건축물(층수가 6층인 건축물로서 각층 거실의 바닥면적 300제곱미터이내마다 1개소이상의 직통계단을 설치한 경우를 제외한다)에 근린공공시설, 노유자시설 중 노인복지시설 및 장애인복지시설, 의료시설, 교육연구시설 중 학교 및 도서관, 공공업무시설, 숙박시설, 판매시설, 문화 및 집회시설 중 공연장·관람장·전시장, 방송통신시설중 방송국, 수련시설이 있는 경우에는 장애인용 승강기, 장애인용 에스컬레이터, 휠체어리프트 또는 경사로를 1대 또는 1곳이상 설치하여야 한다. (다) 층수가 2층이상인 교통시설에는 장애인등이 주출입구로부터 대합실 및 승강장이 있는 층까지 편리하게 이동할 수 있도록 장애인용 승강기, 장애인용 에스컬레이터, 휠체어리프트 또는 경사로를 1대 또는 1곳이상 설치하여야 한다. (라) 교통시설의 승강장은 장애인등이 안전하게 승·하차할 수 있도록 기울기, 바닥의 재질 및 마감과 차량과의 간격등을 고려하여 설치하여야 한다. (마) 교통시설중 택시승강장과 차도의 경계에 높이차이가 있는 때에는 턱낮추기를 하거나 연석경사로를 설치하여야 한다.
(7) 장애인 등의 이용이 가능한 화장실		장애인 등이 편리하게 이용할 수 있도록 구조, 바닥의 재질 및 마감과 부착물 등을 고려하여 설치하되, 장애인용 대변기는 남자용 및 여자용 각 1개 이상을 설치하여야 하며, 영유아용 거치대 등 임산부 및 영유아가 안전하고 편리하게 이용할 수 있는 시설을 구비하여 설치하여야 한다.
(8) 장애인등의 이용이 가능한 욕실		욕실은 1개실 이상을 장애인등이 편리하게 이용할 수 있도록 구조, 바닥의 재질 및 마감과 부착물등을 고려하여 설치하여야

	한다.
(9) 장애인등의 이용이 가능한 샤워실 및 탈의실	샤워실 및 탈의실은 1개이상을 장애인등이 편리하게 이용할 수 있도록 구조, 바닥의 재질 및 마감과 부착물 등을 고려하여 설치하여야 한다.
(10) 점자블록	건축물의 주출입구와 도로 또는 교통시설을 연결하는 보도에는 점자블록을 설치하여야 한다.
(11) 시각 및 청각장애인 유도·안내설비	(가) 시각장애인의 시설이용 편의를 위하여 건축물의 주출입구 부근에 점자안내판, 촉지도식 안내판, 음성안내장치 또는 그 밖의 유도신호장치를 점자블록과 연계하여 1개 이상 설치하여야 한다. (나) 삭제<2007.2.12> (다) 공원·근린공공시설·장애인복지시설·교육연구시설·공공업무시설, 시각장애인 밀집거주지역등 시각장애인의 이용이 많거나 타당성이 있는 설치요구가 있는 곳에는 교통신호기가 설치되어 있는 횡단보도에 시각장애인을 위한 음향신호기를 설치하여야 한다. (라) 청각장애인의 시설이용 편의를 위하여 청각장애인 등의 이용이 많은 곳에는 전자문자안내판 또는 기타 전자문자안내설비를 설치하여야 한다.
(12) 시각 및 청각장애인 경보·피난설비	(가) 시각 및 청각장애인등이 위급한 상황에 대피할 수 있도록 청각장애인용 피난구유도등·통로유도등 및 시각장애인용 경보설비 등을 설치하여야 한다. (나) 교통시설의 승강장에서 장애인 등이 추락할 우려가 있는 경우에는 난간 등 추락방지설비를 갖추어야 한다.
(13) 장애인등의 이용이 가능한 객실 또는 침실	기숙사 및 숙박시설등의 전체 침실수 또는 객실의 1퍼센트 이상(숙박시설은 0.5퍼센트 이상)은 장애인등이 편리하게 이용할 수 있도록 구조, 바닥의 재질 및 마감과 부착물등을 고려하여 설치하되, 산정된 객실 또는 침실수 중 소수점 이하의 끝수는 이를 1실로 본다.
(14) 장애인등의 이용이 가능한 관람석 또는 열람석	관람장 및 도서관등의 전체 관람석 또는 열람석수의 1퍼센트 이상(전체 관람석 또는 열람석수가 2천석이상인 경우에는 20석 이상)은 장애인등이 편리하게 이용할 수 있도록 구조등을 고려하여 설치하되, 산정된 관람석 또는 열람석수 중 소수점이하의 끝수는 이를 1석으로 본다.
(15) 장애인등의 이용이 가능한 접수대 또는 작업대	지역자치센터 및 장애인복지시설 등의 접수대 또는 작업대는 장애인등이 편리하게 이용할 수 있도록 형태·규격 등을 고려하여

	설치하여야 한다. 다만, 동일한 장소에 각각 2대이상을 설치하는 경우에는 그 중 1대만을 장애인등의 이용을 고려하여 설치할 수 있다.
(16) 장애인등의 이용이 가능한 매표소·판매기 또는 음료대	교통시설등의 매표소(장애인등의 이용이 가능한 자동발매기를 설치한 경우와 시설관리자등으로부터 별도의 상시서비스가 제공되는 경우를 제외한다)·판매기 및 음료대는 장애인등이 편리하게 이용할 수 있도록 형태·규격 및 부착물등을 고려하여 설치하여야 한다. 다만, 동일한 장소에 2곳 또는 2대이상을 각각 설치하는 경우에는 그 중 1곳 또는 1대만을 장애인 등의 이용을 고려하여 설치할 수 있다.
(17) 임산부 등을 위한 휴게시설 등	임산부와 영유아가 편리하고 안전하게 휴식을 취할 수 있도록 구조와 재질 등을 고려하여 휴게시설을 설치하고, 휴게시설 내에는 모유수유를 위한 별도의 장소를 마련하여야 한다. 다만, 「문화재보호법」 제2조에 따른 지정문화재(보호구역을 포함한다)에 설치하는 시설물은 제외한다.

나. 대상시설별로 설치하여야 하는 편의시설의 종류

편의시설 대상시설	매개시설			내부시설			위생시설					안내시설			그 밖의 시설			
	주출입구 접근로	장애인전용주차구역	주출입구 높이차이 제거	출입구(문)	복도	계단 또는 승강기	화장실			욕실	샤워실·탈의실	점자블록	유도 및 안내설비	경보 및 피난설비	객실·침실	관람석·열람석	접수대·작업대	매표소·판매기·음료대	임산부 등을 위한 휴게시설
							대변기	소변기	세면대										
제1종 근린생활시설	수퍼마켓·일용품 등의 소매점, 이용원·미용원·목욕장	의무	권장	의무	의무	권장	권장	권장		권장									
	지역자치센터, 파출소, 지구대, 우체국, 보건소, 공공도서관, 국민건강보험공단·국민연금공단·한국장애인고용공단·근로복지공단의 지	의무	의무	의무	의무	의무	의무	권장	권장				의무	권장	의무			의무	

시설군	세부용도												
	사, 그 밖에 이와 유사한 용도의 시설												
	대피소	의무		의무	의무						권장			
	공중화장실	의무		의무	의무		의무	의무	의무		의무			
	의원·치과의원·한의원·조산소(산후조리원)	의무	의무	의무	의무	의무	의무	권장						
	지역아동센터(300제곱미터 이상만 해당한다)	의무	의무	의무	권장	권장	권장	권장			권장	의무		
제2종 근린생활 시설	일반음식점, 휴게음식점·제과점으로서 제1종근린생활시설에 해당하지 아니하는 것(300제곱미터 이상만 해당한다)	의무	의무	의무	권장	권장	권장	권장						
	안마시술소	의무	의무	의무	권장	권장	권장	권장		권장	권장	의무		
문화 및 집회 시설	공연장 및 관람장	의무	의무	의무	의무	의무	의무	의무		의무	의무		의무	의무	권장
	집회장	의무	의무	의무	의무	의무	권장	권장			의무			
	전시장, 동·식물원	의무	의무	의무	의무	의무	권장	권장		의무	권장	의무		권장	권장
종교 시설	종교집회장(교회·성당·사찰·기도원, 그 밖에 이와 유사한 용도의 시설을 말하며, 500제곱미터 이상만 해당한다)	의무	의무	의무	권장	권장	권장	권장			의무	권장			권장
판매 시설	도매시장·소매시장·상점(1000제곱미터 이상만 해당한다)	의무	의무	의무	의무	의무	권장	권장			권장	의무		
의료 시설	병원·격리병원	의무	의무	의무	의무	의무	의무	의무	권장	권장	의무	의무		권장	권장
교육 연구 시설	학교(특수학교를 포함하며, 유치원은 제외한다)	의무	의무	의무	의무	의무	의무	권장		의무	의무	의무	권장	권장	권장
	유치원	의무	의무	의무	의무	의무	의무	권장						권장

분류	시설														
	교육원·직업훈련소·학원, 그 밖에 이와 유사한 용도의 시설(500제곱미터 이상만 해당한다)	의무	의무	의무	의무	의무	의무	권장		권장	권장	의무	권장	권장	권장
	도서관(1000제곱미터 이상만 해당한다)	의무	의무	의무	의무	의무	의무	의무		권장	권장	의무		의무	권장
노유자시설	아동관련시설(어린이집·아동복지시설)	의무	의무	의무	의무	의무	의무	권장							권장
	노인복지시설(경로당을 포함한다)	의무	의무	의무	의무	의무	의무	권장	권장			권장			
	사회복지시설(장애인복지시설을 포함한다)	의무	의무	의무	의무	의무	의무	의무		의무	의무	의무	의무	의무	
수련시설	생활권수련시설, 자연권수련시설	의무	의무	의무	의무	의무	의무		권장		권장	의무	의무		
	운동시설(500제곱미터 이상만 해당한다)	의무	의무	의무	권장	권장	의무	권장					권장		권장
업무시설	국가 또는 지방자치단체의 청사	의무	의무	의무	의무	의무	의무			의무	의무			의무	권장
	금융업소, 사무소, 신문사, 오피스텔, 그 밖에 이와 유사한 용도의 시설(500제곱미터 이상만 해당한다)	의무	의무	의무	의무	의무	권장	권장						권장	권장
	국민건강보험공단·국민연금공단·한국장애인고용공단·근로복지공단 및 그 지사(1000제곱미터 이상만 해당한다)	의무	의무	의무	의무	의무	의무			의무	의무			의무	권장
숙박시설	일반숙박시설(호텔, 여관)	의무	권장	의무	권장	권장	권장	권장				의무	의무	권장	
	관광숙박시설(관광호텔, 수상관광호텔, 한국전통호텔, 가족호텔, 휴양콘도미니엄)	의무	의무	의무	의무	의무	의무	권장		의무	권장	의무		권장	권장
	공장	의무	의무	의무	권장	권장	의무	권장	권장		권장		권장		권장
자동	주차장	의무	의무	의무		권장									

차관련시설	운전학원	무의무	무의무	무의무	의무	장의무	의무	권장	권장				권장	권장	
방송통신시설	방송국, 그 밖에 이와 유사한 용도의 시설(1000제곱미터 이상만 해당한다)	의무	의무	의무	의무	의무	권장	권장			권장	의무			권장
	전신전화국, 그 밖에 이와 유사한 용도의 시설(1000제곱미터 이상만 해당한다)	의무	의무	의무	의무	권장	의무	권장	권장		권장	의무		권장	권장
교정시설	교도소·구치소	의무	의무	의무	의무	의무	의무	권장	의무	권장				권장	권장	권장
묘지관련시설	화장시설, 봉안당(종교시설에 해당하는 것은 제외한다)	의무	의무	의무	권장	권장	의무	권장			권장				
관광휴게시설	야외음악당, 야외극장, 어린이회관, 그 밖에 이와 유사한 용도의 시설	의무	의무	의무	권장	권장	의무	권장		권장	권장		권장	권장	권장
	휴게소	의무	의무	의무	권장	권장	의무	권장	권장		권장				권장	권장
	장례식장	의무	의무	의무	의무	의무	의무	의무		의무	권장	의무			권장	권장

4. 공동주택
  가. 일반 사항

편의시설의 종류	설 치 기 준
(1) 장애인등의 통행이 가능한 접근로	(가) 대상시설 외부에서 건축물의 주출입구에 이르는 접근로는 장애인등이 안전하고 편리하게 통행할 수 있도록 유효폭·기울기와 바닥의 재질 및 마감 등을 고려하여 설치하여야 한다. (나) 접근로를 (가)의 주출입구에 연결하여 시공하는 것이 구조적으로 곤란하거나 주출입구보다 부출입구가 장애인등의 이용에 편리하고 안전한 경우에는 주출입구 대신 부출입구에 연결하여 접근로를 설치할 수 있다.
(2) 장애인전용주차구역	(가) 부설주차장에는 장애인전용주차구역을 주차장법령이 정하는 설치비율에 따라 장애인의 이용이 편리한 위치에 구분·설치하여야 한다. 다만, 부설주차장의 주차대수가 10대 미만인 경우를 제외하며, 산정된 장애인전용주차구역의 주차대수 중 소수점 이하의 끝수는 이를 1대로 본다. (나) 장애인전용주차구역은 입주한 장애인가구의 동별 거주현황

		등을 고려하여 설치한다.
(3) 높이차이가 제거된 건축물 출입구		(가) 건축물의 주출입구와 통로에 높이차이가 있는 경우에는 턱낮추기를 하거나 휠체어리프트 또는 경사로를 설치하여야 한다. (나) (가)의 주출입구의 높이 차이를 없애는 것이 구조적으로 곤란하거나 주출입구보다 부출입구가 장애인등의 이용에 편리하고 안전한 경우에는 주출입구 대신 부출입구의 높이 차이를 없앨 수 있다.
(4) 장애인등의 출입이 가능한 출입구(문)		(가) 건축물의 주출입구는 장애인등의 출입이 가능하도록 유효폭·형태 및 부착물 등을 고려하여 설치하여야 한다. (나) 장애인전용주택의 세대내 출입문은 장애인등의 출입이 가능하도록 유효폭·형태 및 부착물 등을 고려하여 설치할 수 있다.
(5) 장애인등의 통행이 가능한 복도		복도는 장애인등의 통행이 가능하도록 유효폭, 바닥의 재질 및 마감과 부착물 등을 고려하여 설치할 수 있다.
(6) 장애인 등의 통행이 가능한 계단·장애인용 승강기, 장애인용 에스컬레이터, 휠체어리프트 또는 경사로		아파트는 장애인등이 건축물의 1개층에서 다른 층으로 편리하게 이동할 수 있도록 그 이용에 편리한 구조로 계단을 설치하거나 장애인용 승강기, 장애인용 에스컬레이터, 휠체어리프트 또는 경사로를 1대 또는 1곳 이상 설치하여야 한다.
(7) 장애인 등의 이용이 가능한 화장실 및 욕실		장애인전용주택의 화장실 및 욕실은 장애인등이 편리하게 이용할 수 있도록 구조, 바닥의 재질 및 마감과 부착물 등을 고려하여 설치할 수 있다.
(8) 점자블록		시각장애인을 위한 장애인전용주택의 주출입구와 도로 또는 교통시설을 연결하는 보도에는 점자블록을 설치할 수 있다.
(9) 시각 및 청각장애인 경보·피난설비		시각 및 청각장애인을 위한 장애인전용주택에는 위급한 상황에 대피할 수 있도록 청각장애인용 피난구유도등·통로유도등 및 시각장애인용 경보설비 등을 설치할 수 있다.
(10) 장애인 등의 이용이 가능한 부대시설 및 복리시설		(가) 「주택법」 제2조제6호에 따른 주택단지안의 관리사무소·경로당·의원·치과의원·한의원·조산소·약국·목욕장·슈퍼마켓, 일용품 등의 소매점, 일반음식점·휴게음식점·제과점·학원·금융업소·사무소 또는 사회복지관이 있는 건축물에 대하여는 제3호가목(1), (3) 내지 (7)의 규정을 적용한다. 다만, 당해 주택단지에 건설하는 주택의 총세대수가 300세대 미만인 경우에는 그러하지 아니하다. (나) 「주택법」 제2조제8호 또는 제9호에 따른 부대시설 및 복리시설 중 (가)에 따른 시설을 제외한 시설(별표 1 제2

호 및 제4호에 따른 편의시설 설치 대상시설에 해당하는 경우로 한정한다)에 대해서는 용도 및 규모에 따라 별표 1 제2호 및 제4호에 따른 공공건물·공중이용시설 및 통신시설의 설치기준을 각각 적용한다.

나. 대상시설별로 설치하여야 하는 편의시설의 종류

편의시설 대상시설	매개시설			내부시설			위생시설						안내시설			기타시설					비고
	주출입구접근로	장애인전용주차구역	주출입구높이차이제거	출입구(문)	복도	계단또는승강기	화장실			욕실	샤워실·탈의실		점자블록	유도및안내설비	경보및피난설비	객실·침실	관람석·열람석	접수대·작업대	매표소·판매기·음료대	임산부등을위한휴게시설	
							대변기	소변기	세면대												
아파트	의무	의무	의무	의무	권장	의무	권장	권장	권장	권장				권장	권장						
연립주택	의무	의무	의무	의무	권장	권장	권장	권장	권장	권장				권장	권장						세대 수가 10세대 이상만 해당
다세대주택	의무	의무	의무	의무	권장	권장	권장	권장	권장	권장				권장	권장						세대 수가 10세대 이상만 해당
기숙사	의무	의무	의무	의무	권장	권장	권장	의무	권장	권장	권장			권장	의무						기숙사가 2동 이상의 건축물로 이루어져 있는 경우 장애인용 침실이 설치된 동에만 적용한다. 다만, 장애인용 침실수는 전체 건축물을 기준으로 산정하며, 일반 침실의 경우 출입구(문)는 권장사항임

5. 삭제 <2006.1.19>
6. 통신시설

편의시설의 종류	설 치 기 준

가. 장애인등의 이용이 가능한 공중전화	(1) 공원, 공공건물 및 공중이용시설과 공동주택에 공중전화를 설치하거나, 장애인의 타당성 있는 설치요구가 있는 경우에는 휠체어사용자등이 이용할 수 있는 전화기를 1대 이상 설치하여야 한다. 다만, 주변소음도가 75데시벨이상인 경우에는 그러하지 아니하다. (2) 장애인등의 이용이 많은 곳에는 시각 및 청각장애인을 위하여 점자표시전화기, 큰문자버튼전화기, 음량증폭전화기, 보청기 호환성 전화기, 골도전화기(청각장애인을 위하여 두개골에 진동을 주는 방법으로 통화가 가능한 전화기를 말한다)등을 설치할 수 있다.
나. 장애인등의 이용이 가능한 우체통	우체통은 장애인등의 접근 및 이용이 용이하도록 위치 및 구조 등을 고려하여 설치하여야 한다.

13 도로점용 관련 민원 (비)법정 서식

번호	서 식 명 칭	관 련 근 거
1	도로점용(연결)허가 사전심사 신청서	- 도로점용시스템 관련 자문회의 및 실무회의에서 의결
2	도로점용 사업계획서	- 시행규칙 별지 제30호
3	도로 등의 연결허가 신청구간 도로시설물 현황조서	- 연결규칙 별지 제4호
4	도로점용 허가신청서	- 시행규칙 별지 제24호
5	도로 등의 연결허가신청서	- 연결규칙 별지 제1호
6	도로점용공사 착수신고서	- 도로점용시스템 관련 자문회의 및 실무회의에서 의결
7	도로점용공사 준공기한 연장신청서	- 도로점용시스템 관련 자문회의 및 실무회의에서 의결
8	도로점용공사(원상회복공사) 준공확인 신청서	- 시행규칙 제32호
9	권리·의무의 승계신고서	- 시행규칙 제46호
10	양도양수 계약서	-
11	도로점용허가 기간연장 신청서	- 시행규칙 별지 제25호
12	도로 등의 연결허가기간 연장신청서	- 연결규칙 별지 제2호
13	도로점용허가 변경 신청서	- 시행규칙 별지 제26호
14	도로 등의 연결허가 변경신청서	- 연결규칙 별지 제3호
15	도로점용허가 취소신청서	- 시행규칙 별지 제48호
16	도로점용(연결)허가 이의신청서	- 도로점용시스템 관련 자문회의 및 실무회의에서 의결
17	민원취하원	- 도로점용시스템 관련 자문회의 및 실무회의에서 의결
19	도로공사 시행 허가 신청서	- 시행규칙 별지 제11호
20	도로공사 착수 신고서	- 시행규칙 별지 제12호
21	도로공사 준공검사 신청서	- 시행규칙 별지 제13호
22	비관리청공사 준공기한 연장허가 신청서	-

도로점용(연결)허가 사전심사 신청서

접수번호	접수일자	처리기간	7일

신청인	① 성명(법인명)		② 생년월일(사업자등록번호)	
	주소			
	연락처	전화	휴대전화	전자우편

신청 내용	③ 도로의 종류 및 노선명
	점용목적
	점용신청 장소
	사업부지 장소
	사업부지 면적 (건축면적, 법정주차대수 등)

「민원사무처리에 관한 법률」제19조, 「도로법」제52조 및 같은 법 제61조, 「도로와 다른 도로 등과의 연결에 관한 규칙」제4조에 따라 도로점용(연결)허가 사전심사를 신청합니다.

년　　　월　　　일

신청인　　　　　　　　　　　　(서명 또는 인)

지방국토관리청장, 국토관리사무소장, 도지사 귀하

신청인 제출서류	1. 위치도 2. 현장사진	수수료 : 없음
유의사항	1. 도로점용(연결)허가 사전심사 신청은 민원인의 비용 및 시간을 절약하기 위해 위치도와 현장사진을 이용하여 약식으로 도로관리청에서 검토하는 것입니다. 2. 사전심사에서 가능하다고 통보를 받은 경우에도 실제 허가신청에서 점용물의 구조 등의 검토 및 현장조사 결과에 따라 불허처분을 받을 수 있습니다.	
작성방법	①란은 법인인 경우 그 명칭 및 대표자의 성명을 적습니다. ②란은 개인인 경우 생년월일 또는 외국인등록번호(외국인인 경우만 해당됨)를 적고, 법인인 경우 법인등록번호 또는 사업자등록번호를 적습니다. ③란은 란은 일반국도 노선번호를 적습니다.(예: 국도 ○○호선 등)	

처리절차				
신청서 작성 →	접 수 →	검 토 →	결 재 →	결과 통보
신청인	도로관리청	도로관리청	도로관리청	도로관리청

■ 도로법 시행규칙[별지 제30호서식]

도로점용 사업계획서

접수번호		접수일		처리기간	
제출자	성명(법인인 경우에는 그 명칭 및 대표자의 성명)		생년월일 (외국인등록번호 또는 법인등록번호)		
	주소(법인인 경우에는 주된 사무소의 소재지)				

도로의 종류
점용구분
점용(공사) 건명
점용기간
점용의 목적
비고

「도로법 시행령」 제56조제1항 및 같은 법 시행규칙 제29조제1항에 따라 도로점용에 관한 사업계획서를 다음과 같이 제출합니다.

년   월   일

제출자
(서명 또는 인)

도로관리청 귀하

첨부서류	다음의 서류. 다만, 도로공사 중에 그 도로공사로 말미암아 굴착공사를 할 필요가 생긴 경우에는 굴착공사 시행자는 사업계획서를 제출할 때 다음 각 호의 사항 중 제2호 및 제5호에 관한 서류의 첨부를 생략할 수 있습니다. 1. 설계도면(전자도면으로 한정합니다) 2. 교통소통대책 3. 먼지발생방지대책 4. 안전사고방지대책 5. 도로시설유지대책 6. 주요지하시설물 관리자의 의견서(주요지하매설물이 있는 경우로 한정합니다) 7. 주요지하매설물에 대한 안전대책(주요지하매설물이 있는 경우로 한정합니다)

작성방법
1. 점용구분란에는 「도로법 시행령」 별표 2에 다른 점용료 산정기준표의 구분에 따라 적습니다. 2. 도로의 굴착을 수반하는 경우에는 굴착위치, 굴착기간, 시간, 공사구간, 등을 명시합니다.

210mm×297mm[백상지 80g/㎡(재활용품)]

[별지 제4호서식] <개정 2014.12.29.>

도로와 다른 시설의 연결허가 신청구간 도로시설물 현황조서

신청인	성명(법인의 경우 그 명칭 및 대표자의 성명)
	주소(법인의 경우 주사무소 소재지)

연결 개요	도로종류 및 노선명
	도로와 연결하는 다른 시설의 종류 및 명칭
	도로의 연결지점
	사용 목적

도로 시설물 시공 현황	시공물량				미시공물량			
	시설명	단위	물량	사업비	시설명	단위	물량	사업비

년   월   일

작성자   (서명 또는 인)

유의사항	현황조서에는 도로시설물의 물량 및 사업비에 대한 산출 근거자료와 시공물량 사진을 첨부할 것

210mm×297mm[백상지 80g/㎡(재활용품)]

■ 도로법 시행규칙[별지 제24호서식]

도로점용허가 신청서

※ 뒤쪽의 유의사항 및 작성방법을 읽고 작성하시기 바랍니다. (앞쪽)

접수번호		접수일		처리기간	뒤쪽 참조
신청인	성명(법인의 경우는 그 명칭 및 대표자 성명)		주민등록번호 (외국인등록번호 또는 법인등록번호)		
	주소(법인의 경우는 주된 사무소의 소재지)		전자우편		
	전화번호		휴대전화번호		
신청내용	도로의 종류		노선번호 (노선명) ( )		
	①점용의 목적				
	②점용의 장소 및 면적				
	점용기간		굴착기간		
	점용물의 구조				
	③공사의 방법				
	공사의 시기				
	④도로의 복구방법				

「도로법」 제61조 및 같은 법 시행령 제54조제1항에 따라 위와 같이 도로점용허가를 신청합니다.

년   월   일

신청인   (서명 또는 인)

도로관리청   귀하

| 첨부서류 | 1. 설계도면(전자도면으로 한정합니다). 다만, 도로의 굴착을 수반하는 도로점용허가의 신청인 경우로서 「도로법 시행령」 제56조제1항에 따라 제출한 사업계획서대로 도로점용에 관한 사업을 할 수 있다는 같은 법 시행령 제56조제3항에 따른 통보를 받은 경우(「도로법 시행령」 제56조제1항에 따라 사업계획서를 제출한 경우로 한정합니다)는 제외합니다.
2. 도로의 굴착을 수반하는 도로점용허가의 신청인 경우에는 다음 각 목의 서류
  가. 주요지하매설물 관리자의 의견서[「도로법 시행령」 제56조제1항에 따라 제출한 사업계획서대로 도로점용에 관한 사업을 할 수 있다는 같은 법 시행령 제56조제3항에 따른 통보를 받은 경우(「도로법 시행령」 제56조제1항에 따라 사업계획서를 제출한 경우로 한정합니다)는 제외합니다]
  나. 주요지하매설물의 사후관리계획(신청인이 주요지하매설물의 관리자인 경우로 한정합니다)
  다. 「도로법 시행령」 제62조에 따른 도로관리심의회의 심의·조정 결과를 반영한 안전대책 등에 관한 서류 | ⑤수수료

1,000원
또는 행정청이
속하는 지방
자치단체의
조례로
정하는 금액 |

[별지 제1호서식] <개정 2014.12.29.>

도로와 다른 시설의 연결허가신청서

접수번호		접수일자		처리기간	21일

신청인	성명(법인의 경우 그 명칭 및 대표자의 성명)		생년월일(법인등록번호 또는 외국인등록번호)	
	주소(법인의 경우 주사무소 소재지)			
	연락처	전화	휴대전화	전자우편

신청 내용	① 연결 목적	② 점용기간
	점용장소·점용면적	(m²)
	공사 실시방법	공사시기 년 월 일 ~ 년 월 일
	도로 복구방법	
	③ 도로 종류 및 노선명	
	도로와 연결하는 다른 시설의 종류 및 명칭	

「도로법」 제52조, 제61조 및 「도로와 다른 시설의 연결에 관한 규칙」 제4조에 따라 도로에 다른 도로, 통로, 그 밖의 시설을 연결하기 위하여 위와 같이 허가를 신청합니다.

년   월   일

신청인   (서명 또는 인)

도로관리청 귀하

신청인 제출서류	1. 연결계획서 2. 설계도면(변속차로, 부가차로, 회전차로 및 부대시설 등의 설계도면을 말하며, 점용장소의 면적은 1/1,200 이상의 평면도에 도로 중심선에서의 좌우거리 및 위치를 표시합니다) 3. 주요 지하매설물 관리자의 의견서(주요 지하매설물이 있는 점용지역에서 연결공사를 하는 경우에만 해당합니다.)	수수료: 1,000원
유의사항	1. 허가를 받지 않고 도로에 다른 도로·통로, 그 밖의 시설을 연결하면 2년 이하의 징역 또는 2천만원 이하의 벌금에 처합니다(「도로법」 제114조제5호). 2. 허가를 받지 않고 도로를 점용하면 2년 이하의 징역 또는 2천만원 이하의 벌금에 처하며, 변상금이 부과됩니다(「도로법」 제72조 및 제114조제6호). 3. 허가를 받은 자는 관계 규정에 따라 점용료를 내야 하며, 허가면적을 초과하여 점용하면 300만원 이하의 과태료가 부과됩니다(「도로법」 제66조 및 제117조제2항제1호). 4. 허가기간을 연장하려면 허가기간이 끝나기 전까지 연장허가를 받아야 합니다.	
작성방법	①란은 휴게소·주유소·공장·아파트·진입로 등 연결 목적을 적습니다. ②란은 「도로법 시행령」 제55조제5항제1호부터 제5호까지, 제7호, 제9호 및 제10호에 따른 점용물인 경우 10년 이내로 적고, 그 밖의 점용물인 경우 3년 이내로 적습니다. ③란은 일반국도 노선번호를 적습니다.(예: 국도 ○○호선 등)	

처리절차

신청서 작성	→	접 수	→	현지조사	→	검 토	→	결 재	→	허가서	→	발 급
신청인		처리기관		처리기관		처리기관		처리기관		처리기관		

210mm×297mm[백상지 80g/m²(재활용품)]

도로점용공사 착수신고서

접수번호		접수일자		처리기간	즉시

신청인	① 성명(법인명)		② 생년월일(사업자등록번호)	
	주소			
	연락처	전화	휴대전화	전자우편

신청내용	③ 도로의 종류 및 노선명	허가번호
	점용목적	
	점용장소	
	공사실시방법	
	착수연월일 년 월 일	준공기한 년 월 일

「도로법」제61조의 규정에 의하여 위와 같이 도로점용 공사착수를 신고합니다.

년   월   일

신청인   (서명 또는 인)

지방국토관리청장, 국토관리사무소장, 도지사 귀하

신청인 제출서류	없음	수수료 : 없음
유의사항	1. 도로점용허가를 받은 날부터 1년 이내에 해당 도로점용허가의 목적이 된 공사에 착수하지 아니한 경우에는 허가를 취소할 수 있습니다. 다만, 정당한 사유가 있는 경우에는 1년의 범위에서 공사의 착수기간을 연장할 수 있습니다. 2. 도로점용허가를 받은 자가 주요지하매설물이 있는 도로에서 굴착공사를 하려면 그 주요지하매설물의 관리자를 참여시켜야 합니다. 3. 도로굴착공사를 수반하는 도로점용허가를 받은 자는 국토교통부령으로 정하는 바에 따라 공사기간 중에 사람들이 보기 쉬운 장소에 그 허가내용을 내걸어야 합니다. 4. 굴착공사시행자는 법 제62조제2항에 따른 굴착공사를 착공하기 전에 그 공사를 시행하는 지점 또는 그 인근에 주요지하매설물이 설치되어 있는지를 미리 확인하여야 합니다. 5. 도로점용공사를 완료한 경우에는 도로관리청의 준공확인을 받아야 합니다.	
작성방법	①란은 법인인 경우 그 명칭 및 대표자의 성명을 적습니다. ②란은 개인인 경우 생년월일 또는 외국인등록번호(외국인인 경우만 해당됨)를 적고, 법인인 경우 법인등록번호 또는 사업자등록번호를 적습니다. ③란은 란은 일반국도 노선번호를 적습니다.(예: 국도 ○○호선 등)	

처리절차

신청서 작성	→	접수	→	검토	→	결재	→	결과 통보
신청인		도로관리청		도로관리청		도로관리청		도로관리청

210mm×297mm[백상지 80g/㎡(재활용품)]

도로점용공사 준공기한 연장신청서

접수번호		접수일자		처리기간	5일

신청인	① 성명(법인명)		② 생년월일(사업자등록번호)	
	주소			
	연락처	전화	휴대전화	전자우편

신청 내용	③ 도로의 종류 및 노선명		허가번호	
	점용목적			
	점용장소			
	준공기한 연장사유			
	당초 준공기한 　　　년　　　월　　　일		연장 준공기한 　　　년　　　월　　　일	

「도로법」 제61조의 규정에 의하여 위와 같이 도로점용공사 준공기한 연장을 신청합니다.

년　　　월　　　일

신청인　　　　　　　　　　　　(서명 또는 인)

지방국토관리청장, 국토관리사무소장, 도지사 귀하

신청인 제출서류	없음	수수료 : 없음
유의사항	1. 도로점용허가를 받은 날부터 1년 이내에 해당 도로점용허가의 목적이 된 공사에 착수하지 아니한 경우에는 허가를 취소할 수 있습니다. 다만, 정당한 사유가 있는 경우에는 1년의 범위에서 공사의 착수기간을 연장할 수 있습니다. 2. 도로점용허가를 받은 자가 주요지하매설물이 있는 도로에서 굴착공사를 하려면 그 주요지하매설물의 관리자를 참여시켜야 합니다. 3. 도로굴착공사를 수반하는 도로점용허가를 받은 자는 국토교통부령으로 정하는 바에 따라 공사기간 중에 사람들이 보기 쉬운 장소에 그 허가내용을 내걸어야 합니다. 4. 굴착공사시행자는 법 제62조제2항에 따른 굴착공사를 착공하기 전에 그 공사를 시행하는 지점 또는 그 인근에 주요지하매설물이 설치되어 있는지를 미리 확인하여야 합니다. 5. 도로점용공사를 완료한 경우에는 도로관리청의 준공확인을 받아야 합니다.	
작성방법	①란은 법인인 경우 그 명칭 및 대표자의 성명을 적습니다. ②란은 개인인 경우 생년월일 또는 외국인등록번호(외국인인 경우만 해당됨)를 적고, 법인인 경우 법인등록번호 또는 사업자등록번호를 적습니다. ③란은 란은 일반국도 노선번호를 적습니다.(예: 국도 ○○호선 등)	

처리절차

신청서 작성	→	접 수	→	검 토	→	결 재	→	결과 통보
신청인		도로관리청		도로관리청		도로관리청		도로관리청

■ 도로법 시행규칙 [별지 제32호서식]

도로점용공사(원상회복공사) 준공확인 신청서

접수번호		접수일		처리기간	7일
신청인	성명(법인인 경우에는 그 명칭 및 대표자의 성명)		생년월일 (외국인등록번호 또는 법인등록번호)		
	주소(법인인 경우에는 주된 사무소의 소재지)		전자우편		
	연락처 (전화)		(휴대전화)		

도로의 종류	
노선명	
점용의 장소	점용면적
점용물의 구조	

허가연월일
       년   월   일
	준공연월일
	       년 월 일

공사내용	

「도로법」 제62조제2항, 제73조제3항 및 같은 법 시행규칙 제30조에 따라 위와 같이 도로점용공사(원상회복공사)를 완료하였기에 준공확인을 신청합니다.

년   월   일

신청인(시행자)   (서명 또는 인)

도로관리청 귀하

신청인 제출서류	1. 설계도면 2. 「측량·수로조사 및 지적에 관한 법률 시행령」 제4조에 따른 지하시설물도	수수료 없음

처리절차

신청서 작성	→	접수	→	현지조사 및 검토	→	결재	→	결과 통보
신청인		도로관리청		도로관리청		도로관리청		도로관리청

210mm×297mm[백상지 80g/㎡(재활용품)]

■ 도로법 시행규칙 [별지 제46호서식] <개정 2015.7.9.>   건설인허가시스템(www.cpermit.go.kr)에서도 신청할 수 있습니다.

권리·의무의 승계신고서

접수번호	접수일		처리기간	7일

승계인	성명(법인인 경우에는 그 명칭 및 대표자의 성명)	주민등록번호 (외국인등록번호 또는 법인등록번호)
	주소(법인인 경우에는 주된 사무소의 소재지)	전자우편
	전화번호	휴대전화번호

신고사항	허가번호
	권리·의무의 내용 및 취득 근거
	승계 사유

「도로법」 제106조제2항 및 같은 법 시행규칙 제50조제1항에 따라 위와 같이 신고합니다.

년   월   일

피승계인   (서명 또는 인)
승 계 인   (서명 또는 인)

도로관리청 귀하

신청인 제출서류	1. 권리·의무의 취득에 관한 허가 관련 내역서 2. 권리·의무의 양도에 관한 계약서(권리·의무의 양도인 경우에만 해당합니다) 3. 상속인의 가족관계기록사항에 관한 증명서(상속받은 경우에만 해당하며 담당공무원이 행정정보 공동이용을 통하여 가족관계등록전산정보를 확인하는 데 동의하지 않는 경우에만 제출합니다)	수수료 없음
담당 공무원 확인사항	1. 법인의 분할·합병의 경우: 분할·합병 후 존속하는 법인이나 분할·합병으로 설립되는 법인의 법인 등기사항증명서 2. 상속의 경우: 상속인의 가족관계등록전산정보	

행정정보 공동이용 동의서 (상속받은 경우에만 해당합니다.)

본인은 이 건 업무처리와 관련하여 담당 공무원이 「전자정부법」 제36조에 따른 행정정보 공동이용을 통하여 가족관계등록전산정보를 확인하는 것에 동의합니다.
  *동의하지 아니하는 경우에는 신청인이 직접 가족관계기록사항에 관한 증명서를 제출하여야 합니다.

신청인   (서명 또는 인)

처리절차

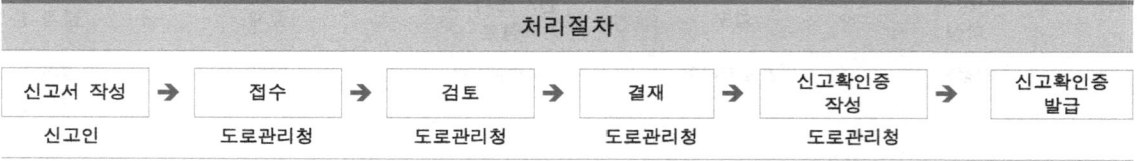

210mm×297mm[백상지(80g/㎡)]또는 중질지(80g/㎡)]

양도양수 계약서

☐ 양도양수 사항 : 도로점용(연결)허가 제   호 (20 . .)

상기 허가에 따른 일체의 권리의무에 대하여   은(는)   에게 양도하며,   은(는) 이의없이 이를 양수함.

년   월   일

양 도 인 (피승계인)
    성   명 :   (인)
    생 년 월 일 :
    주   소 :
    연 락 처 :

양 수 인 (승계인)
    성   명 :   (인)
    생 년 월 일 :
    주   소 :
    연 락 처 :

청장   귀하

■ 도로법 시행규칙 [별지 제25호서식]

도로점용허가 기간연장 신청서

※ 뒤쪽의 유의사항 및 작성방법을 읽고 작성하시기 바랍니다. (앞쪽)

접수번호		접수일		처리기간	7일
신청인	성명(법인의 경우는 법인명 및 대표자의 성명)		생년월일(법인등록번호)		
	주소(법인의 경우는 주된 사무소의 소재지)		전자우편		
	전화번호		휴대전화번호		
신청내용	① 허가번호				
	최초 허가기간				
	② 점용의 목적				
	점용의 장소 및 면적				
	③ 도로의 종류 및 노선명				

「도로법」 제61조제1항 및 같은 법 시행규칙 제26조제2항에 따라 위와 같이 도로점용허가 기간연장을 신청합니다.

년   월   일

신청인

(서명 또는 인)

도로관리청 귀하

	수수료
	1,000원 또는 행정청이 속하는 지방자치단체의 조례로 정하는 금액

210mm×297mm[백상지 80g/㎡(재활용품)]

[별지 제2호서식] <개정 2014.12.29.>

도로와 다른 시설의 연결허가기간 연장신청서

접수번호		접수일자		처리기간	7일

신청인	성명(법인의 경우 그 명칭 및 대표자의 성명)		생년월일(법인등록번호 또는 외국인등록번호)	
	주소(법인의 경우 주사무소 소재지)			
	연락처	전화	휴대전화	전자우편

신청 내용	① 허가번호	당초 허가기간
	② 연결 목적	
	점용장소·점용면적 (㎡)	
	③ 도로 종류 및 노선명	
	도로와 연결하는 다른 시설의 종류 및 명칭	
	연장 사유	

「도로법」 제52조, 제61조 및 「도로와 다른 시설의 연결에 관한 규칙」 제4조제6항에 따라 도로에 다른 도로, 통로, 그 밖의 시설의 연결허가기간 연장을 신청합니다.

년   월   일

신청인   (서명 또는 인)

도로관리청 귀하

신청인 제출서류	없음	수수료: 1,000원
유의사항	1. 허가를 받지 않고 도로에 다른 토로·통로, 그 밖의 시설을 연결하면 2년 이하의 징역 또는 2천만원 이하의 벌금에 처합니다(「도로법」 제114조제5호). 2. 허가를 받지 않고 도로를 점용하면 2년 이하의 징역 또는 2천만원 이하의 벌금에 처하며, 변상금이 부과됩니다(「도로법」 제72조 및 제114조제6호). 3. 허가를 받은 자는 관계 규정에 따라 점용료를 내야 하며, 허가면적을 초과하여 점용하면 300만원 이하의 과태료가 부과됩니다(「도로법」 제66조 및 제117조제2항제1호). 4. 허가기간을 연장하려면 허가기간이 끝나기 전까지 연장허가를 받아야 합니다.	
작성방법	①란은 기 허가받은 허가번호를 적습니다. ②란은 휴게소·주유소·공장·아파트·진입로 등 연결 목적을 적습니다. ③란은 일반국도 노선번호를 적습니다.(예: 국도 ○○호선 등)	

처리절차

신청서 작성	→	접 수	→	현지조사	→	검 토	→	결 재	→	허가서	→	발 급
신청인		처리기관		처리기관		처리기관		처리기관		처리기관		

210mm×297mm[백상지 80g/㎡(재활용품)]

■ 도로법 시행규칙 [별지 제26호서식]

도로점용허가 변경 신청서

※ 뒤쪽의 유의사항 및 작성방법을 읽고 작성하시기 바랍니다.   (앞쪽)

접수번호	접수일		처리기간 뒤쪽 참조
신청인	성명(법인의 경우는 법인명 및 대표자의 성명)		생년월일(법인등록번호)
	주소(법인의 경우는 주된 사무소의 소재지)		전자우편
	전화번호		휴대전화번호
신청내용	① 허가번호		
	허가기간		
	② 점용의 목적		
	점용의 장소 및 면적		
	③ 도로의 종류 및 노선명		
	④ 변경내용		

「도로법」 제61조제1항 및 같은 법 시행규칙 제26조제2항에 따라 위와 같이 도로점용허가의 변경을 신청합니다.

년   월   일

신청인

(서명 또는 인)

도로관리청 귀하

첨부서류	변경내용과 관련된 서류·도면 등	수수료 1,000원 또는 행정청이 속하는 지방자치단체의 조례로 정하는 금액

210mm×297mm[백상지 80g/㎡(재활용품)]

[별지 제3호서식] <개정 2014.12.29.>

도로와 다른 시설의 연결허가 변경신청서

접수번호		접수일자		처리기간	10일

신청인	성명(법인의 경우 그 명칭 및 대표자의 성명)		생년월일(법인등록번호 또는 외국인등록번호)	
	주소(법인의 경우 주사무소 소재지)			
	연락처	전화	휴대전화	전자우편

신청내용	① 허가번호	허가기간
	② 연결 목적	
	점용장소ㆍ점용면적	(m²)
	③ 도로 종류 및 노선명	
	도로와 연결하는 다른 시설의 종류 및 명칭	
	변경내용	

「도로법」 제52조, 제61조 및 「도로와 다른 시설의 연결에 관한 규칙」 제4조제6항에 따라 도로에 다른 도로, 통로, 그 밖의 시설의 연결허가 변경을 신청합니다.

년   월   일

신청인   (서명 또는 인)

도로관리청 귀하

신청인 제출서류	변경내용 관계 도서	수수료: 1,000원
유의사항	1. 허가를 받지 않고 도로에 다른 토로ㆍ통로, 그 밖의 시설을 연결하면 2년 이하의 징역 또는 2천만원 이하의 벌금에 처합니다(「도로법」 제114조제5호). 2. 허가를 받지 않고 도로를 점용하면 2년 이하의 징역 또는 2천만원 이하의 벌금에 처하며, 변상금이 부과됩니다(「도로법」 제72조 및 제114조제6호). 3. 허가를 받은 자는 관계 규정에 따라 점용료를 내야 하며, 허가면적을 초과하여 점용하면 300만원 이하의 과태료가 부과됩니다(「도로법」 제66조 및 제117조제2항제1호). 4. 허가기간을 연장하려면 허가기간이 끝나기 전까지 연장허가를 받아야 합니다.	
작성방법	①란은 기 허가받은 허가번호를 적습니다. ②란은 휴게소ㆍ주유소ㆍ공장ㆍ아파트ㆍ진입로 등 연결 목적을 적습니다. ③란은 일반국도 노선번호를 적습니다.(예: 국도 ○○호선 등)	

처리절차

신청서 작성	→	접 수	→	현지조사	→	검 토	→	결 재	→	허가서	→	발 급
신청인		처리기관		처리기관		처리기관		처리기관		처리기관		

210mm×297mm[백상지 80g/m²(재활용품)]

[별지 제48호서식] <신설 2014.12.4.>

도로점용허가 취소신청서

접수번호		접수일자		처리기간	5일

신청인	성명(법인의 경우는 그 명칭 및 대표자 성명)		생년월일(외국인등록번호 또는 법인등록번호)	
	주소			
	연락처	전화	휴대전화	전자우편

신청내용	① 허가 번호	② 도로의 종류 및 노선명
	③ 점용목적	점용기간 　　년　월　일 ~ 　　년　월　일
	점용장소·점용면적	(　　　　㎡)
	취소사유	

「도로법」 제63조제1항제4호 및 같은법 시행규칙 제33조제2항에 따라 위와 같이 도로점용허가 취소를 신청합니다.

년　　월　　일

신청인　　　　　　　　　(서명 또는 인)

도로관리청 귀하

신청인 제출서류	허가증	수수료: 없음
유의사항	도로점용허가를 취소하는 경우에는 「도로법」 제73조제3항 및 같은 법 시행규칙 제30조에 따라 도로관리청으로부터 원상회복공사 준공확인을 받아야 합니다.	
작성방법	1. ① 허가 번호란에는 허가증에 기재된 허가번호를 적습니다. 2. ② 도로의 종류 및 노선명란에는 일반국도 노선번호를 적습니다.(예: 국도 ○○호선 등) 3. ③ 점용목적란에는 허가증에 기재된 점용목적을 적습니다.	

처리절차

신청서 작성	→	접 수	→	검 토	→	결 재	→	결과 통보
신청인		도로관리청		도로관리청		도로관리청		도로관리청

210mm×297mm[백상지 80g/㎡(재활용품)]

도로점용허가 이의신청서

접수번호		접수일자		처리기간	5일

신청인	① 성명(법인명)		② 생년월일(사업자등록번호)	
	주소			
	연락처	전화	휴대전화	전자우편

신청내용	③ 이의신청 대상민원		거부처분을 받은 날 년 월 일
	행정기관 처분내용		
	이의신청 취지 및 사유		

「민원사무처리에 관한 법률」 제18조제1항 및 같은 법 시행령 제29조제1항에 따라 귀 기관의 행정 처분에 대하여 위와 같이 이의신청서를 제출합니다.

년   월   일

신청인   (서명 또는 인)

지방국토관리청장, 국토관리사무소장, 도지사 귀하

신청인 제출서류	대리인에게 위임한 경우 위임장	수수료 : 없음
유의사항	1. 「민원사무 처리에 관한 법률」 제18조제1항에 따라 거부처분을 받은 날부터 90일 이내에 이의신청을 할 수 있습니다.	
작성방법	①란은 법인인 경우 그 명칭 및 대표자의 성명을 적습니다. ②란은 개인인 경우 생년월일 또는 외국인등록번호(외국인인 경우만 해당됨)를 적고, 법인인 경우 법인등록번호 또는 사업자등록번호를 적습니다. ③란은 이의신청 대상민원의 명칭을 적습니다.	

처리절차

신청서 작성	→	접 수	→	검 토	→	결 재	→	결과 통보
신청인		도로관리청		도로관리청		도로관리청		도로관리청

210mm×297mm[백상지 80g/㎡(재활용품)]

민 원 취 하 원

접수번호	접수일자	처리기간	즉시

신청인	① 성명(법인명)		② 생년월일(사업자등록번호)	
	주소			
	연락처	전화	휴대전화	전자우편

신청 내용	③ 취하신청 대상민원	취하신청 대상민원을 신청한 날 년　　　월　　　일
	취하사유	

「민원사무처리에 관한 법률」 제13조제2항에 따라 귀 기관에 신청한 민원에 대하여 위와 같이 취하원을 제출합니다.

년　　　월　　　일

신청인　　　　　　　　　　(서명 또는 인)

지방국토관리청장, 국토관리사무소장, 도지사 귀하

신청인 제출서류	대리인에게 위임한 경우 위임장	수수료 : 없음
유의사항	1. 「민원사무 처리에 관한 법률」 제13조제2항에 따라 취하신청 대상민원이 종결되기 전에 취하신청을 할 수 있습니다.	
작성방법	①란은 법인인 경우 그 명칭 및 대표자의 성명을 적습니다. ②란은 개인인 경우 생년월일 또는 외국인등록번호(외국인인 경우만 해당됨)를 적고, 법인인 경우 법인등록번호 또는 사업자등록번호를 적습니다. ③란은 취하신청 민원의 명칭을 적습니다.	

처리절차

신청서 작성	→	접 수	→	검 토	→	결 재	→	결과 통보
신청인		도로관리청		도로관리청		도로관리청		도로관리청

210mm×297mm[백상지 80g/㎡(재활용품)]

■ 도로법 시행규칙 [별지 제11호서식]

도로공사 시행 허가 신청서

접수번호		접수일		처리기간	15일

신청인	성명(법인의 경우는 그 명칭 및 대표자 성명)	생년월일(법인등록번호)
	주소(법인의 경우에는 주된 사무소의 소재지) (전화번호:)	

신청내용	도로의 종류	노선번호(노선명) ( )
	공사의 종류	시행장소
	공사시행 구간 부터 까지 (킬로미터)	
	공사시행 기간 년 월 일부터 년 월 일까지 (일간)	
	공사의 목적 및 사유	

「도로법」 제36조제1항, 같은 법 시행령 제34조제1항 및 같은 법 시행규칙 제13조제1항에 따라 위와 같이 도로공사 시행의 허가를 신청합니다.

년   월   일

신청인   (서명 또는 인)

도로관리청   귀하

첨부서류	1. 사업계획서 2. 설계도서	수수료 공사비의 1/1,000 또는 도로관리청이 속하는 지방자치단체의 조례로 정하는 금액

210mm×297mm[백상지 80g/㎡(재활용품)]

■ 도로법 시행규칙[별지 제12호서식]

도로공사 착수 신고서

접수번호		접수일	
도로의 종류		노선번호(노선명) ( )		
공사의 종류			
공사시행 구간	부터 까지 (킬로미터)		
허가 연월일	년 월 일		
공사시행 기간	년 월 일부터 년 월 일까지 (일간)		

　「도로법」제36조제2항, 같은 법 시행령 제34조제3항 및 같은 법 시행규칙 제13조제3항에 따라 위와 같이 도로공사에 착수하였음을 신고합니다.

년　월　일

공사 시행자　　　　　　　　　　　(서명 또는 인)

도로관리청　　귀하

210mm×297mm[백상지 80g/㎡]

■ 도로법 시행규칙 [별지 제13호서식]

도로공사 준공검사 신청서

접수번호	접수일	
도로의 종류	노선번호(노선명) ( )	
공사의 종류		
공사 허가 연월일	년 월 일	
공사구간	부터 까지 (킬로미터)	
공사시행 장소		
공사시행 기간	년 월 일 착공 년 월 일 준공	

「도로법」 제36조제2항, 같은 법 시행령 제32조제3항 및 같은 법 시행규칙 제13조제3항에 따라 위와 같이 도로공사를 완료하였으므로 준공검사를 신청합니다.

년   월   일

공사 시행자   (서명 또는 인)

도로관리청   귀하

첨부서류	1. 준공조서 2. 설계도서 3. 비용정산서

210mm×297mm[백상지 80g/㎡(재활용품)]

비관리청공사 준공기한 연장허가 신청서

접수번호		접수일자		처리기간	5일

신청인	① 성명(법인명)		② 생년월일(사업자등록번호)	
	주소			
	연락처	전화	휴대전화	전자우편

신청 내용	③ 도로의 종류 및 노선명	허가번호/허가연월일 /
	공사구간 부터	까지 (km)
	공사장소	
	준공기한 연장사유	
	당초 준공기한 년 월 일	연장 준공기한 년 월 일

위와 같이 비관리청 도로공사 준공기한의 연장허가를 신청합니다.

년   월   일

신청인   (서명 또는 인)

지방국토관리청장, 국토관리사무소장, 도지사 귀하

신청인 제출서류	1. 예정공정표	수수료 : 없음
유의사항	1. 도로공사를 완료하였을 때에는 도로관리청의 준공검사를 받아야 합니다.	
작성방법	①란은 법인인 경우 그 명칭 및 대표자의 성명을 적습니다. ②란은 개인인 경우 생년월일 또는 외국인등록번호(외국인인 경우만 해당됨)를 적고, 법인인 경우 법인등록번호 또는 사업자등록번호를 적습니다. ③란은 란은 일반국도 노선번호를 적습니다.(예: 국도 ○○호선 등)	

처리절차

신청서 작성	→	접 수	→	검 토	→	결 재	→	결과 통보
신청인		도로관리청		도로관리청		도로관리청		도로관리청

210mm×297mm[백상지 80g/㎡(재활용품)]

XI 사용자매뉴얼

1. 인터넷을 이용한 도로점용(연결)허가 민원신청

2. 도로점용허가 민원업무 처리

3. 도로점용허가대장 관리

4. 도로점용료 산정 관리

5. 도로점용료관리시스템 사용자매뉴얼

6. 도면뷰어 사용자 매뉴얼

7. 지자체용 위임국도 도로점용허가대장 및 도로점용료 관리

도로관리실무 업무매뉴얼
- 도로점용(연결)허가 중심 -

초판 인쇄 2018년 01월 18일
초판 발행 2018년 01월 27일

저 자 국토교통부, 한국건설기술연구원
발행인 김갑용

발행처 진한엠앤비
주소 서울시 서대문구 독립문로 14길 66 205호(냉천동 260)
전화 02) 364 - 8491(대) / 팩스 02) 319 - 3537
홈페이지주소 http://www.jinhanbook.co.kr
등록번호 제25100-2016-000019호 (등록일자 : 1993년 05월 25일)
ⓒ2018 jinhan M&B INC, Printed in Korea

ISBN 979-11-290-0318-8 (93540) [정가 26,000원]

☞ 이 책에 담긴 내용의 무단 전재 및 복제 행위를 금합니다.
☞ 잘못 만들어진 책자는 구입처에서 교환해드립니다.
☞ 본 도서는 [공공데이터 제공 및 이용 활성화에 관한 법률]을 근거로
    출판되었습니다.